Martin Haller

# Alte Haus- & Nutztierrassen
## neu entdeckt

Leopold Stocker Verlag
Graz – Stuttgart

Umschlaggestaltung: DSR Werbeagentur Rypka GmbH, A-8143 Dobl/Graz, www.rypka.at

Bildnachweis: siehe S. 184

Bibliographische Information der Deutschen Nationalbibliothek
Die Deutsche Nationalbibliothek verzeichnet diese Publikation in der Deutschen Nationalbibliographie; detaillierte bibliographische Daten sind im Internet über http://dnb.d-nb.de abrufbar.

Wir haben uns bemüht, bei den hier verwendeten Bildern die Rechteinhaber ausfindig zu machen. Falls es dessen ungeachtet Bildrechte geben sollte, die wir nicht recherchieren konnten, bitten wir um Nachricht an den Verlag.

Hinweis:
Dieses Buch wurde auf chlorfrei gebleichtem Papier gedruckt. Die zum Schutz vor Verschmutzung verwendete Einschweißfolie ist aus Polyethylen chlor- und schwefelfrei hergestellt. Diese umweltfreundliche Folie verhält sich grundwasserneutral, ist voll recyclingfähig und verbrennt in Müllverbrennungsanlagen völlig ungiftig.

*Auf Wunsch senden wir Ihnen gerne kostenlos unser Verlagsverzeichnis zu:*
Leopold Stocker Verlag GmbH
Hofgasse 5/Postfach 438
A-8011 Graz
Tel.: +43 (0)316/82 16 36
Fax: +43 (0)316/83 56 12
E-Mail: stocker-verlag@stocker-verlag.com
www.stocker-verlag.com

ISBN 978-3-7020-1512-1
Alle Rechte der Verbreitung, auch durch Film, Funk und Fernsehen, fotomechanische Wiedergabe, Tonträger jeder Art, auszugsweisen Nachdruck oder Einspeicherung und Rückgewinnung in Datenverarbeitungsanlagen aller Art, sind vorbehalten.

© Copyright by Leopold Stocker Verlag, Graz 2015

Layout: DSR Werbeagentur Rypka GmbH, A-8143 Dobl/Graz, www.rypka.at
Druck: Druckerei Theiss GmbH, 9431 St. Stefan

# INHALT

**Vorwort** ... 7

**Einleitung** ... 8

**Über Gattung und Art** ... 10
Alle Tiere in diesem Buch ... 11

**Frühe Zähmung** ... 12
Von den Rassen ... 12

**Die Organisationen** ... 15
Die Gesellschaft zur Erhaltung alter und
gefährdeter Haustierrassen ... 15
ProSpecieRara ... 16
ARCHE Austria (früher: VEGH) ... 16

**Die Gattungen** ... 18

**Pferde** ... 20
Geschichte ... 21
Tarpan (Stammform) ... 21
Arenberg-Nordkirchener und Lehmkuhlener Pony (D) ... 23
Das Bosnische Pferd (A, BIH) ... 24
Dülmener (D) ... 25
Furioso-North Star (A, H) ... 26
Przedswit (A) ... 28
Gidran (A, H) ... 28
Huzule (A, RO) ... 29
Jütländer Kaltblut (DK, D) ... 31
Kinsky-Pferd (A, CZR) ... 31
Kladruber (A, CZR) ... 33
Knabstrupper (DK, D) ... 33
Leutstettener (Sárvárer) (D, H) ... 34
Lewitzer Pony (D) ... 35
Lipizzaner (A, SLO) ... 36
Nonius (A, H) ... 38
Noriker (bes. Farbschläge) (A) ... 39
Osteuropäische Kaltblut-Rassen ... 41
Ungarn ... 41
Slowakei ... 41
Kroatien ... 41
Posavina-Pferd/Posavac (HR, A, SLO) ... 41
Rheinisch-Deutsches Kaltblut (D) ... 42
Rottaler (D) ... 43
Schleswiger Kaltblut (D) ... 44
Schwarzwälder Kaltblut (Fuchs) (D) ... 45
Schweres Deutsches Warmblut (D) ... 46
Senner Pferd (D) ... 48
Shagya-Araber (früher: Araberrasse; A, H) ... 49
Württemberger (Alter Typ) (D) ... 50

**Esel** ... 52
Geschichte ... 53
Weißer Barockesel (A, H) ... 54

## Rinder ....56
Geschichte ....57
**Ur/Auerochse (Stammform)** ....58
**Angler Rind (D)** ....59
**Ansbach-Triesdorfer Rind (D)** ....60
**Braunvieh (Original, Montafoner) (D, A, CH)** ....61
**Deutsch-Shorthorn (D)** ....62
**Ennstaler Bergschecke (A)** ....62
**Evolène-Rind (CH)** ....64
**Gelbvieh; (Gelbes) Frankenvieh (D)** ....65
**Glan-Rind; Glan-Donnersberger (D)** ....65
**Hausbüffel (HU, RO, I, A)** ....66
**Jochberger Hummel (A)** ....67
**Kärntner Blondvieh (A)** ....68
**Limpurger Rind (D)** ....69
**Murbodner Rind (A)** ....70
**Murnau-Werdenfelser Rind (D)** ....71
**Pinzgauer Rind (A)** ....72
**Pustertaler Sprinzen (A)** ....73
**Rätisches und Tiroler Grauvieh (A, CH)** ....75
**Rotes Höhenvieh (D)** ....76
Harzer Rotvieh ....76
Vogelsberger Rind ....76
Vogtländer Rotvieh ....77
**Schwarzbuntes Niederungsrind (D)** ....77
**Tux-Zillertaler Rind (A)** ....78
**Ungarisches Steppenrind (A, H)** ....79
**Vorder- und Hinterwälder Vieh (D)** ....80
**Waldviertler Blondvieh (A)** ....82
**Wittgensteiner Blessvieh (D)** ....83

## Schweine ....84
Geschichte ....85
**Wildschwein (Stammform)** ....86
**Angler Sattelschwein (D)** ....87
**Deutsches Sattelschwein (D)** ....88
**Buntes Bentheimer Schwein (D)** ....88
**Mangalitza-Schwein (H, A)** ....89
**Morava-Schwein (A, HR)** ....91
**Rotbuntes Husumer Schwein (D, DK)** ....91
**Schwäbisch-Hällisches Schwein (D)** ....92
**Turopolje-Schwein (A, HR)** ....93

## Schafe ....96
Geschichte ....97
**Mufflon (Stammform)** ....98
**Bentheimer Landschaf (D)** ....99
**Braunes Bergschaf (D, A)** ....100
**Engadiner Schaf (CH)** ....101
**Bündner Oberländer Schaf (CH)** ....102
**Coburger Fuchsschaf (D)** ....103
**Kärntner Brillenschaf (A, SLO, I)** ....104
**Leineschaf (D)** ....105
**Merinoschaf (Fleisch-/Langwolltyp) (D)** ....105
**Ostfriesisches Milchschaf (D)** ....106
**Rauwolliges Pommersches Landschaf (D)** ....107
**Rhönschaf (D)** ....108
**Saaser Mutten (CH)** ....109
**Skudde (D)** ....110
**Spiegelschaf (CH)** ....111
**Steinschafe (A, D, SLO)** ....112
Alpines Steinschaf ....112
Bayerisches Steinschaf ....112
Original Steinschaf ....112
Krainer Steinschaf ....112
Montafoner Steinschaf ....113
Tiroler Steinschaf ....113
**Walachenschaf (Valaska) (D, A, H, SK)** ....113
**Waldschaf (A, D)** ....114
**Walliser Landschaf (CH)** ....115

Weiße Heidschnucke (D; gehörnt und hornlos) ............... 116
Weißköpfiges Fleischschaf (D) ................................................ 117
Zackelschaf (A, H) ...................................................................... 117

## Ziegen ....................................................................................120
Geschichte ....................................................................................121
Bezoarziege (Stammform) ........................................................121
Appenzeller Ziege (CH) .............................................................122
Blobe (Blaue) Ziege (A) ..............................................................123
Bündner Strahlenziege (CH) ....................................................124
Erzgebirgsziege (D) ....................................................................125
Frankenziege (D) .........................................................................126
Gämsfarbige Gebirgsziege (A, CH) .......................................126
Graue Bergziege
(auch: Cavra del Sass/Steinziege/Capra Grigia; CH) ......127
Harz(er)ziege (D) .........................................................................128
Pfauenziege (CH, A, I) ................................................................128
Pinzgauer Ziege (A) ....................................................................129
Steirische Scheckenziege (A) .................................................130
Schwarzwaldziege (D) ..............................................................130
Stiefelgeiß (CH) ...........................................................................131
Tauernschecke (A) ......................................................................132
Thüringerwald-Ziege (D) ..........................................................133
Walliser Ziege (CH) .....................................................................133
Schwarzhalsziege .......................................................................134
Kupferhalsziege ..........................................................................134
Capra Sempione ..........................................................................135
Grüenochte Geiß .........................................................................135

## Hunde ....................................................................................136
Geschichte ....................................................................................137
Wolf (Stammform) ......................................................................137
Altdeutsche Hütehunde (D) ...................................................139
Mittel-/Ostdeutsche Gelbbacken .........................................140
Süddeutsche Gelbbacken .......................................................141

Mittel-/Ostdeutscher Fuchs ....................................................141
Harzer Fuchs ................................................................................142
Süddeutsche Schwarze ............................................................142
Mittel-/Ostdeutsche Schwarze ..............................................143
Westerwälder/Siegerländer Kuhhunde .............................143
Schafpudel ...................................................................................144
Strobel ............................................................................................144
Stumper .........................................................................................145
Tiger .................................................................................................145
Appenzeller Sennenhund (CH) .............................................146
Österreichischer Landpinscher (A),
Deutscher Pinscher (D) ............................................................146
Spitze ..............................................................................................148

## Kaninchen ...........................................................................150
Geschichte ....................................................................................151
Das Wildkaninchen (Stammform) ........................................151
Angora-Kaninchen .....................................................................152
Fuchskaninchen ..........................................................................153
Deutsches Großsilber-Kaninchen .........................................153
Bartkaninchen/Belgisches Bartkaninchen/
Genter Bartkaninchen ..............................................................154
Japaner-Kaninchen ....................................................................154
Englischer Widder (nach deutschem Standard) ..............155
Luxkaninchen ..............................................................................156
Marderkaninchen .......................................................................156
Meißner Widder ..........................................................................157
Rheinischer Schecke .................................................................157
Blauer Wiener ..............................................................................158
Grauer Wiener .............................................................................159
Weißer Wiener ............................................................................159

## Geflügel ................................................................................160
Geschichte ....................................................................................161
Altsteirer Huhn (A) .....................................................................163

| | |
|---|---|
| Augsburger Huhn (D) | 163 |
| Appenzeller Barthuhn (CH) | 164 |
| Appenzeller Spitzhaubenhuhn (CH) | 164 |
| Bergischer Kräher (D) | 165 |
| Bergischer Schlotterkamm (D) | 165 |
| Brakel-Huhn (D) | 166 |
| Deutsches Lachshuhn (D) | 166 |
| Deutsches Reichshuhn (D) | 167 |
| Deutsches Sperberhuhn (D) | 167 |
| Krüper (D) | 168 |
| Lakenfelder Huhn (D) | 168 |
| Niederrheiner Huhn (D) | 169 |
| Ostfriesische Möwe (D) | 169 |
| Ramelsloher Huhn (D) | 170 |
| Sachsenhuhn (D) | 170 |
| Schweizer Huhn (CH) | 171 |
| Sulmtaler Huhn (A) | 171 |
| Sundheimer Huhn (D) | 172 |
| Thüringer Barthuhn (D) | 172 |
| Vorwerkhuhn (D) | 173 |
| Westfälischer Totleger (D) | 173 |
| Aylesbury-Ente (D) | 174 |
| Orpingtonente (D) | 174 |
| Österreichische Haubenente (A) | 175 |
| Pommernente (D) | 175 |
| Vierländer Ente (D) | 176 |
| Deutsche Legegans (D) | 176 |
| Diepholzer Gans (D) | 176 |
| Emdener Gans (D) | 177 |
| Landgans (Österreichische und Bayerische) (A, D) | 178 |
| Leinegans (D) | 178 |
| Lippegans (D) | 179 |
| Blaue Pute (A) | 179 |
| Bronzepute (D) | 180 |
| Cröllwitzer Pute (D) | 180 |
| Perlhuhn – Österreichische Landrasse (A) | 181 |

## Glossar ........................................................ 182

## Literatur ...................................................... 183

## Danksagung ............................................... 184
Bildnachweis ................................................ 184

# VORWORT

Unter der immer erdrückenderen Forderung nach Produktionssteigerungen in der Landwirtschaft (verdient sie diesen Namen noch?) sind zahlreiche alte Haus- und Nutztierrassen sowie Pflanzensorten ausgestorben oder in ihrer Existenz bedroht. Längst ist man in der kommerziellen Tierzucht und -haltung dazu übergegangen, ausschließlich auf Leistungsparameter zu achten und Werte wie Robustheit, Anpassungsfähigkeit oder Schönheit (und viele andere) zu ignorieren. Hohe Produktivität (Milch-, Lege-, Mastleistung, Fettarmut, Fruchtbarkeit) bestimmen allein die Zuchtwahl und das Gepräge unserer Nutztiere, die vielfach längst keine „Haustiere" mehr sind. Heute wird im wertspendenden Nutztier meist eine anonyme Produktionseinheit gesehen, die möglichst unsichtbar, geruch- und geräuschlos das zu liefern hat, was wir in großen Mengen verbrauchen oder sogar verschwenden. Ich verwende daher ganz bewusst auch die Bezeichnung „Haustier" für unsere alten Rassen, denn sie deutet darauf hin, dass man früher auf den Bauernhöfen enger mit seinen Tieren zusammenlebte, sie gleichsam „als zum Haus gehörend" empfand und damit eine gewisse Verantwortung für sie übernahm.

Zum Glück gibt es eine wachsende Gruppe von Enthusiasten, die sich der alten Haus- und Nutztierrassen sowie Nutzpflanzen annimmt und diese mit viel Liebe und Ambition erhalten und vermehren will. Für sie ist dieses kleine Buch geschrieben worden! Es beschreibt jene Rassen der Pferde, Rinder, Schafe, Ziegen, Schweine, Hunde, Kaninchen und des Geflügels, die im deutschen Sprachraum selten geworden oder sogar vom Aussterben bedroht sind. Es mag sich nach rein wirtschaftlichen Gesichtspunkten nicht immer rentieren, solche Tiere zu halten. Dies darf aber kein Grund dafür sein, dass man sie einfach vergisst oder sogar aktiv dezimiert. Sie verdienen es aufgrund mannigfaltiger Eigenschaften, erhalten und gewürdigt zu werden. Nicht zuletzt sind sie ein bedeutender und unbedingt schützenswerter Teil unserer Geschichte und Kultur!

*Graz, im Frühjahr 2015* *Martin Haller*

# EINLEITUNG

Der Zweck dieses Buches ist, eine kurze Beschreibung aller – oder doch zumindest der bekannten – Haustierrassen abzugeben, die im deutschen Sprachraum selten geworden sind. Sie werden geordnet nach Klasse, Ordnungen, Familien, Gattungen und weiter nach Arten oder Rassen beschrieben, wobei die Abfolge nach ungefährer Größe und Körpermasse erfolgt. Beginnend mit den Pferden und Eseln spannt sich der Bogen daher über die Rinder, Schweine, Schafe und Ziegen bis hin zu den Hunden, Kaninchen und dem Geflügel. Innerhalb der Arten oder Rassen erfolgt die Beschreibung alphabetisch, nur in Ausnahmefällen werden eng verwandte Unterrassen an eine Hauptrasse gefügt, um die logische Abfolge zu erhalten. Fallweise werden einige Rassen oder Schläge unter einem Sammelbegriff beschrieben, z. B. wenn sie einander sehr ähnlich oder nur als Farbvarianten aufzufassen sind. (Keinesfalls ist die Reihenfolge oder unterschiedliche Länge der Beschreibungen als Wertung aufzufassen.)

Am Beginn eines jeden Kapitels steht ein kurzer Überblick über Vorfahren, Domestikation und Entstehung der jeweiligen Hausformen. Da die Forschung auf diesem Gebiet ständig fortschreitet und auch die Meinungen der Wissenschaftler auseinandergehen, stellt dieser Abschnitt nur eine Momentaufnahme aus Sicht des Autors dar – ohne einen Anspruch, die „letzte Wahrheit" zu sein. Aufgrund der z. T. enormen Zeiträume ist es für den heutigen Tierhalter oder Züchter auch relativ unerheblich, ob z. B. die Hauspferde wirklich nur von einer einzigen Urform abstammen oder doch von zwei oder gar drei …

Manche Rassen, wie z. B. Knabstrupper Pferd oder Ungarisches Steppenrind, gehören nicht zum eigentlichen deutschsprachigen Gebiet, sind aber entweder dort auch und besonders heimisch oder befanden sich ehemals innerhalb der politischen Grenzen eines der Länder Deutschland, Österreich und Schweiz. Manche Rassen existier(t)en in einigen ähnlichen, lokalen Unterrassen (Schlägen), die entweder nur kurz angeführt oder nicht extra besprochen werden, weil sie analog zur Hauptrasse zu verstehen sind und eine eigene Beschreibung lediglich zu einer Wiederholung führen würde.

Die Rassennamen sind mit einem Kürzel für ihr jeweiliges Heimat- bzw. Zuchtland versehen, um eine geografische Zuordnung zu erleichtern. In einigen Fällen sind mehrere Kürzel angegeben, da die Rasse nicht allein in einem Land vorkommt/aus einem Land stammt. Manchmal beziehen sich die Kürzel auch auf eine frühere Verbreitung innerhalb nicht mehr gültiger politischer Grenzen. Bei einigen anderen Rassen vollzog sich deren Entstehung zwar im Ausland, der züchterische Schwerpunkt liegt heute jedoch eindeutig in einem der besprochenen Länder. Die Entenrasse Orpington oder die Rinderrasse Shorthorn entstanden z. B. in England, aber es gibt seit langer Zeit deutsche Varianten, die in der BRD mittlerweile bedroht sind. Knabstrupper und Jütländer Pferde sind zwar in Dänemark beheimatet, aufgrund der unmittelbaren Nachbarschaft und ihrer Beliebtheit in Deutschland werden sie allerdings hier mit einbezogen. Dänemark und Deutschland haben ja enge züchterische und historische Beziehungen.

Es wurde versucht, die meisten Rassen auf den Roten Listen der Länder Deutschland und Österreich sowie jene auf der Liste von ProSpecieRara in der Schweiz zu besprechen. Darüber hinaus werden einige nicht von diesen Verbänden geführte Rassen besprochen, die ebenfalls bedroht oder selten sind. Da sich die Bestandszahlen laufend ändern, ist keine fortwährende Aktualität garantiert, man darf jedoch davon ausgehen, dass alle besprochenen Rassen zumindest nur in klein(st)en Beständen existieren. Im Falle des Tiroler Grauviehs oder des Lipizzaners ist z. B. die Seltenheit relativ zu vergleichbaren Rassen aufzufassen und weniger als akute Bedrohung zu verstehen.

Eine Rasse gilt dann als gefährdet, d. h. in ihrem Fortbestand bedroht, wenn die Zahl ihrer Individuen unter eine bestimmte Mindestzahl sinkt. Über die anzusetzenden Grenzwerte der Populationsgrößen bzgl. des Gefährdungsstatus gehen die Meinungen auseinander, zumal diese nicht immer ausreichend sind, um die wahre Gefährdungssituation der Rasse abzubilden.

Die EU verwendet folgende Grenzwerte für die Anerkennung als gefährdete Nutztierrasse (in Herd-/Zuchtbüchern eingetragene Tiere):
- **Pferde:** 5.000 Tiere
- **Rinder:** 7.500 Tiere
- **Schafe:** 10.000 Tiere
- **Ziegen:** 10.000 Tiere
- **Schweine** keine Obergrenze
  Annahme ÖNGENE: 1.000 Tiere

Die FAO (Food and Agriculture Organisation of the United Nations) beurteilt die seltenen Tierrassen nach folgenden Bestandszahlen:
- Bis zu 100 weibliche Zuchttiere – Status KRITISCH (critical)
- Bis zu 1.000 weibliche Zuchttiere – Status GEFÄHRDET (endangered)
- Bis zu 5.000 weibliche Zuchttiere – Status BEDRÄNGT (vulnerable)
- Bis zu 10.000 weibliche Zuchttiere – Status SELTEN (rare)

Es gibt in vielen Zuchtländern weitere Kriterien der Seltenheit oder Schutzwürdigkeit, nach denen die Erhaltungsprogramme differenziert werden. Einen großen Unterschied macht beispielsweise, ob eine Rasse als „hochgefährdet" oder nur als „gefährdet" geführt wird. Bei den hochgefährdeten Rassen liegt das Hauptaugenmerk auf der unbedingten Populationsvergrößerung, um Inzucht und Bedrohung zu verringern. Erst unter dem Status „gefährdete Rasse" mit einigen Tausend Tieren kann die eigentliche Zucht- bzw. Selektionsarbeit begonnen werden.

Man möge mir evtl. Auslassungen verzeihen; ich war bemüht, die mir bekannten Rassen und Umstände zu beschreiben, doch besteht kein Anspruch auf Vollständigkeit. Die genauen aktuellen Bestandszahlen sind oft schwer zu ermitteln; hier können Ungenauigkeiten vorkommen bzw. veraltete Zahlen angegeben werden.

# ÜBER GATTUNG UND ART

Jedem Interessierten sei geraten, sich mit der etwas variablen zoologischen Systematik zu beschäftigen. Dazu ist es unerlässlich, einige der lateinischen Namen zu kennen, denn auf manchen Gebieten ist dies noch immer die Sprache der Wissenschaft:
- *Equus* = Pferd
- *Asinus* = Esel
- *Bos* = Rind
- *Bubalus* = Büffel
- *Sus* = Schwein
- *Ovis* = Schaf
- *Capra* = Ziege
- *Canis* = Hund
- *Lepus* = Hase
- *Cuniculus* = Kaninchen
- *Anser* = Gans
- *Anas* = Ente
- *Gallus* = Huhn

Eine allgemein akzeptierte Klassifizierung ist: Reich – Stamm – Klasse – Ordnung – Familie – Gattung – Art. Um die Verwirrung noch zu steigern, gibt es eine ganze Reihe von Zwischenklassen, wie z. B. Gruppen, Unterordnungen, Über- oder Unterfamilien, Unterarten usw. Ein Klassifikationsschema (Taxonomie) dient dazu, Objekte nach bestimmten Kriterien zu klassifizieren, das heißt, in Kategorien oder Klassen (Griechisch: EZ = Taxon, MZ = Taxa genannt) einzuordnen. Taxonomien sind dann von Bedeutung, wenn sie eine übergreifende Verständigung ermöglichen und zur Erklärung von zoologischen Zusammenhängen führen. Es ist nützlich, sich über die Unterschiede zwischen den Kategorien klar zu werden und die Grundvokabeln zu beherrschen.

**Gattung (*Genus*)** ist ein zoologischer Begriff, der an den übergeordneten Begriff Familie (*Familia*) anschließt und einen gemeinsamen Überbegriff von einigen Arten (*Spezies*) bildet. In der Zoologie bildet die Gattung eine systematische Kategorie, in der nahestehende Arten unter einer gemeinsamen Gattungsbezeichnung zusammengefasst werden. Gattungen können auch Untergattungen (*Subgenera*) aufweisen, die dann zwischen Gattung und Art eingeordnet werden.

Unter **Art (*Spezies*)** versteht man alle jene Tiere, deren Erbanlagen so stark übereinstimmen, dass jede Paarung innerhalb der Art zu fruchtbaren Nachkommen von voller Lebenstüchtigkeit führt.

Im weitesten Sinne kann man die Art als einen Erbverband bezeichnen, eine über Generationen in sich geschlossene Population. Paarungen von Angehörigen verschiedener Arten sind möglich, führen aber meist zu unfruchtbaren oder beschränkt lebensfähigen Nachkommen (Pferd und Esel = Maultier oder Maulesel). Auch Arten unterliegen, wie alle übrigen Erbverbände, im Laufe der Zeit gewissen Veränderungen. Übrigens enden alle lateinischen Bezeichnungen für die Ordnungen auf die Endsilbe *-a*, alle für Familien enden auf *-idae* und alle für Gattungen enden auf *-inae*, ein Beispiel: Carnivora, Fleischfresser; Canidae, Hundeartige; *Caninae*, Hunde. Der Artname (Spezies) ist beschreibend.

Der wissenschaftliche Name eines Tieres besteht nur aus den beiden letzten taxonomischen Rängen, der Gattung und der Art, welche auch die spezifischsten sind. Er definiert sich aus den lateinischen Gattungsnamen (groß geschrieben) und Artnamen (klein geschrieben), daher ist es wichtig, die lateinischen Vokabeln

(Foto: ProSpecieRara)

*Engadiner Schafe – in der Schweiz verbreitet*

zu kennen. Zum Beispiel ist der wissenschaftliche Name des modernen Menschen *Homo sapiens*, weil er zu der Gattung „Homo" und der Art „sapiens" gehört. Die wissenschaftlichen Namen der Arten, bestehend aus Gattungs- und Artbezeichnung, werden in Kursivschrift geschrieben.

Eine Eselsbrücke für die sieben taxonomischen Hauptstufen ist folgender Spruch: „Rasch Siegte Karl Ohne Furcht Gegen Albert" – also „Reich – Stamm – Klasse – Ordnung – Familie – Gattung – Art". (Der erste Buchstabe von jedem Wort der Eselsbrücke entspricht dem ersten Buchstaben von jedem Wort in der Rangfolge; „**R**eich" entspricht „**R**asch"; „**S**tamm" entspricht „**S**iegte" usw.).

### ALLE TIERE IN DIESEM BUCH
Nachstehend werden die in diesem Buch besprochenen Arten/Rassen absteigend hergeleitet, beginnend mit dem Tierreich, und weiter absteigend bis zu den Arten im Wildzustand und den heutigen Rassen, die in der Hand des Menschen entstanden.

**Reich:** Tiere (Animalia)
**Stamm:** Chorda-Tiere (Chordata – Unterstamm Wirbeltiere, Vertebrata)
**Klassen:** Säugetiere (Mammalia – Unterklasse Plazenta-Tiere); Vögel (Aves)
**Ordnungen:** Unpaarhufer (Perissodactyla); Paarhufer (Artiodactyla) (zusammen: Ordnungsgruppe Huftiere, Ungulata); Raubtiere (*Carnivora*); Hasentiere (Lagomorpha); Gänsevögel (Anseriformes); Hühnervögel (Galliformes); Taubenvögel (Columbiformes)
**Familien:** Pferdeartige (Equidae); Hornträger (Bovidae); Schweineartige (Suidae); Hundeartige (Canidae); Hasenartige (Leporidae); Entenvögel (Anatidae); Fasanenartige (Phasianidae);
**Gattungen:** Pferde (*Equinae*); Rinder (*Bovinae*); Schafe (*Ovinae*); Ziegen (*Caprinae*); Schweine (*Suinae*); Hunde (*Caninae*); Kaninchen (*Oryctolaginae*); Gänse (*Anserinae*); Enten (*Anatinae*); Hühner (*Gallinae*); Perlhühner (*Numidinae*)
**Arten:** Wildpferd (*Equus caballus ferus*/Przewalski); Wildesel (*Equus africanus ferus*); Wildrind/Ur (*Bos primigenius*); Wasserbüffel (*Bubalus arnee*); Wildschwein (*Sus scrofa*); Mufflon (*Ovis orientalis*)/Argali (*Ovis ammon*); Bezoarziege (*Capra aegagrus*); Wolf (*Canis lupus*); Wildkaninchen (*Oryctolagus cuniculus*); Graugans (*Anser anser*); Stockente (*Anas platyrhynchos*); Bankiva-Huhn (*Gallus gallus*); Perlhuhn (*Numida meleagris*)

Hier vollzieht sich der Übergang zwischen Wildform und Hausform, der aber nicht immer klar abgrenzbar ist.

*Jungtiere der Rasse Rätisches Grauvieh*

**Rassengruppen von:** Hauspferd (*Equus caballus*); Hausesel (*Equus africanus asinus*); Hausrind (*Bos primigenius taurus*); Hausbüffel (*Bubalus bubalis*); Hausschwein (*Sus scrofa domestica*); Hausschaf (*Ovis orientalis domestica*); Hausziege (*Capra aegagrus hircus*); Haushund (*Canis lupus familiaris*); Hauskaninchen; Hausgänse und -enten; Haushühner; diverses Hausgeflügel (Truthühner, Perlhühner) ohne weitere lateinische Bezeichnung, da sehr nahe an der Wildform stehend oder nur Farbvarianten derselben.

Die einzelnen Rassen schließen hier systematisch an die Rassengruppen an. Sie sind die kleinsten definierbaren Erbverbände in der Tierzucht. Als seltene/bedrohte Rassen umfassen sie oft nur wenige Dutzend Individuen. In der Tierzucht ist das Wort Rasse ein häufig gebrauchter Begriff. Man kann sagen, dass für den Zoologen mit der Rasse die (Forschungs-)Arbeit aufhört, für den Tierzüchter aber erst beginnt. Tatsächlich ist es vor allem auf dem Gebiet der aussterbenden oder seltenen Rassen wichtig, diese relativ genau von anderen abgrenzen zu können.

# FRÜHE ZÄHMUNG

Während der letzten ca. 12.000 Jahre haben wir Menschen gelernt, alle wichtigen Ressourcen zu kontrollieren – darunter vor allem die Nahrungsquellen. Damit ging auch eine tiefgreifende Veränderung der uns umgebenden Tierwelt einher; wir haben Aussehen, Lebensweise und Verhalten der Tiere durch planvolle Züchtung an unsere Bedürfnisse angepasst. Alle heutigen Haus- und Nutztiere befanden sich zuerst im Wildzustand, wurden aber im Laufe von Jahrtausenden, Jahrhunderten oder gar nur wenigen Jahrzehnten gezähmt und nach unseren Bedürfnissen umgeformt. Der Nutzen war und ist vielfältig, etwa die Verfügbarkeit von Rindern zum Schlachten oder Melken, von zahmen Pferden zum Ziehen und Reiten, Hunden als Wächter und Jagdgefährten mit feinen Sinnen. Träge, fette Schweine im Koben und wollreiche Schafe in großen Herden unter Obhut des Hirten, Hühner mit hoher Legeleistung hinter dem Haus … sie alle waren uns nützlich und sind sinngemäß auch „Nutztiere". Die verschiedenen Tierfamilien wurden zu verschiedenen Zeiten an vermutlich mehreren Orten domestiziert. Trotz unermüdlicher Forschungen auf verschiedenen Wissensgebieten ändern sich unsere Erkenntnisse dazu immer wieder – das Thema bleibt spannend.

(Foto: Arbeitsgemeinschaft zur Zucht Altdeutscher Hütehunde, A. A. H.)

*Ein Stumper als idealer Hütehund für Schafe*

## VON DEN RASSEN

Die Haustierwerdung ging allmählich vor sich und veränderte die Stammformen bzw. setzte veränderliche Formen sogar voraus (zahme, schwache oder kindliche Individuen, stark variable Fressgewohnheiten usw.). Vermutlich besaßen schon die vorgeschichtlichen Völker lokale Naturrassen oder selektierte Kunstrassen. Man wählte vermutlich absichtlich die geeigneten Tiere zur Gewöhnung oder Zähmung aus und veränderte diese weiter, mit dem Ziel, nützliche und immer leichter zu zähmende Tiere zu erhalten. Domestikation ist ein lang andauernder, progressiver Prozess. Die meisten Wildformen wurden durch die Haustierwerdung zuerst rasch kleiner und dann in jenen Eigenschaften „lukrativer", welche der Mensch verwerten konnte (Körperkraft, Fleisch, Milch, Wolle, Eier etc.). Neben Verhaltensänderungen kam es bald zu deutlichen Farb- und Fellvarianten. Es entstanden regionale Zweckformen, die sich in Aussehen, Leistung und Verhalten mitunter deutlich unterschieden. Die Vererblichkeit dieser Merkmale stieg in den jeweiligen Verbreitungsgebieten markant an, sodass man von Schlägen oder Typen sprechen kann, die in Analogie zur „Art" zu geografischen Rassen wurden. Diese waren vielseitig und gut angepasst und konnten mit den lokal verfügbaren Mitteln zu ausreichenden Leistungen gebracht werden.

Die Griechen, Römer, Kelten und Germanen besaßen unterscheidbare Rassen von Rindern, Pferden und Hunden, die wir aus der Literatur kennen. ARISTOTELES hinterlässt interessante, nicht immer reale Beschreibungen, JULIUS CÄSAR zeigt sie uns im kulturellen Zusammenhang. Mittelalter und Renaissance bringen nur wenig Fortschritt, zu stark greift die Kirche bremsend in die Wissenschaft ein. In der Renaissance berichtet Markus FUGGER im „Traktat von der Gestütterey" über die systematische Pferdezucht und weist damit auf die Unterscheidung von Pferderassen hin. Der Zucht von eigentlichen Nutztieren ohne hohes Prestige wird literarisch eher selten Bedeutung gezollt – es waren eben lokale oder regionale „Nützlinge", Teile des bäuerlichen Bestandes und damit kaum erwähnenswert.

Seit dem 17./18. Jh. kam es zur konsequenten Herausbildung der Kultur- und Zuchtzielrassen. Man führte die lokalen Schläge (Landschläge) zusammen und setzte gezielte Verbesserungsmethoden ein, wie Hybridzucht, Inzucht oder Selektion. Während zunächst noch Form- und Farbrassen im Blickpunkt tierzüchterischen Interesses standen, wurden mit der Entstehung der Vollblutzucht und den Züchtungen Robert BAKEWELLS (1725–1795) und des Grafen Alexej ORLOW (1737–1809) sowie der Einführung von Leistungsprüfungen des Zuchtmaterials die ersten Leistungsrassen geschaffen. Vor allem die Pferdezucht wirkte von Anfang an auf alle Haustierzuchten anregend und befruchtend. Die von BAKEWELL geschaffenen bzw. verbesserten Haustierrassen Shire-Pferd, Longhorn-Rind, Leicester-Schwein und -Schaf sowie das Vollblutpferd spendeten nicht nur ihre Gene – sie waren auch Ideenträger für den Zuchtziel-Gedanken. Klare Zuchtziele, Beherrschung der Zuchtverfahren, Zuchtwahl, Ausmerzung der Minusvarianten bis hin zur Inzucht und Inzestzucht, sorgfältige Zuchtbuchführung, Leistungsprüfungen sowie darauf beruhende scharfe Zuchtauslese wurden im 18. und 19. Jh. als Zuchtverfahren anerkannt, angewendet und nachgeahmt. Spätere Autoren wie Charles DARWIN (1809–1882) denken und schreiben schon frei und konstruktiv über Zoologie und Tierzucht, ohne ihre wissenschaftlichen Erkenntnisse durch religiöse Dogmen zu stark einzugrenzen.

Eine sehr klare und umfassende Definition des Begriffes „Rasse" gibt der bekannte Hippologe Jasper NISSEN in seinem dreibändigen Werk „Enzyklopädie der Pferderassen" (Kosmos, 1998):

*„Mit dem Begriff Rasse bezeichnen wir alle Tiere einer Art, die sich durch gleiche Erbanlagen und damit Entwicklung gleicher Eigenschaften unter ähnlichen Milieubedingungen vom Rest der Art unterscheiden und sich aufgrund dieser Erbanlagen zu einer Population zusammenfassen lassen. Rassen entstehen durch Selektion in einer bestimmten Richtung und durch isolierte Vermehrung. Es ist eine Sache der Übereinkunft, des Herkommens, der Zweckmäßigkeit, manchmal auch des Zufalles und der Willkür, nach welchen Kriterien man Tiere derselben Art unter einem Rassebegriff zusammenfasst. Derartige Zusammenfassungen erfolgen nach ökologischen oder morphologischen Merkmalen, nach bestimmten Rassekennzeichen, wie zum Beispiel Farben, nach Verbreitungsgebiet zu Lokalrassen oder so genannten geographischen Rassen, nach physiologischen und nach psychischen Fähigkeiten, nach Leistungsanlagen oder nach Abstammung, in der Regel jedoch nach mehreren Kriterien.*

*Grundlage und Ursprung aller heutigen Rassen sind die Naturrassen, bei deren Entstehung der Einfluss des Menschen noch gering oder nicht vorhanden war. Aus den Naturrassen gehen die so genannten Landrassen hervor. Bei deren Herausbildung kommt es zu einer zunächst mehr zufälligen, dann jedoch immer gezielteren Einflussnahme durch den Menschen. Natur- und Landrassen haben viele Jahrhunderte lang, teilweise bis heute, eine wichtige Rolle im Leben der Völker gespielt. Sie sind dadurch charakterisiert, dass sie ideal an Klima, Futtergrundlage, Boden und Parasiten ihrer Umwelt angepasst sind. Sie zeichnen sich aus durch Breite der Reaktionsfähigkeit, durch vielseitige Leistungsanlagen, Erbanlagenvielfalt, Unspezialisiertheit, Erhalt der natürlichen Instinkte und große Modellierbarkeit in der Hand des Züchters. Je nach dem Milieu, dem sie entstammen, handelt es sich in der Regel um Tiere der kleinen Umsätze und der größeren Anpassung. Sie sind kleiner und haben einen geringeren Nährstoff- und Wasserbedarf als die Intensivrassen, sind in ihren Futter- und Haltungsansprüchen extensiv, haben einen geringeren Energieumsatz und sind weniger empfindlich für Klimaschwankungen und Mangelsituationen. Ihre Futterverwertung ist meist besser als die der Züchtungsrassen (hochgezüchteten Leistungsrassen, Anm. des Autors). Landrassen sind eifrige Futtersucher und Fresser. Sie pflegen Notzeiten, vor allem futter- und wasserarme Zeiten, besser zu überstehen. Die Haustierzucht hat sich häufig die von der Natur vorselektierten Rassen zunutze gemacht und weiterentwickelt. Die Erbanlagen derartiger, aufgrund der natürlichen Auslese entstandenen Rassen sind oft durch die ganze Entstehungsgeschichte einer Kulturrasse spürbar und zu verfolgen. Die Natur- und Landrassen stellen ein Reservoir für Erbanlagen dar, die in manchen Leistungsrassen durch Spezialisierung verlorengegangen sind, und können zu deren Regeneration beitragen."*

Man muss sich auch im Klaren sein, dass nicht hinter jeder Rassezucht ein edles Motiv steht. Bei den meisten so genannten Nutztieren sind die Ziele recht eindeutig, nämlich eine Steigerung des Nutzens, sei er Milch, Wolle, Fleisch, Federn, Eier o. Ä. Bei

Saaser Mutten

vielen Rassen der Kategorie Haustiere kommen andere Motive zum Tragen und führen u. U. zu mindestens ebenso sinnlosen Qualzuchten wie bei den Nutztieren. Beispiele seien hier Hunderassen, die nur mehr durch Kaiserschnitt gebären können, oder Hunde oder Katzen besonderer Färbung, die taub geboren werden. Zwischenformen sind die iberischen Kampfrinder, die ohne ihre grausame Verwendung im Stierkampf mangels wirtschaftlicher Rentabilität längst ausgestorben wären. Hier haben typische Nutztiere (Fleischrinder) nur mehr einen pervertierten Nutzen in Schaukämpfen, werden aber dennoch als solche empfunden, jedoch völlig anderen Selektionskriterien unterworfen (Aggression statt Fleischqualität). Bei den seltenen Haustieren/Nutztieren stehen überwiegend Kriterien im Vordergrund, die zwar nicht per se wirtschaftlichen Parametern unterliegen (Milchleistung, Mastleistung, Legeleistung, Wollertrag …), jedoch als Nebenkriterien durchaus zur Wirtschaftlichkeit beitragen können. Robuste Gesundheit, gute Futterverwertung und stabile Klauen können z. B. ein Rind unter gewissen Haltungsbedingungen trotz geringerer „klassischer Leistung" (Milch/Fleisch) wirtschaftlich interessanter machen als sein empfindlicheres, doch etwas leistungsstärkeres Pendant. Viele traditionelle Rassen besitzen auch Eigenschaften, die man heute nach langen Perioden der Nichtachtung wieder zu schätzen beginnt; z. B. hat das ungarische Speckschwein, nachdem es fast ausgestorben war, weil man kaum tierisches Fett konsumierte, heute wieder seine Anhänger. Sein wohlschmeckender Speck findet wieder großen Anklang, wenn auch nur in einer kleinen Verbrauchergruppe. Diese ist aber insgesamt groß genug, um die Rasse heute in einer Produktnische wieder durchaus wirtschaftlich zu machen und ihren Fortbestand zu sichern. Es gibt viele ähnliche Beispiele; ein Hauptgrund zur Erhaltung der alten Haustierrassen muss aber sein, dass ihre differenzierten Eigenschaften eine wichtige genetische Ergänzung in der zukünftigen Tierproduktion sein könn(t)en. Ist die Genetik einer Art/Rasse einmal verloren, so kann sie nicht mehr wiederhergestellt werden (siehe Kapitel Pferde, Tarpan, S. 21). Man kann mit etwas Glück ähnliche Tiere „reproduzieren", aber die Originalform mitsamt ihren eventuell wertvollen Merkmalen ist verloren.

Welche Eigenschaften bei Tieren und Pflanzen verzichtbar sind, das kann niemand abschätzen, denn die Herausforderungen der Umwelt ändern sich laufend. Wenn auch die globalen Konzerne den Landwirten weltweit ihre leistungsfähigen, aber genetisch oft zweifelhaften Produkte aufzwingen wollen, so bleibt doch immer die Frage, ob mit den Hochleistungshybriden der Global Player alle Anforderungen der Zukunft abgedeckt werden können.

Außerdem sind es neben den individuellen Bedingungen eines jeden Landwirtes bzw. seines Hofes auch eine Frage von Ethik und Vorliebe, für welche Bestände an Tieren und Pflanzen man sich entscheidet. Die genetische Erosion der letzten Jahrzehnte hat unzählige Arten, Rassen und Sorten hinweggefegt und die kümmerlichen Reste der einst so vielfältigen, blühenden Land(wirt)schaft müssen heute in eigenen Archiven und Zuchtstationen mühevoll bewahrt werden. Bei allen Gerätschaften sucht der Mensch eine überbordende Vielfalt; die Zahl der Autotypen ist unüberschaubar, die kaum unterscheidbaren Varianten von Kamera, Handy und Computer sind Legion. Doch bei den existenziellen Gütern – wie den Nahrungsmitteln und tierischen Produkten – will man den Erzeugern vorschreiben, welche wenigen „legalen" Sorten oder Rassen sie zu halten und zu vermehren haben. Die Geschichte hat jedoch schon oft gezeigt, dass gerade die „illegalen" Restbestände einer unmodernen Population wieder „auferstehen" und zur Erfolgsstory werden können (siehe Pferde, Schweres Warmblut, S. 46; Schweine, Mangalitza, S. 89). Dazu ist es nötig, alle diese Sorten und Rassen im Rahmen ihrer Möglichkeiten auch zu nützen, im besten Sinne zu „gebrauchen". Ohne eine sinnvolle Verwendung sind sie verloren – man muss diese Tiere und Pflanzen im wahrsten Sinne des Wortes „essen, um ihr Überleben zu sichern".

*Ein hübsches Exemplar des Appenzeller Spitzhaubenhuhns*

# DIE ORGANISATIONEN

Viele Zuchtvereine und -verbände stammen aus dem 19. Jh. und haben ihre Wurzeln in der fortschrittsgläubigen Periode der Industrialisierung. Überwiegend sind ihre Ziele noch heute die ökonomische Verbesserung der betreuten Rassen – mehr Gewinn durch bessere Zucht, Haltung und Vermarktung. Im deutschsprachigen Raum befassen sich einige mehr oder weniger große Organisationen mit der Förderung seltener Haus- und Nutztierrassen. Darüber hinaus beschäftigen sich zwar noch andere, zum Teil offizielle oder ministerielle Stellen mit ähnlichen Aufgaben. Hier wird der Übersicht halber nur auf die größten Vereine in Deutschland, Österreich und der Schweiz eingegangen, welche ihre Mitglieder und jede Privatperson durch Information und Hilfestellung unterstützen. Dazu ist weder der Besitz noch die Zucht einer Tiergattung oder Rasse unbedingt nötig, es genügt ein Interesse an der Vereinstätigkeit oder an den betreuten Tieren. Zugleich agieren diese Vereine in ihren jeweiligen Ländern als Bindeglieder zwischen der interessierten Bevölkerung, den Züchtern bedrohter Arten und den Ministerien und offiziellen Stellen. Sie betreiben praktische Erhaltungsarbeit auf verschiedenen Ebenen und stellen daneben auch theoretische Mittel zur Verfügung; sie betreiben Werbung und bringen entsprechende Publikationen heraus. Weiters verfügen sie über angeschlossene Zucht- und Musterbetriebe (z. B. Arche-Höfe etc.) und erhalten Restpopulationen gefährdeter Rassen. Erwähnenswert ist hier z. B. die Internetpräsenz www.vieh-ev.de, welche ursprünglich 2004 als Verein gegründet wurde, um brachliegende Möglichkeiten in der Erhaltung gefährdeter Nutztierrassen zu realisieren. Administrativer Ballast und fehlende aktive Mitglieder waren der Grund, dass der Verein am Ende nicht umgesetzt werden konnte – auch wenn der Gedanke, sich in einem solchen zusammenzuschließen, laut dem Gründer, Herwig zum Berge, noch nicht begraben ist. VIEH präsentiert sich heute als „Vielfältige Initiative zur Erhaltung gefährdeter Haustierrassen", ist ähnlich wie eine Bürgerinitiative organisiert und kann daher flexibel agieren. Die Website soll eine Plattform sein, auf der Informationen und Ideen präsentiert werden können.

Es ist notwendig und begrüßenswert, wenn sich private Personen und Organisationen der Mühe unterziehen, die Bevölkerung auf die gefährdeten Haus- und Nutztierrassen aufmerksam zu machen. Durch ihre praktische und theoretische Arbeit tragen diese Organisationen zur Bewahrung des Genpools bei und sind somit vergangenheitsbewusst und zukunftsorientiert zugleich. Ihre Arbeit ist gerade in der heutigen Zeit enorm wichtig, da wir in der europäischen Landwirtschaft mit einer Fülle von neuartigen Problemen konfrontiert sind. Dazu ein Zitat aus „Gefährdete Nutztierrassen" von Hans H. SAMBRAUS:

„Die Produkte vieler Landrassen sind noch nicht ausreichend auf mögliche Vorteile hin untersucht worden. Diese Rassen aufzugeben wäre gleichbedeutend mit dem Fortwerfen eines ungeprüften Lottoscheines, nur weil die Aussicht auf einen Gewinn gering ist. Gewiss kann man durch Zucht und entsprechende Selektion in vielen Fällen die gewünschte Produktqualität im Laufe der Zeit schaffen. Dieser Vorgang ist jedoch viel zeitraubender, als auf vorhandene Populationen zurückzugreifen."

### DIE GESELLSCHAFT ZUR ERHALTUNG ALTER UND GEFÄHRDETER HAUSTIERRASSEN

(GEH e. V.; Bundesrepublik Deutschland)

**Kontaktdaten**
Walburger Strasse 2, 37213 Witzenhausen. Tel.: 05542-18 64
www.g-e-h.de

Die weithin bekannte Gesellschaft wurde 1981 im bayerischen Rottal gegründet und ist ein privater, gemeinnütziger Verein mit Mitgliedern aus verschiedensten Interessensgruppen. Neben praktischen Landwirten und Tierzüchtern kommt ein Großteil der Mitglieder aus den Bereichen der Agrarwissenschaft, Biologie, Veterinärmedizin sowie aus Behörden und Administrationsbereichen. Mitglied kann jeder Interessierte werden, der die Erhaltung gefährdeter Nutztierrassen als Notwendigkeit erachtet.

**Die GEH e.V.**
- spürt letzte vorhandene Tierbestände auf.
- initiiert Erhaltungsmaßnahmen.
- führt GEH-interne Zuchtbücher einzelner Rassen.
- informiert und koordiniert die Tierhalter.
- unterhält eigene Zuchtpopulationen und Genreserven.
- stellt Kontakte zwischen staatlichen Institutionen, Verbänden und Organisationen mit ähnlicher Zielsetzung her.
- leistet eine breite Öffentlichkeitsarbeit.
- berät Naturschutzvorhaben und andere Projekte über die Haltung alter Rassen.
- hält Kontakt zu Partnerorganisationen im In- und Ausland.

Die Organisation der GEH ist eng mit der Tätigkeit ihrer Geschäftsstelle verbunden. Seit Jahren wird diese von hauptamtlichen Mitarbeitern betreut und arbeitet eng mit dem Vorstand zusammen. Ein weiteres wichtiges Gremium innerhalb der GEH sind die Koordinatoren für die verschiedenen Tiere bzw. Rassen. Sie stellen unbürokratisch kompetente Auskünfte und Informationsaustausch zwischen den Rassebetreuern zur Verfügung. Letztere stellen das wichtigste aktive Organ der GEH dar. Sie sind spezialisiert auf eine Rasse, die sie selbst oft als Züchter halten. Sie kennen die Ursprungsregion ihrer Rasse und die traditionellen Tierhalter bzw. Züchter, stellen Kontakte zu Zuchtverbänden her und beschicken regionale Ausstellungen. Häufig erfolgen auf dieser Ebene lokale Vereinsgründungen oder Gründungen von Arbeitsgruppen.

Man publiziert eine vierteljährliche Vereinszeitung mit einer Auflage von einigen Tausend Stück. Zudem wird eine „Rote Liste" von mittlerweile rund 115 gefährdeten Rassen geführt und öfter aktualisiert. Diese stellt das wohl bekannteste und wichtigste Informationsmittel sowohl für interessierte Laien als auch Landwirte bzw. Züchter dar. Ihre Kategorien sind: Extrem gefährdet, stark gefährdet, gefährdet, Vorwarnstufe, unsicherer Gefährdungsgrad, Rasse aus anderen Ländern. Diese stark differenzierte Einstufung ermöglicht eine recht exakte Abbildung des Zustandes und der Entwicklung der Rassen.

Da die Erhaltungsarbeit der GEH die politischen Landesgrenzen oft überschreitet oder mehrere Länder umfasst, wuchs die internationale Zusammenarbeit mit anderen Organisationen. Desgleichen wurde die GEH in letzter Zeit verstärkt gefordert, wenn es um die Beratung von Naturschutzverbänden und staatlichen Naturschutzbehörden ging. Landschaftspflege und Extensivierung geraten immer häufiger in den Vordergrund der Diskussion, wobei die Integration alter Haustierrassen in diesen Bereichen ständig zunimmt.

## ProSpecieRara
(Schweiz)
**Kontaktdaten**
Unter Brüglingen 6, CH4052 Basel. Tel. (0041) 61 545 99 11
www.prospecierara.ch

Die Stiftung ProSpecieRara wurde 1982 in St. Gallen gegründet und ist heute eine Dachorganisation für gefährdete Nutztierrassen und Kulturpflanzen in der Schweiz. Die Zuchtkoordination der 29 von ProSpecieRara geförderten Rassen erfolgt je nach Entwicklungsstatus der Rettungs- resp. Erhaltungsprogramme durch eigenständige Rassevereine oder durch die Stiftung selbst. Während die Rassevereine die Verantwortung für die Basisarbeit ihrer Rassen wahrnehmen, übernimmt ProSpecieRara diese Funktion bei Rassen, um die sich noch keine Vereine gebildet haben, sichert deren Bestände ab und bereitet den Weg für die Vereinsbildung vor.

Darüber hinaus betätigt sich ProSpecieRara im Bereich der Öffentlichkeitsarbeit, der Ausbildung von Züchtern und Experten und der Vermarktung von Spezialitäten gefährdeter Rassen. Dafür hat die Stiftung das ProSpecieRara-Gütesiegel entwickelt, das Produkte rarer Rassen und Sorten auszeichnet und das als Vermarktungshilfe dient. Eine weitere Maßnahme ist die Organisation von jährlichen Spezialitätenmärkten. ProSpecieRara betreibt zudem in Zusammenarbeit mit den Rassevereinen die Tiervermittlungsplattform www.tierische-raritäten.ch. Dieses gemeinsame Projekt aller aktiven Vereine im ProSpecieRara-Netzwerk ging Anfang 2015 online und stellt einen Meilenstein bei der Förderung der seltenen Nutztiere in der Schweiz dar.

Um interessierten Menschen einen praxisnahen Zugang zu schaffen, macht ProSpecieRara mit ihrem so genannten „Schaunetz" aufmerksam auf Arche-Höfe, Tierparks, Alpen, Gastronomiebetriebe sowie auf Obst- und Gemüsesortengärten (siehe www.prospecierara.ch/de/schaunetz).

ProSpecieRara finanziert sich im Tierbereich vor allem über Gönnerinnen und Gönner, welche die Arbeit der Stiftung finanziell mittragen. Weitere finanzielle Unterstützungen für die Rettungs- und Förderprojekte stammen aus Tierpatenschaften und von Spenden privater und institutioneller Sponsoren.

## ARCHE Austria (FRÜHER: VEGH)
(Österreich)
**Kontaktdaten**
Oberwindau 67, 6363 Westendorf. Tel.: 0664 519 22 86
www.arche-austria.at

Lange Zeit fiel das schleichende Verschwinden alter Rassen in Österreich kaum auf; schließlich taten sich einige Idealisten zusammen, um nach ausländischem Vorbild den „Verein zur Erhaltung gefährdeter Haustierrassen – VEGH" zu gründen. Dieser versucht heute unter dem Titel ARCHE Austria, alte Haustierrassen aufzufinden und in lebensfähigen Beständen zu erhalten. Man sieht die Vereinsarbeit dadurch bestätigt, dass seit Bestehen des Vereins in Österreich keine Rasse mehr ausgestorben ist. Im Gegenteil, die alten Rassen genießen in der Landwirtschaft wieder steigende Nachfrage.

Derzeit gibt es in Österreich ca. 30–35 seltene oder gefährdete Haustierrassen, zählt man die Kleintiere mit, dürften noch ca. 15 hinzukommen. Die ARCHE ist an der Erhaltung vieler beteiligt und/oder hat einen positiven Einfluss darauf. Für die meisten Rassen wurden Spartenbetreuer eingeführt, welche die Erhaltung jeweils einer bestimmten Rasse koordinieren, spezifische Anfragen beantworten und in der periodischen Zeitschrift „Arche" berichten. Mit einer Auflage von rund 2.500 Stück wird vierteljährlich die interessierte Öffentlichkeit über aktuelle Projekte, Aktivitäten und Rassen informiert. Neben Informationsblättern zu einzelnen Rassen gibt es auch Informationstafeln und Datensätze mit Zuchtbetrieben etc.; regionale Treffen und Ausstellungen werden auf den so genannten Arche-Höfen der Mitglieder veranstaltet. Der Verein empfindet es als wichtig, dass gefährdete Rassen in ihrer natürlichen Umgebung als lebende Genreserven erhalten bleiben und nicht nur ihr eingefrorenes Sperma in Depots. Daher versucht man, unbekannte Tierbestände ausfindig zu machen, Zuchtgruppen aufzubauen und Zuchtbücher anzulegen sowie finanzielle Mittel zur Organisation und Förderung der Zucht zu beschaffen. Man agiert landesweit und arbeitet mit den Behörden und Organisationen im In- und Ausland zusammen.

Die ARCHE kooperiert mit den benachbarten Vereinen PSR (Schweiz), GEH (Deutschland) sowie der europäischen Dachorganisation SAVE. Es gibt eine intensive Kooperation mit der Österreichischen Nationalvereinigung für Genreserven, ÖNGENE. Folgende Aufgaben wurden seit ihrer Gründung 1982 von der ÖNGENE wahrgenommen: Bestandsaufnahmen gefährdeter Nutztierrassen in Österreich unter Prüfung der Erhaltungswürdigkeit, Umwelt- und Standortanpassung sowie wirtschaftlicher Vorzüge, ökologischer, historischer und kultureller Bedeutung, Maßnahmen zur Erhaltung der gefährdeten Rassen, Sofortmaßnahmen zur Rettung aussterbender Rassen, Erhaltungsmaßnahmen im privaten Bereich (Sonderprogramme für Bergbauern, Zoos, Wildparks) und im öffentlichen Bereich (Bundesanstalten, Landwirtschaftsschulen, Forschungsbetriebe, Nationalparks), Aufbau einer Genbank, diverse Forschungsprojekte und Information über ökonomische, ethische, ästhetische und genetische Bedeutung und Wert von Nutztierrassen. Mit den diversen Fördermaßnahmen für seltene Nutztierrassen leistet Österreich einen Beitrag zur Stabilisierung und Entwicklung der Bestände. Die Förderperioden der Österreichischen Agrar-Umweltprogramme (2001–2006 und 2007–2013) waren Grundlage dafür, dass im Zeitraum 2001–2008 kritische Bestände stabilisiert und vor dem endgültigen Verschwinden bewahrt wurden.

Das österreichische Generhaltungsprogramm unterscheidet zwei Gefährdungskategorien: gefährdet und hoch gefährdet. Gefährdete Rassen sind obligatorisch reinrassig mit anerkannten Vatertieren anzupaaren. Hoch gefährdete Rassen sind entsprechend den Anpaarungsempfehlungen gezielt anzupaaren (Anpaarungsprogramm). Diese Unterscheidung steht einerseits meist mit der Größe der Population in Zusammenhang, andererseits mit der Bereitschaft der Züchter, die spezielle Auflage im Generhaltungsprogramm (gezielte Anpaarung), die in der Förderhöhe Berücksichtigung findet, zu befolgen. So lässt die Zusammenarbeit mit ausländischen Zuchtorganisationen, die den notwendigen Austausch von Vatertieren ermöglicht, eine Teilnahme am Generhaltungsprogramm ohne obligatorische gezielte Anpaarung gerechtfertigt erscheinen (z. B. Pferderassen). Die ÖPUL-Maßnahme „Seltene Nutztierrassen" hat vorerst die Erhaltung der anerkannten, seltenen Rassen in bäuerlicher Zucht sichergestellt. Die Erhaltungsmaßnahmen haben zu wirken begonnen, sowohl was die Zunahme der Populationen als auch die Bewahrung der rassetypischen, genetischen Eigenschaften betrifft. (Gekürzt aus „Seltene Nutztierrassen-Handbuch der Vielfalt", 2009; Herausgeber ÖKL; ARCHE; ÖNGENE).

Nahezu alle Vereinigungen, welche sich mit der Erhaltung seltener Rassen und Sorten beschäftigen, stehen untereinander in Kontakt, auch über Landesgrenzen hinweg. Dadurch und durch die gemeinsame Zugehörigkeit zu übergeordneten oder länderübergreifenden Organisationen entsteht ein internationales Netzwerk der Betreuung und Information, das dem Interessierten und damit auch unseren Haustieren zugutekommt – unabhängig von und ergänzend zu einer Vereinszugehörigkeit der Züchter und Halter.

# DIE GATTUNGEN

**Pferde, Esel, Rinder, Schweine, Schafe, Ziegen, Hunde, Kaninchen und Geflügel**

## PFERDE
(*EQUINAE*)

**MÄNNLICHES TIER:** Hengst
**WEIBLICHES TIER:** Stute
**KASTRAT:** Wallach
**JUNGTIER:** Fohlen, Füllen, Jährling (ab erstem Jahreswechsel)

## GESCHICHTE

Grob kann man zwei Gruppen unterscheiden, die der eigentlichen Pferde und die Esel-Zebra-Gruppe. Das Hauspferd geht nach überwiegender Lehrmeinung auf unterschiedliche Stammformen zurück, die an verschiedenen Orten um ca. 3000 v. Chr. domestiziert wurden. Eine populäre Theorie geht von vier Stammformen aus, die nach Michael SCHÄFER und anderen als Ur-Pony, Tundren-Pony, Ramskopf-Pferd und Ur-Orientale bezeichnet werden können. Die präzise Darstellung der Abstammung der domestizierten Pferde ist recht schwierig, denn die archäologischen Funde sind zwar zahlreich, aber die Ähnlichkeit der Wildformen untereinander und zu Hausformen lässt keine eindeutige, lineare Abstammungstheorie zu; hier sind moderne Methoden der Genforschung gefragt. Sie haben bereits interessante Resultate erbracht, welche die Theorien der Hippologen zu bestätigen scheinen.

Lange Zeit herrschte in der deutschen Wissenschaft die Meinung, dass das wilde Pferd der innerasiatischen Steppen (*Equus przewalskii* Poljakoff; Mongolisches Wildpferd) und der Tarpan (*Equus gmelini* Antonius; das Europäische Wildpferd) die Urformen aller rezenten Pferde seien. Im Tarpan sah man den möglichen Stammvater der Warmblüter und Ponys, im Mongolischen Wildpferd jenen der Kaltblüter. Es gab auch ergänzende Theorien aufgrund der Knochenfunde von kleinen, leichten oder großen, schweren Urpferden. Sicher ist heute aufgrund genetischer Analysen, dass das Przewalski-Pferd wenig oder nichts mit unseren domestizierten Pferden zu tun hat, hingegen der Tarpan für eine Reihe von europäischen und orientalischen Rassen mit verantwortlich ist. Dabei ist auch er nicht als uniformes Wildpferd zu sehen, sondern als Überbegriff verschiedener Wildpferde-Arten oder -formen, und evtl. auch als Wildstandsverkreuzung mit frühen Hauspferden. Die ersten Domestikationsereignisse nimmt man für die osteuropäischen und asiatischen Steppengebiete und evtl. auch für die iberische Halbinsel an. Grabungsfunde aus dem Altai, dem Ural und der Ukraine beweisen eine reiche kultische Bedeutung früher Hauspferde. Frühe Darstellungen sind die Standarte von Ur, ägyptische Hieroglyphen und Reliefs aus Vorderasien, alle in den beiden Jahrtausenden vor Christi Geburt entstanden. Die Steppenvölker Asiens, wie auch die Griechen, Iberer, Kelten und Germanen waren gute Pferdezüchter und Reiter, denen die reiterlich weniger kompetenten Römer nur durch überlegene Taktik beikamen – wenngleich sie beachtliche Züchter waren. Im Mittelalter war das kräftige Ritterpferd ein teurer und seltener Luxusartikel; die Landwirtschaft kannte neben Zugrindern vorwiegend eher kleine Pferde. Später wurden Pferde als Reit-, Pack- und Zugtiere in enormen Zahlen im Krieg verwendet – und getötet, weshalb man überall große Hof-, Staats- und Militärgestüte einrichtete, auch um die Landeszuchten zu fördern.

Der Pferdesport kam mit den Rennen und der Jagdreiterei um ca. 1650 in Mode und entwickelte sich ab ca. 1850 zum modernen Turnierwesen. In dieser Ära entwickelte man sowohl die barocken Parade- und Kriegspferde als auch die Rennpferde, welche man „Vollblut" nennt. Im 19. Jh. kamen aufgrund der Industrialisierung und der Modernisierung der Landwirtschaft (Transportwesen, Rübenanbau, moderne Fruchtfolgen, Handelsdünger etc.) schwere Kaltblutrassen in Mode. Als Arbeitstiere verloren Pferde in Europa und Nordamerika ab ca. 1950 ihre Bedeutung völlig; in Asien, Südamerika und Afrika ist dies noch weit weniger der Fall. In den westlichen Industrieländern sind sie überwiegend als Sportpferde im Einsatz und nur selten in land- und forstwirtschaftlicher Nutzung, obwohl sie dort durchaus auch heute ihren Wert haben können, wie z. B. die Amish in den USA beweisen.

## TARPAN (STAMMFORM)

Das Verbreitungsgebiet der unterschiedlichen Tarpanformen war sehr groß und reichte von den südrussischen Steppen und der Krim bis Spanien und nördlich bis Polen, umfasste also beinahe den gesamten europäischen Raum bis weit nach Osten. Unter dem Einfluss von Klima und Landschaft entstanden Unterarten, wie z. B. der Waldtarpan, der Bergtarpan oder der Steppentarpan. Solche Formen wurden in verschiedenen Regionen, zu unterschiedlichen Zeitpunkten und zu mancherlei Zwecken domestiziert, ähnlich wie dies vermutlich auch bei den Auerochsen geschah. Mögliche Orte sind u. a. die Steppengebiete der Ukraine, die Schwarzmeer-Region und Spanien/Portugal. Die echten Tarpane, deren Merkmale wir noch in osteuropäischen und iberischen Primitivrassen, wie Konik, Panje, Vjatka, Huzule und Sorraia finden, wurden später systematisch ausgerottet, das letzte freilebende Exemplar in Osteuropa wurde 1879 auf der Krim erlegt, 1887 starb das unwiederbringlich letzte Tier in Gefangenschaft. Schon bald darauf begannen erste Versuche, aus Hauspferden mit viel Tarpanblut diesen zu rekonstruieren. Prof. Thadeusz VETULANI in Polen und die Brüder Lutz und Heinz HECK in Deutschland verwendeten um 1930 unterschiedliche Ausgangsrassen, kamen aber dem Ziel, eine der Stammform ähnliche Rekonstruktion zu schaffen, vermutlich sehr nahe; es sind nur ganz wenige zeitgenössische Originalporträts (darunter nur ein Foto) von Tarpanen vorhanden, weshalb Vergleiche schwierig sind.

Heute werden die Rückzüchtungstiere zwar recht zahlreich in diversen Tierparks und Naturschutzgebieten gehalten und vermehrt, die Wissenschaft lehnt sie aber als „echte" Tarpane ab, denn es handelt sich ja „nur" um äußerlich wiederhergestellte, nicht genetisch idente Formen. Die Tiere vermitteln jedoch einen sehr guten Eindruck des Aussehens der ehemaligen Stammform eines Teils unserer Hauspferderassen. Mit dem portugiesischen Sorraia-Pferd steht laut Hardy OELKE eine originale iberische Form des Tarpans an der Wurzel mancher iberischer und amerikanischer Pferde. Diese Rasse wurde von. Dr. Ruy D'ANDRADE 1920 im Sorraia-

*Sorraia-Pferde im portugiesischen Staatsgestüt Altér Real*

Tal wiederentdeckt und als primitive Population erkannt. Er fing eine kleine Herde ein und vermehrte sie halbwild auf seinen Ländereien. Später gelangten die Tiere – inzwischen als hippologische Rarität erkannt – auch in portugiesischen Staatsbesitz. Nur wenige, sehr kleine Zuchtgruppen sind vorhanden, der Gesamtbestand dürfte weltweit ca. 250 Tiere nicht übersteigen. OELKE führt an, dass auch einige amerikanische Mustangs und südamerikanische Criollos dieselben Merkmale aufweisen.

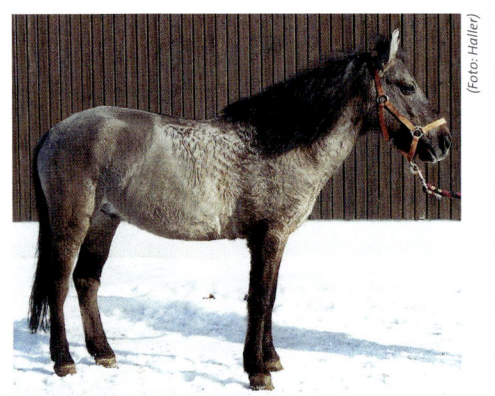

*„Rückgezüchteter" Tarpan – dem Wildpferd ähnlich*

### ▶ EIGENSCHAFTEN

Die Rückzüchtungen des Tarpans weisen die urtümliche Falbfarbe in allen Schattierungen auf, von gelblich bis blaugrau; Aalstrich, Zebrierung und dichtes Langhaar sind typisch. Im Winter kann es zu deutlichen Aufhellungen kommen, manche Tiere haben dann ein fast weißes Winterfell. Die Mähne ist nahezu immer fallend, der dichte Schweif weist eine schützende Haarglocke an der Schweifrübe auf (das Przewalski-Pferd hat dagegen eine Stehmähne und einen schütter behaarten Schweif). Die Pferde sind klein, meist zwischen rund 125 und 135 cm im Stockmaß, und stämmig, dabei durchaus edel im Ausdruck. Der Kopf ist meist gerade und recht edel, mit kleinen Ohren, kräftigem Gebiss und großen Augen. Der Hals ist kurz bis mittellang und kräftig, der Rumpf kompakt und voluminös. Die Hufe sind mittelgroß und sehr hart; geringer Kötenbehang. Die Tiere sind extrem widerstandsfähig und können auf großen Flächen ganzjährig ohne Zufutter und Pflege überleben. Sie sind fruchtbar, kaum krankheitsanfällig und lebenstüchtig. Bei früher Zähmung können sie als leichte Zugpferde oder Reitponys verwendet werden. Das Sorraia-Pferd zeigt ähnliche Merkmale, ist aber insgesamt etwas größer, drahtiger und mit einem Ramskopf versehen.

## ARENBERG-NORDKIRCHENER UND LEHMKUHLENER PONY (D)

Diese beiden deutschen Ponyrassen sind selbst Fachleuten kaum bekannt. Sie entstanden vor einigen Jahrzehnten aus planmäßigen Kreuzungen mit Dülmener „Wildpferden". Somit stellen sie den Versuch eines „Deutschen Reitponys" im eigentlichen Sinne dar. Leider sind beide Rassen heute nahezu ausgestorben; wenn überhaupt, so existieren nur mehr Einzeltiere, eine Zucht gibt es nicht mehr.

Der Lehmkuhlener entstand Ende des 19. Jh.s auf dem Gut Lehmkuhlen der Baronin Agnes von DONNER in Ostholstein; ihre Nachfahren halten dort noch immer Ponys. Dort veredelte sie einige Dülmener Stuten mit Arabern, Zwerghackneys und Vollblütern, um gängige Jugendponys zu erhalten. Der bedeutendste Stammhengst war jedoch der aus Westmoreland/Nordengland stammende Fell-Hengst The Mikado. Die neue Gestütsrasse gelang so gut, dass die Nachzucht bald Eingang in zahlreiche adelige Stallungen fand. Die Ponys waren energisch, gängig und hübsch, bei vorwiegend dunkler Jacke. Sie bewegten sich gut und eigneten sich für alle Sparten, auch das Fahren, sind somit als frühe deutsche Reitponys zu verstehen, die ja bis heute auch als Fahrpferde brillieren. Die ursprüngliche Robustheit der Dülmener blieb weitgehend erhalten. Nach dem Zweiten Weltkrieg wurden die Lehmkuhlener Ponys mit dem Besitz verkauft, darunter einige an die bekannte Spedition NEELSEN, die sie zu Werbezwecken verwendete. Ein Teil der Herde und ein Hengst wurden von Friedrich LILIENTHAL gekauft, der die Zucht auf Eiderstedt mit viel Engagement jahrzehntelang weiterführte. Leider fehlte ihm die staatliche Anerkennung bzw. Unterstützung, sodass es ein rein privates Liebhaberprojekt bleiben musste. Lehmkuhlener Ponys wurden oft sportlich erfolgreich eingesetzt, so auch von den Kindern des berühmten Sportreiters Fritz THIEDEMANN. LILIENTHAL musste später die Zucht aufgeben, sodass seine kleine Population in private Hände gelangte und vermutlich in Reitponybeständen aufgegangen ist.

Die Arenberg-Nordkirchener Rasse geht auf ein Zuchtexperiment des Herzogs von ARENBERG zurück. Dieser richtete 1923 in Nordkirchen im Münsterland ein Wildgestüt ein. Dort bildeten osteuropäische Panje- und Konikstuten den Grundstock einer Population, die mit zugekauften Dülmener Hengsten aufgebaut wurde. Somit ging man hier den umgekehrten Weg zu Dülmen, wo ja immer wieder Konikhengste auf die örtlichen Stuten gesetzt wurden. Das Zuchtziel war ein gängiges Kleinpferd, das vor allem für Jugendliche auch sportliche Eignung zeigte; der Bestand blieb jedoch immer klein und umfasste nur rund

*Arenberg-Nordkirchener Pony*

> **▶ EIGENSCHAFTEN**
>
> Mittelgroßes Reitpony von edlem Typ, hin und wieder mit abgeschwächten Merkmalen des Dülmener „Wildlings". Hübscher, gerader Kopf mit ausdrucksvollem Gesicht, kleine Ohren. Gute Oberlinie, korrekte Schulter und tragfähiger Rücken. Genügend breiter und tiefer Körper; guter Futterverwerter. Stabile Beine mit sehr harten Hufen, kaum Kötenbehang. Elastische, eifrige Gänge, gutes Springvermögen. Zäh und wetterhart, gut für gemilderte Robusthaltung geeignet. Oft dunkles Fell; Größe von ca. 130–145 cm.

40 Tiere. 1968 wurde die gesamte Herde an Hrn. ORTHMANN in Nordkirchen verkauft, welcher nun einen sportlicheren Typ schuf. Dies erreichte man durch die Verwendung von Welsh-B-Hengsten, die auch die braune Farbe einbrachten. Die Ponys waren etwas größer und deutlich edler als die originalen Dülmener und besaßen ein gutes sportliches Leistungsvermögen. 1984 wurde auch diese Zucht aufgelöst und die Produkte landesweit verkauft; man vermutet, dass ein Großteil in der westfälischen Reitponyzucht Aufnahme gefunden hat.

1995 tauchten Hinweise auf einen Restbestand von ca. 20 Tieren auf, welche in Privatbesitz jedoch nicht zur systematischen Erhaltung der Rasse eingesetzt wurden.

## DAS BOSNISCHE PFERD (A, BIH)

Der so genannte „Bosniake" ist ein typisches südosteuropäisches Landpferd, das man eigentlich zu den Ponys zählen sollte. Seine Ahnen waren u. a. der Tarpan und das orientalische Pferd, beide Garanten für Ausdauer und Robustheit. Die Geschichte der Rasse zerfällt in drei Perioden: die Frühzeit, die türkische und daran anschließend die österreichische Herrschaft. Grabungsfunde beweisen, dass man im Raum Bosnien-Herzegowina seit etwa dem fünften Jh. v. Chr. Pferde zähmte und zu Reit- oder Zugzwecken verwendete.

Nach der Schlacht von Jajce (1463) gelangte Bosnien endgültig unter die Herrschaft der „Hohen Pforte" und seine Pferdezucht erhielt ein deutlich orientalisches Gepräge. Vermutlich hielten die osmanischen Paschas edle Araberpferde und verbesserten mit diesen die bäuerlichen Zuchten in der Umgebung der Festungen (Kapitanijes). Der Bedarf an edlen Jagd- und Kriegspferden war recht groß und die Zucht blühte auf. Sie lag nach der Okkupation durch Österreich-Ungarn im Jahre 1878 dennoch darnieder, weil die Kämpfe die meisten tauglichen Pferde gefordert hatten. Nun machte sich Österreich-Ungarn daran, genügend gute Pferde für den militärischen und landwirtschaftlichen Gebrauch zu züchten – vorerst mit Araberhengsten aus dem Gestüt Bábolna. In Mostar, Nevesinje und Konjic errichtete man drei wichtige Hengstdepots, zu denen 1884 ein weiteres in Sarajevo hinzukam. Die wichtigen Gestüte wurden in Gorazde, Sarajevo und Borike gegründet, dazu erfolgten zwischen 1929 und 1936 große Ankaufsaktionen.

Der Neuanfang gelang mit den drei Hengsten Misko, Barut und Aaslan sowie rund 40 Stuten, welche elf existente Familien gründen konnten. Nach dem Weltkrieg gelangten viele Exemplare ins Ausland, wo bald kleine Nachzuchten entstanden, so in Deutschland, Slowenien oder der Schweiz. Diese kleinen Genreserven werden möglicherweise den Fortbestand der Rasse sichern, denn deren Schicksal in der Heimat ist ungewiss.

*Zuchthengst aus dem Misko-Stamm*

Bis zum Beginn der Kriegshandlungen 1990/91 in Jugoslawien gab es eine umfangreiche Zucht, die nach Schätzungen rund 100.000 Pferde umfasste, aber binnen weniger Jahre auf ein Drittel sank. Sicher ist derzeit der Bestand an rassetypischen Pferden eher klein; Thomas DRUML, Experte für Tierzucht am Balkan, schätzt ihn auf maximal 2.000 Tiere, andere Quellen

*Auf der Bergweide lebt die Stutenherde.*

auf deutlich weniger. Gestüte sind heute Borike und zwei kleinere Privatzuchten; die Landeszucht ist schwer einschätzbar, aber im Velebit-Renaturierungsprojekt bei Malo Libinje (Eigentümer Petar KNEZEVIC) werden wieder rund 30 Bosnische Pferde reiner Abstammung und eine Herde indigener Rinder halbwild gehalten. Die Pferde unterliegen dort einer starken Bejagung durch Wölfe und vermehren sich daher eher langsam.

### ▶ EIGENSCHAFTEN

Der typische Bosniake ist ein gedrungenes Bergpony von rund 130–145 cm Stockmaß. Der Kopf zeigt trockenen Adel, kleine Ohren und große, wache Augen. Der Hals ist kurz, der Rücken lang, aber tragfähig; ein voluminöser Rumpf weist auf gute Futterverwertung hin. Die Kruppe ist abfallend, mitunter auch abgeschlagen. Langes, derbes Mähnen- und Schweifhaar und geringer Kötenbehang sind typisch. Die Gliedmaßen sind kurz, stabil und unverwüstlich, die Hufe von bester Qualität.

Meist sind es Braune, Dunkelbraune oder Rappen, seltener Schimmel oder Füchse. Die Gangmechanik ist von großer Trittsicherheit geprägt, der Raumgriff lässt manchmal Wünsche offen. Die Rasse stellt ideale Trag- oder Kutschpferde, die jedoch unter dem Sattel in den Sportdisziplinen benachteiligt sind, da ihnen wesentliche Merkmale des modernen Sportponys fehlen. Hervorragend bewähren sie sich jedoch auf Gelände-, Distanz- und Wanderritten, wo guter Instinkt, Ausdauer und Robustheit zur Geltung kommen.

## DÜLMENER (D)

Im so genannten Dülmener (fälschlich auch: Dülmener Wildpferd) besitzt Deutschland eine letzte Population von verwilderten Hauspferden mit einem hohen Anteil an Konik- bzw. Tarpanblut. Im Bundesland Nordrhein-Westfalen liegt der Merfelder Bruch, eine urtümliche Wald- und Moorlandschaft im Besitz der Herzöge von CROY. In diesem Reservat führen die Dülmener Pferde ein ungestörtes Leben. Schon 1316 wurden die Wildlinge des Bruchs urkundlich erwähnt; sie waren jedoch keine einzigartige Population, denn es gab in Deutschland und anderen Ländern immer solche Wildlinge, z. B. die so genannten Davertnickel oder Dickköppe in anderen Regionen Westfalens. In Spanien kennt man die Marismenos und Galicenos, in Italien die Esperia-Ponys und auf Sardinien die Cavallini della Giara. Die Dülmener blieben als einzige deutsche Wildbahn-Herde bis heute bestehen. Die Erhaltung des Wildgestütes ist Herzog Alfred von CROY zu verdanken, der um 1850 einen Rest von rund 20 Pferden auf einem Teil seines Landes einhegen ließ. Dies war der Grundstock der heutigen Herde von rund 200 Tieren, die auf rund 200 ha lebt. Sie gliedern sich in kleinere Verbände. Die Deckhengste werden von Mai bis September beigestellt, somit fallen die Fohlen in das Frühjahr. Im 19. Jh. verwendete man Welsh-Hengste, dazu russische, englische und sogar einen ungarischen.

*Typischer Kopf eines einfachen „Primitivpferdes" – kräftiger Kiefer und kleine Ohren*

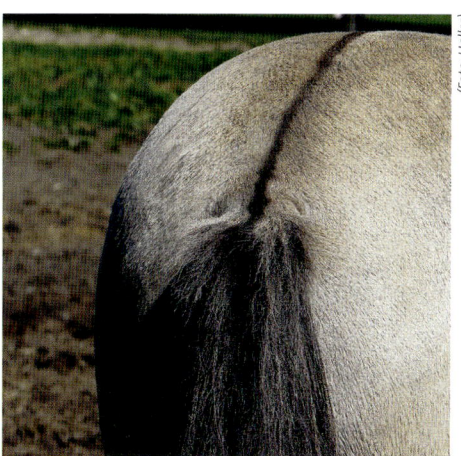

*Der Aalstrich verläuft über den ganzen Rücken.*

Nach 1945 betonte man den Wildpferdecharakter erneut und bevorzugte Konik-Hengste. Der bedeutendste davon war der 1957 in Polen gekaufte Nugat XII, der über sechs Jahre im Einsatz war und die Zucht prägte. Nugat und seine Söhne brachten den urtümlichen Charakter des Tarpans bzw. Koniks stärker hervor.

Die Dülmener sind situationsbedingt eine hippologische Rarität in Deutschland (ein semiferales Primitivpferd) und werden immer wieder zu Studienzwecken – vor allem zum Verhalten freilebender Pferde – herangezogen. Inzwischen sind Reservate mit halbwilden Rinder- und Pferdebeständen zum Glück nicht mehr einzigartig; es gibt etliche europäische Beweidungsprojekte ähnlicher Art, die vor allem Koniks (Pseudo-Tarpane) oder Exmoorponys und Heckrinder (Pseudo-Ure) oder Hochlandrinder einsetzen.

Ende Mai werden im Rahmen eines Volksfestes die Jungpferde aus der Herde gefangen und mit dem Brandzeichen der Familie CROY versehen. Das Einfangen erledigen nach uralter Tradition mutige junge Männer aus der Umgebung, welche die ungestümen Fohlen mit der bloßen Hand bändigen. Die Junghengste werden danach versteigert, die Jungstuten bleiben meist in der Herde. Das bunte Spektakel findet in einem eigens dafür errichteten, improvisierten Stadion vor einer großen Zuschauermenge statt. In der Gründungsphase der deutschen Reitponyzucht dienten Dülmener-Stuten unter anderem als Basis für die Veredelungszucht mit britischen Welsh-Hengsten, um ein modernes Sportpony zu schaffen. Sie verliehen der jungen Rasse vielfach Härte und Ausdauer. Neben der herzoglichen Gestütsverwaltung gibt es eine Interessengemeinschaft zur Förderung der Rasse in Wittgert, Rheinland, die sich um die rund 200 Dülmener in Privatbesitz kümmert.

> **EIGENSCHAFTEN**
>
> Dülmener sind harte, robuste Pferdchen, die unter dem Sattel und im Geschirr ausdauernd und trittsicher sind. Sie sind meist zwischen 120 und 140 cm hoch und besitzen einen kräftigen, harmonischen Körperbau. Vom harten Leben in der Wildbahn geprägt, sind sie stabil und zweckmäßig gebaut. Kleine Mauseohren, lange und dichte Schutzhaare und kleine Kötenzöpfe sind typisch. Drei Farbschläge existieren, welche auch bei Wildpferden vorkommen: Grau- und Gelbfalben sind beim Tarpan, Sorraia- oder Przewalski-Pferd zu finden; Torfbraune gibt es beim urtümlichen Tundrenpony. Nur selten findet man kleine weiße Abzeichen, fast immer jedoch Aalstrich und Zebrierung.

## FURIOSO-NORTH STAR (A, H)

Der Stammvater dieser altösterreichischen Rasse war der englische Vollblüter Furioso. Er wurde 1835 im ungarischen Gestüt Derekegyháza des Grafen KAROLYI geboren und schon 1836 für die staatliche Zucht angekauft. Nach kurzer Rennlaufbahn gelangte er 1841 in den Zuchtbetrieb. Im südungarischen Gestüt Mezöhegyes zeugte er in zehn Jahren mit Stuten unterschiedlicher Abstammung und uneinheitlichen Typs gute Nachkommen. 176 Produkte bildeten die spätere Stammherde der Rasse Furioso, die als typisches englisches Halbblut bezeichnet werden kann.

1852 wurde der aus England stammende Vollbluthengst North Star auch in Mezöhegyes aufgestellt, wo er sechs Jahre lang quasi als Furiosos Nachfolger wirkte. Seine Produkte bewährten sich ebenfalls ganz ausgezeichnet und waren denen von Furioso ähnlich. 1885 wurden die beiden Populationen zur Rasse Furioso-North Star vereinigt, allerdings wird der volle Name selten verwendet, man nennt sie meist kurz Furioso. Die Zuchtzentren waren zuerst Mezöhegyes und später Radautz im heutigen Rumänien, wo noch immer eine Herde so genannter „Radautzer Halbblüter/Sportpferde" existiert. Ursprünglich eine für die ungarische Reichshälfte typische Rasse, wurde die Zucht bald auf alle Kronländer und späteren Nachfolgestaaten der alten Monarchie ausgedehnt; das heutige Österreich besitzt kaum mehr Tiere dieser Rasse. Die Furioso waren als halbschwere Militärpferde hochgeschätzt und spielten in der Landeszucht der österreichisch-ungarischen Monarchie eine hervorragende Rolle.

Die heutigen Restbestände sind zum Teil mit deutschen Hengsten verkreuzt. Die wichtigsten Zuchtgebiete liegen in Ungarn, wo es einen offiziellen Verband der

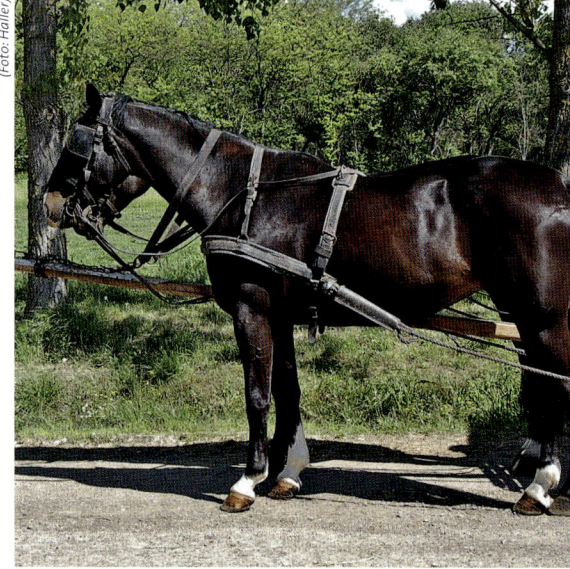

*Typische ungarische Halbblut-Pferde im ländlichen Gebrauch*

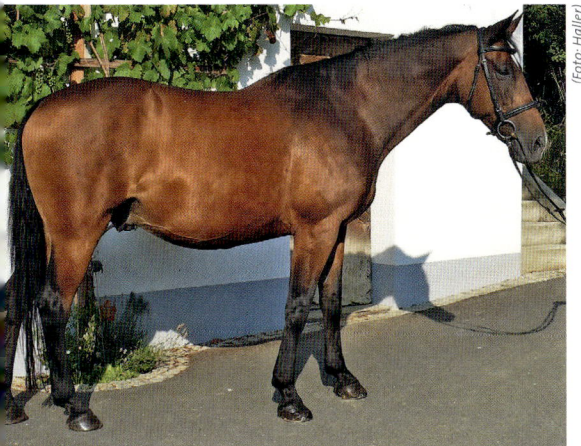

*Ein bestens typisierter Furioso-Wallach in österreichischem Besitz*

privaten und staatlichen Zuchtbetriebe gibt, weiter in der Slowakei und in Rumänien, dem ehemaligen Jugoslawien sowie der Tschechischen Republik. Vor allem in der Slowakei hat sich eine genetisch wertvolle Zucht in privater Hand erhalten, besonders jene im Gestüt Moteschitz (Motesice) von Slavomir MAGAL. Die Bestände sind hochwertig, aber durchwegs sehr klein und die Marktsituation für derartige Pferderassen ist schlecht, obwohl die bekannten Qualitäten der Rasse Furioso-North Star dem gehobenen Freizeitreiter oder -fahrer durchaus genügen würden.

Schade ist, dass die recht zahlreichen Traditionsregimenter (Vereine zur Erhaltung der militärischen Kultur) in den Nachfolgestaaten der Doppelmonarchie diese Rasse nicht stärker verwenden. Sie war die klassische Kavallerie-Remonte und eignete sich bestens als Truppenpferd. Eine derartige Verwendung wäre ein enormer Auftrieb für diese wertvolle Zucht.

*Das intelligente Gesicht eines edlen Halbblut-Pferdes*

### ▶ EIGENSCHAFTEN

Edle, mittelgroße Warmblutpferde im Typ des blutgeprägten Reit- oder Truppenpferdes (halbschweres Halbblut). Als leichte Wirtschafts- und Wagenpferde ebenso geeignet wie als Kavallerie-Remonten, konnten sie allerdings nicht in optimaler Form an die Anforderungen für moderne Sportpferde herangeführt werden. Trockener, mittelgroßer Kopf mit geradem Profil und freundlichen Augen. Schöner Hals mit gutem Genick und deutlich ausgeprägter Widerrist. Gut bemuskelt und ausreichend breit und tief im Rumpf. Klare, trockene Beine von mittlerer Stärke und harte Hufe, kein Behang. Praktische, unspektakuläre Gänge, große Ausdauer, respektables Springvermögen. Meist Braune mit wenigen, kleinen Abzeichen, selten Rappen oder Schimmel. Größe: ca. 160 cm Stockmaß und häufig deutlich darüber.

## PRZEDSWIT (A)

Dies ist gewissermaßen ein Schlag der Rasse Furioso, der auf den gleichnamigen Gründerhengst, einen englischen Vollblüter namens Przedswit, zurückgeht. Dieser bedeutende und wunderschöne Fuchshengst aus der Zucht des Grafen TARNOWSKI in Galizien war selbst ein erfolgreiches Rennpferd und stand ab 1876 im steiermärkischen Staatsgestüt Piber (heute bekannt durch die Lipizzanerzucht, früher war es ein Militärgestüt), wo er beste Nachzucht in der Halbblut-Abteilung hinterließ. Sein Stamm wurde mit denen von Furioso und North-Star vereinigt und galt in der österreichischen Reichshälfte als eine gleichberechtigte Komponente der so genannten Englischen Halbblutzucht. Viele Hengste dieses Stammes gingen in die Landeszucht, bevor man diese in den 1980er-Jahren endgültig auf deutsche Blutführung umstellte. Schon ab den 60er-Jahren des 20. Jh.s ging die Population rasch zurück, und heute gibt es in Österreich kaum noch Pferde dieses Stammes. In Polen und einigen Nachfolgeländern der Monarchie, wie Tschechien, existieren noch kleinste Zuchtbestände und einzelne Privatpferde mit Przedswit-Blutanteil, die als besonders hart, schön und leistungsfähig gelten.

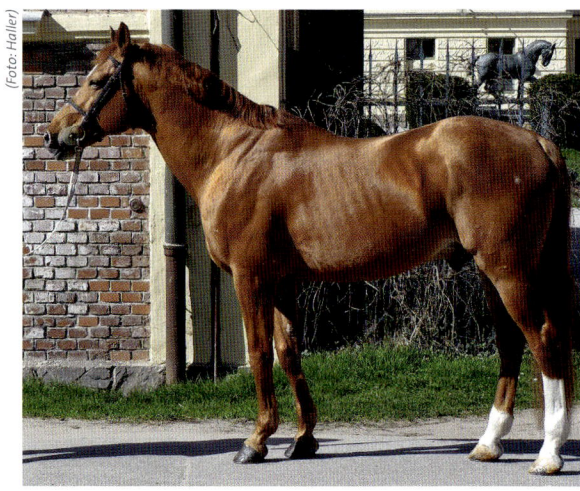

*Ein Hengst des Przedswit-Stammes im Hengstdepot Pisek*

## GIDRAN (A, H)

Die Geschichte dieser österreichisch-ungarischen Rasse begann im Jahre 1816, als der Pferdehändler Baron FECHTIG im Zuge einer Kaufexpedition einen Original-Araber-Hengst nach Österreich brachte. (FECHTIG wurde aufgrund seines schillernden Lebenswandels zum Vorbild für die Operette „Der Zigeunerbaron" von Johann STRAUSS.) Der Araber mit Namen Siglavy Gidran wurde zuerst nach Lipizza (heute Slowenien), dann nach Bábolna und schließlich nach Mezöhegyes – beide in Ungarn – gebracht. Eine von ihm tragende Stute – wahrscheinlich iberischer Abkunft – mit Namen Arrogante wurde ebenfalls dorthin überstellt und gebar den Stammvater der Rasse, den Hengst Gidran Senior. Dieser prägte die Zucht dermaßen, dass sich der nach ihm benannte Stamm bald über die ganze Monarchie ausbreitete. Die Gidrans waren recht heißblütige, orientalisch geprägte Pferde, dabei sehr hart und leistungsbereit. Später wurde die Zucht etwas verweichlicht, weshalb man um 1862 begann, englische Vollblüter einzukreuzen, und somit einen anglo-arabischen Typ schuf. Durch die in der Folge wechselnden Anteile an orientalischem und englischem Blut trat jeweils der eine oder andere Typ etwas stärker hervor. Allen Pferden dieser Rasse waren jedoch Härte, Schnelligkeit und Temperament eigen, was sie zu beliebten Remonten und Sportpferden machte. Man vergleicht die Rasse in Typ und Verwendung oft und zu Recht mit dem Trakehner ostpreußischer Herkunft, ohne jedoch dessen Bekanntheit zu besitzen.

Nach dem Untergang der Monarchie gelangte ein Restbestand nach Österreich, wo er zuerst in Niederösterreich im Raum Wieselburg-Perwarth, dann in der Steiermark und schließlich in Kärnten (hier unter dem Namen „Grafensteiner", nach der dortigen Deckstation) noch bis in die 60er-Jahre des 20. Jh.s existierte. Heute gibt es

*Gidrans waren besonders edle Kavalleriepferde.*

fast keine Gidrans mehr in Österreich, die Zucht ist erloschen. In den übrigen Nachfolgestaaten der Doppelmonarchie wurde die Rasse weiter bewahrt und existiert bis heute. In ihrer alten Heimat Ungarn gibt es u. a. noch eine bedeutende Reinzucht-Herde im Gestüt Marócpuszta am Plattensee, die als genetische Reserve gilt; deren Zentrale befindet sich in Szilvasvarad, im Osten des Landes. Die wichtigste „offizielle" Population befindet sich laut Hans BRABENETZ jedoch in Rumänien im Gestüt Tulucesti, eine weitere in Radautz;

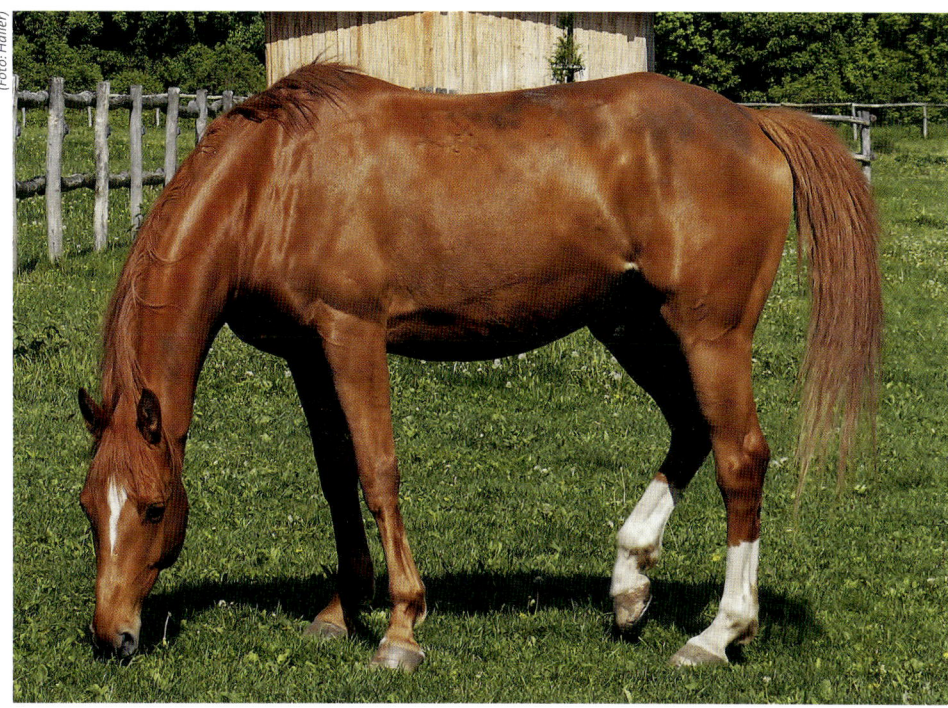

*Ein typvoller Gidran in österreichischem Besitz*

▶ **EIGENSCHAFTEN**

Trockener, mittelgroßer Kopf, der mitunter sogar etwas derb sein kann, manchmal aber auch deutlich arabisiert auftritt. Schöne Linien bei kurzem, tiefem Rumpf und gerader oder leicht geneigter Kruppe mit hohem Schweifansatz; gut ausgeprägter Widerrist. Die Beine sind trocken, ohne Behang und mit eher kleinen, harten Hufen versehen. Leichte, kadenzierte Bewegungen und flotter Galopp; oft passables, manchmal sogar ausgezeichnetes Springvermögen. Nicht immer ganz einfach im Wesen, aber stets leistungsfreudig und genügsam. Fast nur Füchse, weit seltener Schimmel oder Braune; auch kleine Abzeichen an Kopf und Beinen kommen vor; schütteres Langhaar. Größe: um 160 cm Stockmaß und etwas darüber.

auch in Polen, Bulgarien und vereinzelt in Tschechien und der Slowakei kommen Gidrans vor. Die Zukunft der Rasse ist allerdings ungewiss, denn ihre sportliche Eignung ist selten ausreichend, um sie mit dem modernen westeuropäischen Sportpferd gleichzustellen. Im Gegensatz zum sehr ähnlichen Trakehner konnte man den Gidran nicht oder nur ungenügend an den Sportpferde-Markt heranführen. Gidrans sind zwar ausdauernde Pferde, besitzen in der Regel jedoch etwas zu wenig Vermögen, um turniersportlich groß zu punkten. Es gibt jedoch immer wieder Ausnahmen, die sich vor allem im Springen bzw. der Vielseitigkeit beweisen können.

## HUZULE (A, RO)

Experten bezeichnen diese Bergrasse aus den Waldkarpaten als direkten Abkömmling des Tarpans. Der Name wird für das Volk, die Region und die Pferderasse sowie auch für die dort heimischen Rinder verwendet und kommt aus dem Kaukasischen. Es ist wahrscheinlich, dass die Besiedelung der Waldkarpaten (heute rumänisch) durch Kosakenstämme aus dem Kaukasus erfolgte. Die kleinen, zähen Pferde auf der genetischen Basis des Tarpans führen auch orientalisches Blut und Blut der Mongolenpferde. Die genaue Herkunft bleibt mangels zuverlässiger Dokumente etwas unklar, fest steht jedoch, dass es im 19. Jh. drei anerkannte Typen gab, den Tarpan-Huzulen, den Bystrzec-Huzulen und den Przewalski-Huzulen; weiter den gescheckten Zabie-Huzulen, der nicht ursprünglich war. Heute ist eine weitgehende Angleichung dieser Typen festzustellen.

Über Jahrhunderte waren die extrem trittsicheren, harten und genügsamen Pferdchen die einzigen Transportmittel in den unwegsamen Karpaten. Sie wurden als Lasttiere und zum Reiten sowie im Zugdienst verwendet und halbwild vermehrt. 1775 wurde die Bukowina (das Buchenland) in die österreichisch-ungarische Monarchie eingegliedert und der wirtschaftliche Aufschwung begann. Mit der Verbesserung der Straßen wurden die kleinen Pferde unpopulär, man suchte kräftigere Tiere. Nur die Bergbauern erhielten einige reinrassige Zuchtstuten und Hengste. 1792 wurde das Staatsgestüt Radautz gegründet, das die Pferdezucht in Richtung des Halbblutpferdes lenkte. Erst 1856 kam es auf Anregung von Oberst HERMANN zur Schaffung eines eigenen Huzulengestütes im Radautzer Vorwerk Luczyna auf rund 1.400 m Seehöhe. Auf den rauen Bergweiden wurden nun Huzulen in Rein- und Kreuzungszucht gezüchtet und zumeist an die Armee abgegeben. Einige bedeutende Hengste kamen im 19. und 20. Jh. zum Einsatz und gründeten Stämme:

*Dieser typvolle Huzulenhengst steht im slowakischen Hengstdepot Tlumačov.*

Hroby, Goral, Ousor, Pietrosu und Prislop. Vor dem Ersten Weltkrieg wurde die Reinzucht in Radautz aufgegeben, später jedoch wieder aufgenommen. Bis heute existieren kleine Zuchtinseln in Ungarn (Aggtelek), Polen (Klikowa und Siary), Rumänien (Radautz), der Slowakei (Topoľčianky) und Ukraine sowie in Österreich und vereinzelt in Deutschland; der Gesamtbestand an reinen Huzulen liegt bei rund 1.500 Pferden. In der Alm Luczyna steht eine kleine, hochwertige Herde, die vom rumänischen Staat erhalten wird und Pferde für die Landeszucht und die regionale Landwirtschaft sowie den Export liefert. Die Zucht ist grenzüberschreitend gut vernetzt und unterhält einen regen Informationsaustausch. Die Hucul International Federation (HIF) unterstützt die Bemühungen der einzelnen Zuchtländer und betreibt ein Netzwerk, das als Beispiel für eine gelungene internationale Zusammenarbeit und Vermarktung gelten kann. Der Austausch von Blutlinien und Zuchttieren ist vorbildlich, das Marketing ebenfalls.

### ▶ EIGENSCHAFTEN

Der robuste Huzule ist bei rund 132–145 cm Stockmaß ein praktisches, kompaktes Pferd. Ein gerader, keilförmiger Kopf sitzt auf einem kurzen, starken Hals. Der Rumpf ist lang und tief, mit gewaltigem Rippenbogen (gute Futterverwertung!). Das Langhaar ist extrem dicht, im Winter wächst ein enormes Winterfell. Die Beine sind trocken, eher kurz und extrem stabil, mit stahlharten Hufen. Leichte Stellungsfehler in der Hinterhand sind häufig und für ein Gebirgspferd rassetypisch, vor allem leichte Kuhhessigkeit oder Säbelbeinigkeit. Trittsicher, ausdauernd und sehr genügsam, für Fahren und Reiten gleichermaßen geeignet; beliebtes Jugendpferd. Farbe meist Braun, Fuchs und gelegentlich Schecke, oft auch Falbe. Rappen kommen vor.

*Beschäler der Huzulenrasse im slowakischen Gestüt Topoľčianky*

## JÜTLÄNDER KALTBLUT (DK, D)

Es steht außer Zweifel, dass der gesamte nordwesteuropäische Bereich entlang der Küsten und in den tiefliegenden Marschgebieten von jeher ein ideales Zuchtland für schwere Pferde war. Die Kimbrische Halbinsel (Jütland) war keine Ausnahme, und schon in römischer Zeit sollen von hier ausgezeichnete, kräftige Pferde gekommen sein. Im Mittelalter waren die Kimbrischen oder Jütischen Kaltblüter als Streitrosse sehr begehrt und ihre Zucht war ein einträgliches Geschäft. Die Bauern, Adeligen und Klöster exportierten jährlich mehrere Tausend Tiere. Mit dem Aufkommen der Feuerwaffen wurde das schwere Ritterpferd obsolet und seine Zucht geriet, wie überall, langsam ins Hintertreffen. Im Süden der Halbinsel stellte man schon früh auf leichtere Typen um (Basis der Holsteiner Zucht), während im Norden der Halbinsel noch lange das unveredelte Arbeitspferd vorherrschte. In der zweiten Hälfte des 18. Jh.s setzte man einige zuchtfördernde Maßnahmen, erließ Zuchtgesetze und Körvorschriften. Nach den verheerenden Napoleonischen Kriegen suchte die dänische Krone die Rasse durch Importe aus England zu verbessern, wozu Cleveland Bays und Yorkshire-Pferde zählten. Diese bewährten sich ausgezeichnet, doch formten sie den stämmigen „Wasserdänen" zu einem leichteren Typ um. Darauf folgte eine Zeit der Experimente, in der die Regierung den Einsatz von schweren Hengsten einiger verschiedener Rassen förderte. 1862 wurde auf Reinzucht umgestellt, das Zuchtziel war ein schweres, aber gängiges Kaltblutpferd. Die wesentlichsten Impulse erhielt die Rasse durch den englischen Hengst Oppenheim, der von 1862–1869 wirkte. Oppenheim war ein bunter Fuchs mit viel Behang, der zwar oft als Suffolk Punch bezeichnet wird, wahrscheinlich aber ein Shire in der damals noch vorhandenen Fuchsfarbe war. Er und seine Nachkommen vererbten ihren Typ so durchschlagend, dass dieser bald vorherrschte. Als prägende Hengste des späten 19. Jh.s werden Valdemar, Munkedal, Munkedal II und Aldrup Munkedal sowie Prins af Jylland genannt. Ihr Erbe zeigt sich in der einheitlichen Fuchsfarbe, im kräftigen Körperbau und im ausgeprägt edlen Kaltbluttyp der Rasse, die früher jedoch etwas leichter war. Später setzte man belgische Ardenner zur Aufbesserung bzw. Verstärkung ein, die sich gut bewährten. Noch im 20. Jh. war die Jütische Rasse sehr begehrt; in den Zwischenkriegsjahren exportierte man jährlich rund 15.000 Tiere nach Norddeutschland, wo sie eine zweite Heimat fanden. Nach der Motorisierung ging die Zucht zurück und beläuft sich nur mehr auf wenige Hundert Pferde, die vor allem im Tourismus und Brauwesen eingesetzt werden; auch die alternative Landwirtschaft schätzt ihre hervorragenden Eigenschaften.

*Die Jütländer besitzen viel Kaltblutadel mit viel Gang und Nerv.*

### ▶ EIGENSCHAFTEN

Mittelgroßes, sehr kräftiges und untersetztes Arbeitspferd von gutem Kaltblut-Adel. Schöner Kopf mit freundlichem Ausdruck; kräftiger Hals. Kurzer, tonniger Rumpf mit bedeutender Tiefe und Breite. Nicht ausgesprochen kurzbeiniges, dabei stabiles und trockenes Fundament mit deutlichem Behang. Vorwiegend Füchse, selten Braune und Rappen, oft mit großen Abzeichen; harte, große Hufe. Guter Schritt und flotter, leichter Trab; arbeitswilliges Zugpferd. Wegen seiner Leichtfuttrigkeit, Gutmütigkeit und Kraft ein ideales Pferd für Landwirtschaft oder Tourismus. Höhe: bis zu 160 cm; Gewicht: 700–950 kg.

## KINSKY-PFERD (A, CZR)

Die Rasse geht auf eine Gestützucht des Geschlechtes der KINSKY zurück, die in Böhmen weite Besitzungen hatten. Graf Oktavian KINSKY – ein hervorragender Reiter und Pferdezüchter – hielt auf seinem Gut Ostrov bei Chlumec vollblütige Pferde. 1838 ließ er die Vollblüterin Themby vom Hengst Whistler decken und erhielt überraschend ein isabellfarbenes Stutfohlen, das Themby II genannt wurde. Aufgrund der ungewöhnlichen Farbe wurde ihm die Eintragung als Vollblut in das „Studbook" verweigert; Oktavian gründete daraufhin wutentbrannt sein eigenes Stutbuch und züchtete fortan leistungsfähige Blutpferde mit heller Farbe, unter Verzicht auf deren Anerkennung als Vollblut. Von Themby II stammte der isabellfarbige Hengst Caesar, der als eigentlicher Stammvater der Rasse gelten kann. Im Laufe der Jahre bewiesen die Pferde ihre ungewöhnliche Leistungsfähigkeit und gewannen zahllose schwerste Rennen und Jagdspringen. Zu Beginn des 20. Jh.s wurde die Zucht von Zdenko KINSKY mit begrenzten Mitteln fortgesetzt, brachte aber bis zum Zweiten Weltkrieg noch einige Ausnahmepferde. Radslav KINSKY, geb. 1928, war der letzte des Hauses, der aktiv an Zucht und Sport teilnahm, er wanderte schließlich nach Paris aus. Nach der folgenden Enteignung des Besitzes wurden die Pferde in alle Winde zerstreut und die Zucht kam nahezu zum Erliegen.

Einige Enthusiasten konnten durch private Initiative einen kleinen Bestand retten, allen voran Dr. Vladimir SIXTA und Gutsbesitzer FRINTA, welche bis heute wichtige Hengstlinien bewahrten. 1967 kehrten einige Pferde nach Chlumec zurück, wo sie planmäßig weitervermehrt wurden. Von 1986–1991 leitete der ehemalige Landstallmeister Dr. Norbert ZALIS dieses Gestüt und führte die Pferde zu neuer Popularität, indem er mit Radslav KINSKY den Club Equus Kinsky gründete. Der Wiener Arzt Dr. STUDIHRAD verlieh vor rund 20 Jahren seinen halbblütigen Isabell-Hengst Sirius an die tschechische Republik und förderte damit die Zucht der Rasse. Seither sind die Pferde – wenn auch in geringer Zahl – zum festen Bestandteil der tschechischen Zucht geworden, vor allem auf Betreiben der Familie Peter und Liba PULPAN. Auf deren großzügigem Gestüt östlich von Prag (zugleich Sitz des Zuchtverbandes) werden Kinsky-Pferde gezogen, ausgebildet und vermarktet. Sie finden aufgrund ihrer attraktiven Farbe und der Leistungsfähigkeit genügend Absatz im In- und Ausland. Die Zuchtbasis wurde durch Trakehner- und Achal-Tekkiner-Hengste erweitert und man versucht, eine Art „böhmischen Hunter" im traditionellen Halbbluttyp der Monarchie zu erschaffen.

*Eine Kinsky-Stute im Gestüt der Familie Pulpan bei Prag*

*Kinsky-Pferde haben ein hervorragendes Temperament – sie sind willig und intelligent.*

### ▶ EIGENSCHAFTEN

Mittelgroßes, oft deutlich vom Vollblut geprägtes Sportpferd, das nicht immer einheitlich im Typ ist. Überwiegend entweder Hellfuchs, Isabell oder Falbe, oft mit Abzeichen. Drahtig, muskulös und schnell, mit leichten Bewegungen, vor allem im Galopp; recht gutes Springvermögen. Edler Kopf mit lebhaftem Ausdruck, langer Hals, kräftige Hinterhand bei leicht abschüssiger Kruppe. Trockene Beine mit klaren Sehnen und Gelenken; kein Behang. Gutmütig, athletisch und leistungsbereit. Größe: ca. 160–165 cm, gelegentlich etwas darüber.

## KLADRUBER (A, CZR)

Diese einzigartige Pferderasse hat ihren Namen vom böhmischen Gestüt Kladruby nad Labem (Kladrub an der Elbe), östlich von Prag. Das Gestüt wurde 1562 von Kaiser MAXIMILIAN II. als privates Wildgestüt für spanische Pferde angelegt und von seinem Sohn RUDOLF II. im Jahr 1579 in den Rang eines Hofgestütes der Habsburger erhoben. Mit spanischen und altitalienischen Pferden (so genannten Neapolitanern) wurde im Auland der Elbe ein großes, elegantes Kutsch- und Reitpferd für den Galadienst bei Hofe gezüchtet. Im Siebenjährigen Krieg wurde der Bestand evakuiert und das Gestüt verwüstet. Der Wiederaufbau mit bedeutenden Erweiterungen gelang unter Kaiser JOSEPH II., der die Pferdezucht allgemein förderte – wie schon seine Mutter, Titularkaiserin MARIA THERESIA, vor ihm. Bis heute hat das Gestüt alle Rückschläge und Probleme stets überwinden können, auch in den Zeiten des Kommunismus wurde die Zucht in geringem Umfang erhalten. Man züchtete traditionell in zwei Farbschlägen, Schimmeln und Rappen. Die Rappenherde erlitt zwischen den Weltkriegen einen gravierenden Niedergang, der ab 1941 wieder aufgefangen werden konnte. Die Schimmel werden im Hauptgestüt Kladrub und die Rappen in dem ca. 20 km entfernten Vorwerk Slatian (Slatinany) gezogen. Sie gehen auf einige wenige Stammhengste zurück. Bei den Schimmeln war dies Pepoli, der über seine Söhne Generale I + II und Generalissimus wirkte, bei den Rappen die beiden Hengste Sacramoso I + II und Napoleone. Die heute vorhandenen Hengstlinien heißen Generale, Generalissimus, Sacramoso, Solo, Favory, Rudolfo, Romke und Siglavy. Die vier Letztgenannten gehen auf Einkreuzungen von Lusitano-, Friesen- und Lipizzanerhengsten zurück, die aufgrund der Inzucht notwendig wurden, sich aber nur mäßig gut vererbten.

Derzeit ist der Bestand mit rund 1.000 Pferden nach wie vor klein, wird aber durch staatliche Mittel unterstützt. Kladrub steht unter dem Schutz der UNESCO, welche das Gestüt und die Pferde als lebendiges Kulturgut auflistet. Man züchtet heute einen gefälligen, mittelgroßen Typ für Fahr- und Reitzwecke. Strenge Selektion und gute Ausbildung sorgen dafür, dass immer wieder Kladruber ins Ausland verkauft werden, wo sie vor allem als Fahrpferde im internationalen Turniersport eingesetzt werden. Ihre guten Eigenschaften machen sie zu idealen Freizeitpferden für Liebhaber barocker Rassen und für schwergewichtige Reiter, denen der verwandte Lipizzaner etwas zu kleinkalibrig ist.

> ▶ **EIGENSCHAFTEN**
> Großes, mittelschweres Barockpferd von besonderer Prägung, die es allerdings zunehmend verliert, da ein moderner Typ angestrebt wird. Hohe Beinaktion und majestätische Bewegungen, vor allem im Trab. Energisches, intelligentes Pferd mit großem Leistungswillen. Großer Ramskopf mit langen Ohren, hoch aufgesetzter Hals, eher wenig Widerrist. Langer, tiefer Rumpf mit breiter Brust und oft kantiger, kurzer Kruppe; kräftige Bemuskelung. Die Beine sind kräftig, die Hufe groß und stabil; kein Behang. Seidiges Fell und Langhaar. Nur Rappen und Schimmel, Stockmaß: rund 162–165 cm und mehr.

*Ein Hauptbeschäler der Rappenherde im Gestüt Slatinany*

## KNABSTRUPPER (DK, D)

Gegen Ende des 18. Jh.s besaß der dänische Richter und Pferdezüchter Villars LUNN auf seinem Gestüt Knabstrup eine kleine Herde, die auf ausrangierte Stuten des königlichen Marstalles in Frederiksborg zurückging. 1812 kaufte LUNN vom Fleischermeister FLAEBE in Holbaek eine Stute, welche die eigentliche Rasse der so genannten Knabstrupper begründen sollte. Sie war eine gestichelte Tigerstute und stammte aus dem Besitz eines inhaftierten spanischen Offiziers. Die Tigerung als Farbe war im

## Die Gattungen

*Junger Knabstrupper mit schöner Tiger-Farbe, für diese Rasse typisch*

Barock sehr gesucht und trat vor allem bei iberischen Rassen häufiger zutage. Man darf also vermuten, dass die Stute spanischen Ursprungs und ein Qualitätspferd war. Unter dem Namen Flaebehoppen wurde das ungewöhnlich ausdauernde und schnelle Tier recht bekannt und schließlich dem Frederiksborger Hengst Baeveren zugeführt, mit dem es einen vorzüglichen Sohn brachte, der Flaebehingst (Hengst des Flaebe) genannt wurde. Dieser Hengst hatte in seinem Fell angeblich 20 Farben und war ein guter Beschäler. Mit seinem Sohn Mikkel – der wiederum aus einer Frederiksborger Stute stammte – zeugte er den eigentlichen Stammvater der Knabstrupper Zucht, die bald auf ganz Seeland weit verbreitet war. Die Pferde standen im barocken Typ und bestachen durch hohe Leistungsfähigkeit und Intelligenz. Sie wurden wegen ihrer attraktiven Färbung häufig als Offizierspferde eingesetzt, doch bald bemerkte man den Nachteil dieser Mode: die Pferde machten ihre Reiter zu auffällig, sodass diese Opfer von Scharfschützen wurden. Daher versuchte man, die Knabstrupper einfarbig zu züchten und nahm dazu verschiedene Einkreuzungen vor. Diese bewährten sich nicht, und schon um 1870 ließ die Rasse ihre guten Eigenschaften fast völlig vermissen. Zugleich war das stammverwandte Frederiksborger Pferd ebenfalls nahezu völlig verkreuzt, beide Schläge also quasi ausgestorben. Erst 1932 wurde ein Förderverein für Knabstrupper gegründet, 1947 ein weiterer, die aber beide recht erfolglos blieben. Im 20. Jh. gelangte erneut viel Fremdblut in die Zucht, die sich nur noch durch die Tigerung einiger Exemplare manifestierte. Man fand z. T. recht schwere Wirtschaftstypen, zum Teil sehr sportliche Blutpferde und sogar kleine Ponytypen vor, denen nur mehr die Farbe gemeinsam war. Aus diesem Mischmasch versucht man seit 1970, den originalen Barocktyp wieder zu rekonstruieren, da solche Pferde heute wieder stark gesucht sind. Allerdings ist bis heute kein reinrassiger Knabstrupper alter Blutführung vorhanden, sodass man sich mit weitgehender Typ- und Farbzucht begnügen muss. Die Eintragungsbestimmung in das Zuchtbuch des dänischen Verbandes sieht auch solche Tiere vor, die einen oft erheblichen Fremdblutanteil aufweisen. Knabstrupper des Barocktyps sind gesucht, sie weisen gute Reiteigenschaften sowie hohe Intelligenz und Eignung zur Hohen Schule auf.

### ▶ EIGENSCHAFTEN

Stark divergierender Typ; im Idealfall ein mittelgroßes, kompaktes Barockpferd von kräftigem Bau und intelligentem, freundlichem Wesen. Gerader oder leicht geramster Kopf, geschwungener, kräftiger Hals, Körper von guter Breite und Tiefe. Starke, eher kurze Beine mit kleinen, gestreiften Hufen und nur wenig Behang. Schöne, erhabene Bewegungen, oft auch Eignung für die Schulen über der Erde (= Schulsprünge). Gutmütig und intelligent. Meist Tigerschimmel, selten einfarbig mit erblicher Anlage zur Tigerung; weist auch das „Menschenauge" auf – d. h. weiß umrandete Pupillen, die einen intelligenten Blick verleihen. Stockmaß: ca. 150–162 cm.

## LEUTSTETTENER (SÁRVÁRER) (D, H)

Die Wiege der Rasse stand im westungarischen Gestüt Sárvár (bei der gleichnamigen Stadt im Komitat Vas), das 1803 vom Habsburger Erzherzog FERDINAND erworben wurde und eine der ältesten ungarischen Privatzuchten war. Das Zuchtbuch lässt sich lückenlos bis 1826 zurückverfolgen. Die Herde wurde zuerst auf Nonius- und später auf Furioso-North-Star-Blut aufgebaut, wobei auch orientalische Anteile Zugang fanden. Die Rasse kann als Schlag des Furioso-North Star aufgefasst werden, ist jedoch etwas blutbetonter als dieser. Man war bestrebt, das beste Stutenmaterial anzukaufen, das man aus England, später auch aus Ungarn, Deutschland und Ostpreußen bezog. Die scharfe Selektion bestanden nur die Nachkommen dreier Mutterstuten: eine 1826 aus Matjushaza angekaufte Stute namens Helena, eine englische Stute (wahrscheinlich ein Vollblut, deren Pedigree sich nicht ganz klären ließ; wird deshalb als Halbblut geführt) und die mährische Stute Bogar. Seit 1830 war das Gestüt in

Bezug auf Mutterstuten vollkommen unabhängig, was bedeutet, dass noch heute jedes Sárvárer/Leutstettener Pferd lückenlos auf Helena bzw. Bogar zurückzuführen ist; die dritte Familie ist leider ausgestorben. In der ersten Hälfte des 19. Jh.s hatten in Sárvár Hengste der Noniusrasse den größten Einfluss; danach wurden kräftige Halbblut-Araberhengste (v. a. Shagya- und Angloaraber) verwendet. Die in Mezöhegyes aus den beiden Vollblütern Furioso und North Star entwickelte Rasse fand anschließend die stärkste züchterische Verwendung. So zählt man heute das Sárvárer/Leutstettener Pferd als eigener Gestütsschlag zu dieser Rasse, wobei sowohl in Sárvár als auch später in Leutstetten immer auf einen höheren Vollblutanteil Wert gelegt wurde als in der ungarischen Landeszucht.

Die Domäne Sárvár fiel 1875 an das bayerische Haus WITTELSBACH, welches die Zucht bedeutend ausbaute. 1945 kam es zum russischen Einmarsch und in der Folge zur Enteignung. Gerade noch rechtzeitig konnte das Gestüt durch eine abenteuerliche Flucht nach Bayern überführt werden, wo es in Leutstetten eine neue Heimat fand. In Ungarn verbliebene Restbestände wurden mit jenen der ehemals berühmten und ähnlichen Kisbérer Rasse vereinigt. Vor etwa 25 Jahren erfolgte eine Schenkung von deutschen Pferden durch den Prinzen LUDWIG von Bayern, wodurch Ungarn wieder in den Besitz einer nennenswerten Population dieser Rasse gelangte. In Leutstetten am Starnberger See befand sich nach wie vor eine kleine Zuchtherde von rund 20 Tieren in Wittelsbacher Besitz. Die Pferde wurden sorgfältig und planvoll vermehrt und dabei einer strikten Qualitätskontrolle unterzogen. Interessant mag sein, dass die bayerischen Tiere fast ausschließlich Braune oder Rappen mit wenigen Abzeichen waren, ihre Schwesterpopulation in Ungarn jedoch vorwiegend aus bunten Füchsen bestand. Die Rasse zeichnet sich durch größte Härte und gute sportliche Brauchbarkeit aus. Im Gegensatz zur ungarischen staatlichen Gestütszucht wurde die deutsche Population stets gründlich leistungsgeprüft. Sie stellte eine wertvolle Genreserve und eine interessante Ergänzung des knappen Bestandes an Furioso-Pferden dar. Leider fand sie kaum Beachtung und blieb selbst unter Experten kaum bekannt. 2006 fand eine einschneidende Veränderung statt: Mit dem Tode des Eigentümers, des Prinzen LUDWIG, erfolgte die Auflösung der Zucht in Leutstetten; die deutsche Privatzucht blieb in kleinstem Rahmen in internationaler „genetischer" Kooperation mit Österreich, der Slowakei und Ungarn bestehen. Das Leutstettener Brandzeichen, das Sárvárer S mit Königskrone ist weiterhin das Markenzeichen der Rasse, allerdings nach den EU-Tierschutzbestimmungen nicht mehr in der Sattellage erlaubt. Daher wird, auch um den Übergang zur dezentralisierten Privatzucht zu kennzeichnen, seit 2007 auf dem linken Hinterschenkel gebrannt.

### ▶ EIGENSCHAFTEN

Ein deutlich blutgeprägtes Leistungspferd von mittlerer Größe, aber schönen Proportionen und großer Kraft. Gerader, edler Kopf mit lebhaften Augen. Schöne Hals- und Schulterpartie sowie straffer Rücken und gut bemuskelte Hinterhand, bei ausreichender Tiefe und Breite des Rumpfes. Die Beine sind stahlhart und trocken sowie mit bestem Hufmaterial ausgestattet. Elastische Gänge, große Ausdauer, hervorragende Härte und Gesundheit. Meist Braune mit nur wenigen, kleinen Abzeichen; in Ungarn häufig bunte Füchse. Stockmaß: um 163 cm und etwas darüber.

*Ein Leutstettener mit schönen Proportionen*

## LEWITZER PONY (D)

Diese junge und wertvolle Rasse wird auf keiner Roten Liste geführt, sie ist dennoch sehr selten und stellt quasi als Neuschöpfung ein Kuriosum dar. Ab 1971 kreuzte man auf dem volkseigenen Landwirtschaftsbetrieb Lewitz bei Schwerin, einem ehemals königlichen Jagdgebiet in Mecklenburg, verschiedene Ponys und Pferde aus der Umgebung, besonders dem Zuchtgebiet um Teterow. Der Grundstock der Gestütsherde war durch den Mitarbeiter Rolf WULLSTEIN angekauft worden, der durch seinen damaligen Direktor Ulrich SCHARFENORTH die politische Rückendeckung erhielt, um ein „Kleinpferd der DDR" zu züchten. Zuchtziel war ein sportliches, aber kindergeeignetes Pony mit besonders gutem Charakter, das robust und vielseitig sein sollte. Dies gelang in wenigen Jahren unter Verwendung von Ponys unterschiedlicher Abstammungen, kleinen Arabern und Trakehnern. Die anfängliche Ambition, lediglich ein Pony für die Jugend der Region zu schaffen, wich bald der Absicht, eine neue Rasse namens „Lewitzer" zu schaffen. Man trieb die Selektion und Leistungsprüfung voran, sodass 1991 die Rasse unter dem nunmehr bundesdeutschen Tierzuchtgesetz offiziell anerkannt wurde. 1992 kaufte der Industrielle und ehemalige Springreiter Paul SCHOCKEMÖHLE den Betrieb Lewitz und stellte ihn auf kommerzielle Sportpferdezucht um. Damit ging die ehemalige Gestütszucht endgültig auf private Züchter über, die heute in kleinstem Rahmen in der BRD (vor allem im Osten und Süden) und auch in Österreich züchten. Auf Gut Lewitz selbst sind laut örtlicher Auskunft nur ganz wenige Ponys vorhanden; die Zucht dürfte dort de facto beendet sein. Der Lewitzer ist als – allerdings züchterisch eigenständige – Variante des Deutschen Reitponys zu sehen, der sich durch seine überwiegende Scheckfärbung abhebt und zuchttechnisch gesondert betreut wird. Die Rasse würde eine weitere Verbreitung sehr wohl verdienen.

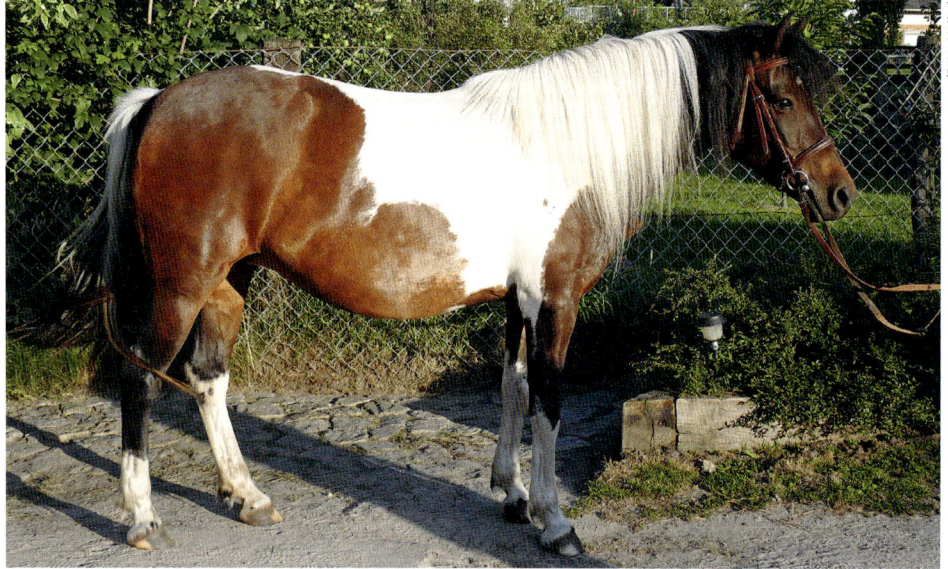

Lewitzer Ponys sind ideale Jugendpferde für Freizeit und Sport.

▶ **EIGENSCHAFTEN**

Größe zwischen ca. 130 und 148 cm; edles Reitpony in mittlerem Kaliber. Noch etwas uneinheitlicher Typ, der aber ein breites Anforderungsprofil abdeckt. Gutes Wesen, springfreudig und verlässlich; ideales Kutsch- und Jugendpferd, auch für den Sport gut geeignet. Genügsam, ausdauernd und in jeder Hinsicht praktisch und attraktiv. Überwiegend schöne Tobiano-Scheckung; kaum Fesselbehang.

## LIPIZZANER (A, SLO)

Der Bruder Kaiser Maximilians II., Erzherzog KARL von Innerösterreich, begründete 1580 im Karst nahe Triest ein Hofgestüt. Man wählte dazu den Ort Lipizza (Kleine Linde), dessen karge Umgebung schon seit vielen Jahrhunderten hervorragende Pferde hervorgebracht hatte. Diese waren als so genannte Karster seit den Zeiten der Römer und während des gesamten Mittelalters wegen ihrer Härte, Schnelligkeit und Schönheit berühmt. Erzherzog KARL ließ nun spanische Hengste und Stuten importieren und diese teils reinrassig, teils in Anpaarung an die vorhandenen Karster planvoll vermehren. Die Pferde waren besonders für den höfischen Reit- und Gespanndienst geeignet und bestachen durch Gelehrigkeit und Schönheit.

Im Laufe der folgenden zwei Jahrhunderte wurden etliche Hengste spanischer Rasse, aber auch Hengste aus dem zweiten Hofgestüt Kladrub sowie aus anderen, auch ausländischen, Gestüten importiert und verwendet. Einige davon wurden Linienbegründer; diese waren chronologisch: Pluto (1765, Däne), Conversano (1767, Neapolitaner), Maestoso (1773, Kladruber), Favory (1779, Kladruber), Neapolitano (1790, Neapolitaner), Siglavy (1810, Araber). Es entstand eine vorwiegend auf iberischer Grundlage beruhende Rasse, die durch strenge Selektion den Bedürfnissen des Wiener Hofes und der Hohen Schule

*Lipizzaner werden dunkel geboren und „schimmeln" über Jahre aus.*

angepasst war. In der östlichen Landeszucht entstanden die zwei nicht-klassischen Hengststämme Incitato und Tulipan; daneben gab es 18 klassische Stutenfamilien sowie einige als nicht klassisch bezeichnete. In der im Jahre 1572 von Kaiser Maximilian II. gegründeten Spanischen Reitschule zu Wien stand eine konsequente Hengstleistungsprüfung zur Verfügung. Nur jene Pferde wurden züchterisch genutzt, welche den Anforderungen der Hohen Schule (im Rahmen der Spanischen Reitschule nur Hengste) oder dem höfischen Gespanndienst (Stuten, auch Wallache wurden verwendet) entsprachen.

So entstand eine besonders leistungsfähige und schöne „Barockrasse", die bis heute untrennbar mit dem Wiener Reitinstitut verbunden ist. In einigen Gewaltmärschen und Evakuierungen (Napoleonische Kriege, beide Weltkriege) bewies sie zusätzlich ihre Härte. Schließlich wurde der Bestand nach 1918 auf Italien und Österreich aufgeteilt und das Bundesgestüt Piber in der Steiermark wurde zur neuen Heimat der Lipizzanerzucht; hier wird auch das Ursprungszuchtbuch in Kooperation mit Slowenien geführt. Auch wird die enge Zusammenarbeit mit der Spanischen Reitschule in Wien nach alter Tradition fortgeführt, wodurch die Qualität der Zuchtprodukte gesichert ist. Nur dieses Prinzip ermöglicht den Erhalt der originalen Merkmale und die Sicherung des Rassetyps auf hohem Niveau. Sollte dieses Zusammenwirken aus irgendeinem Grunde je versagen, ist der Lipizzaner in seiner klassischen Form gefährdet.

*Ungarische Lipizzaner sind besonders gute Fahrpferde.*

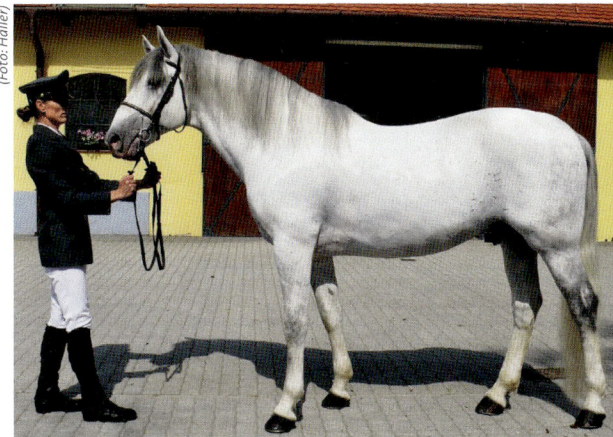

*Ein typvoller Hengst der slowakischen Zucht*

Neben Piber existieren größere Gestüte z. B. in Slowenien (Stammgestüt Lipica), Rumänien (Simbata de Jos, früher Fogaras), Ungarn (Szilvásvárad), Slowakei (Topol'čianky), Kroatien (Đjakovo und Lipik), Bosnien (Vucijak), Serbien (Karadjordjevo) und Italien (Monterotondo). Im ehemaligen Osteuropa finden Lipizzaner bis heute in der Landeszucht eine gewisse Verbreitung, da sie sich hervorragend als leichte Arbeitspferde und zum Gespanndienst eignen. Weltweit liegt der Bestand bei rund 2.500 Tieren, wobei auf viele qualitativ hochstehende Privatzuchten verwiesen werden kann. Die internationalen Zuchten sind in dem weltweiten Verband LIF, Lipizzan International Federation, zusammengefasst und es gibt zahlreiche, z. T. beachtliche Nachzuchtbestände z. B. in Deutschland, Südafrika, Skandinavien oder England.

### ▸ EIGENSCHAFTEN

Ein kompaktes Pferd von ganz besonderer Erscheinung. Der Typ schwankt zwischen barock (= rundlich, kräftig, eher klein, hohe Aktion) und modern (= größer, schlanker, reitpointierter, flachere Aktion). Gerader oder schwach geramster Kopf, der seltener auch orientalische Merkmale aufweist (Siglavy-Stamm). Kräftiger, breit aufgesetzter Hals, kräftiger Rücken, dabei oft lang und mit flachem Widerrist. Runde Kruppe und rumpfbetonter Körper von guter Breite. Relativ kurze, stabile Beine mit kleinen, harten Hufen, ein Behang fehlt. Seidiges, oft schütteres Langhaar. Überwiegend Schimmel, in den östlichen und südöstlichen Zuchtgebieten oft auch Braune, Füchse und Rappen. Größe: rund 148–158 cm Stockmaß und manchmal darüber.

## NONIUS (A, H)

Ihren Namen bezieht diese Rasse aus der Zeit der österreichisch-ungarischen Monarchie von dem Stammhengst Nonius, einem Anglo-Normannen aus französischer Zucht. Der 1810 geborene Nonius war als Junghengst im Zweibrücker Gestüt Rosière aufgestellt, wo ihn österreichische Kavallerietruppen 1815 erbeuteten. Über Niederösterreich gelangte er in das ungarische Mezöhegyes, wo er sich hervorragend bewährte. Zwischen 1817 und 1832 zeugte er 79 Hengste und 137 Stuten, die als Noniusrasse binnen weniger Jahrzehnte weithin populär wurden. Nonius Senior starb 28-jährig an Altersschwäche und war zu Lebzeiten ein Muster an unverwüstlicher Härte und Gesundheit. Bis zum Jahre 1890 stieg der Bestand auf rund 6.000 Pferde an. Die Nonius waren stets kräftige, robuste Wirtschaftspferde mit einer gewissen Eignung als schwere Reit- und Wagenpferde. Ausdauernd und vor allem hitzeresistent, waren sie die typischen ungarischen Landpferde, welche die Verwendung von Kaltblut in der Tiefebene für lange Zeit unnötig machten. Zuweilen wird die Existenz von zwei Schlägen, einem großen und einem kleinen, behauptet. Diese so nicht ganz richtige Aussage beruht darauf, dass man in Mezöhegyes die Stutenherde aus praktischen Gründen in zwei Gruppen führte, wobei einzig die Größe als zufällige Unterscheidung diente; genetisch waren beide

*Mezöhegyser Noniushengst*

*Der markante Kopf eines Beschälers in Hortobágy*

Herden identisch, auch die Hengste wurden über alle Stuten verwendet. Genetische Fremdeinflüsse durch Lipizzaner, Kladruber und Englische Vollblüter waren vorhanden, wirkten sich aber nicht immer negativ, sondern teilweise sogar sehr positiv aus.

Nach dem Ersten Weltkrieg wurde die Rasse stark gefördert, nach dem Zweiten Weltkrieg trat sie jedoch rasch in den

*Der Nonius ist ein prachtvolles Fahrpferd.*

im Raum Debrecen beheimatet. Sie wird heute recht häufig verkreuzt, vor allem mit Vollblut oder deutschem Sportpferd, um leichtere, sportlichere Pferde zu erhalten. Ein Restbestand von ca. 400 Pferden des reinen Typs wird als Genreserve bewahrt und dient zu touristischen Zwecken, vor allem für die so genannte Ungarische Post, ein Reiterkunststück der Csikós (Pferdehirten). Eine besonders hochwertige Zucht besteht im rumänischen Staatsbetrieb Izvin bei Temesvar, der einen rein gezogenen Nonius bewahrt; auch das ungarische Gestüt Mezöhegyes besitzt eine beachtliche Zucht. Leider mangelt es der Rasse an internationaler Bekanntheit, da sie trotz aller Qualitäten nicht dem idealen „Einheits-Sportpferd" entspricht.

### ▶ EIGENSCHAFTEN

Mittelgroßes, sehr kräftiges Pferd mit Ramskopf. Starker Hals, etwas wenig Widerrist und breiter, tiefer Rumpf. Horizontale Kruppe und hoher Schweifansatz. Sehr kräftige, stabile Beine mit kurzen Fesseln ohne Behang; harte, große Hufe. Insgesamt ein imposantes Pferd auch für schwere Reiter oder den mittelschweren Zug. Farbe ausschließlich Dunkelbraun oder Schwarz, meist ohne jegliche Abzeichen. Noniuspferde eignen sich besonders für den Fahrsport und als hervorragende Freizeitpferde unter dem Reiter; Gangvermögen und Temperament sind gut. Stockmaß ca. 155–165 cm.

Hintergrund und starb beinahe aus. In den Gestüten Mezöhegyes und Hortobágy wurde sie später revitalisiert und ist seit 1989 besonders in der Puszta Hortobágy und

## NORIKER (BES. FARBSCHLÄGE) (A)

Der Noriker soll auf eine uralte Stammform zurückgehen – das Norische Pferd römischer Zeiten, benannt nach dem keltischen Volk der Noriker, deren Land zur römischen Provinz Noricum wurde. Im Salzkammergut erfuhr die alte Rasse während des Mittelalters Verbreitung und Förderung als Säumer- und Streitross. Die Salzburger Erzbischöfe der Renaissance und des Barock widmeten sich ebenfalls energisch der Zuchtverbesserung. Dies begann mit Johann Jakob von KUEN um 1580 und setzte sich über Paris Graf LODRON und Guidobald Graf THUN im 17. Jh. fort. Die Gründungen der erzbischöflichen Gestüte und zahlreiche Importe spanischer und neapolitanischer Beschäler gehen auf diese Landesherren zurück. Erzbischof Johann Ernst Graf THUN bestimmte um 1690, dass nur mehr Hengste der veredelten norischen Rasse in der Landeszucht eingesetzt werden sollten, und schuf die älteste

Körordnung des Landes. Unter Erzbischof Hieronymus COLLOREDO-WALLSEE wurde um 1800 verfügt, dass die Hofgestüte verbessert und die Landeszuchten sich selbst überlassen werden sollten. Salzburg war damals ein von politischen Wirren arg gebeuteltes Land, was die Zuchtarbeit erschwerte. Erst nach dem Frieden von Paris 1815 konnte langsam wieder eine kontinuierliche Aufbauarbeit erfolgen, die jedoch noch Jahrzehnte dauerte. Im späteren 19. Jh. wurden mit wechselndem Erfolg belgische und englische Hengste eingesetzt, 1885 schuf man jedoch eine neue Körordnung, welche künftig auf völliger Reinzucht ohne Fremdblut bestand. Die Noriker in ihren lokalen Ausformungen waren bis nach dem Zweiten Weltkrieg die einzige Kaltblutrasse, die in Österreich in großem Umfang zum Einsatz kam. Mit dem Niedergang der Zucht infolge der Mechanisierung kam es zu einer Verlagerung auf die Fleischpro-

duktion, die staatlich gestützt wurde; heute finden die charmanten Noriker auch im Tourismus und im Freizeit-Reitsport eine weite Betätigung. Sogar zum Holzrücken und vereinzelt in der Landwirtschaft werden

*Noriker-Füchse mit hellem Langhaar*

Die Gattungen

*Ein buntes Bild von Junghengsten in Ossiach*

Nachkommen zur Welt und begründete über ihre fruchtbare Enkelin Hermine und deren vier gescheckte Söhne diese Blutlinie.

Die beiden anderen Farbschläge sind züchterisch etwas breiter verankert. Sie alle gehen auf die Einkreuzungen von iberischen und neapolitanischen Hengsten zurück, in deren Ahnenhintergrund das so genannte Villano-Pferd Nordspaniens vorkommt, das ebenfalls stark gezeichnet oder bunt war. Interessant ist, dass die bunten Noriker oft einen leichteren Körperbau und elegantere Bewegungen zeigen – vielleicht das Erbe ihrer iberischen Vorfahren? Sie eignen sich daher besonders als Freizeitpferde und werden von einigen wenigen Züchtern speziell vermehrt, die Schecken auch am Versuchsgut der Wiener Universität für Veterinärmedizin

sie wieder herangezogen. Derzeit dürfte der Zuchtbestand bei rund 3.000 Tieren liegen.

Einige Hengstlinien waren und sind mit dem Vorkommen verschiedener Farbschläge verbunden; so gehören Tiger oft zu den Elmar- und Vulkan-Linien oder Mohrenköpfe sind oft Diamant- und Vulkan-Abkömmlinge. Die Sonderfarben Mohrenkopf (grau mit dunklem Kopf und Beinen), Tiger (getupft) und Kuhscheck (große Plattenscheckung) treten zwar relativ selten, doch innerhalb der Rasse immer wieder auf. Die so genannten „Kuhschecken" (ein eigenartiges Wort für Plattenscheck oder Tobiano, das in der Norikerzucht üblich geworden ist) sind nie sehr häufig gewesen; ihre Herkunft ist laut GURKER (in Thomas DRUML, Das Noriker Pferd) auf eine gescheckte Tragtierstute aus Armeebestand zurückzuführen. Diese Stute namens Siegi brachte in Kärnten diverse gescheckte

### ▶ EIGENSCHAFTEN

Mittelgroßes und mittelschweres Kaltblutpferd von rund 150–162 cm Stockmaß und 650–900 kg Gewicht. Etwas grober Ramskopf, starker Hals und wenig Widerrist. Langer, kräftiger Rücken, abgezogene Spaltkruppe. Langes, gewelltes und dichtes Langhaar, etwas Kötenbehang; mittelgroße, harte Hufe. Kräftige Beine, häufig zehneng. Gute, ausdauernde Gänge, sehr leichtfuttrig und trittsicher; das ideale Wagenpferd, das auch freizeitmäßig geritten werden kann und sogar kleine Sprünge nimmt. Attraktive Färbungen bei den Farbschlägen Mohrenkopf, Tiger und Scheck, mit denen sich besonders schöne Gespanne zusammenstellen lassen; ideale Werbegespanne für Brauereien.

*Typvoller „Mohrenkopf" – grau gestichelter Körper, dunkler Kopf, dunkle Beine*

## OSTEUROPÄISCHE KALTBLUT-RASSEN

### UNGARN

Der westungarische Pinkaföi (Pinkafelder) war eine auf Norikerblut basierende Pferderasse, die heute vermutlich ausgestorben ist. Er wurde durch planlose Verkreuzungen seines Typs beraubt und verschwand schließlich. Auch der etwas leichtere Muraközi (Murinsulaner) war weit verbreitet und stellt noch immer das Gros der westungarischen Arbeitspferde – allerdings in geringer Anzahl. Diese beiden Rassen oder Schläge wurden im 20. Jh. weitgehend mit belgischen Kaltblütern Ardenner Abstammung gekreuzt. Noch nach dem Weltkrieg wurden belgische Hengste importiert und zur Verbesserung verwendet; heute ist der Bestand rückläufig, jedoch bemüht sich das Institut für Tierzucht in Keszthely um seine Erhaltung.

Der kroatische und slowenische Posavac (Posavec, Posavina-Pferd, siehe unten) ist mit diesen beiden Populationen vermutlich verwandt, ebenso wie das slowakische Murán-Pferd und der Kroatische Kaltblüter.

### SLOWAKEI

Nach dem Weltkrieg verlor der autochthone Huzule in der Slowakei an Bedeutung; man brauchte ein kräftigeres Pferd und kreuzte Haflinger, Fjordpferde und letztlich Noriker ein. Später setzte man auch ungarische Stuten ein. Heute leben auf der Hochebene von Murán im Südosten des Landes auf ca. 1.000 m Seehöhe ca. 400 Pferde, die unter harten Bedingungen aufwachsen. Diese drahtigen, mittelgroßen Wirtschaftspferde ähneln leichten Norikern.

### KROATIEN

Das Kroatische Kaltblut ist eine Landrasse auf der Basis von Posavina-Stuten, welche man mit belgischen Ardenner-Hengsten, Norikern und Rheinischem Kaltblut verkreuzte. Dadurch wurde die Rasse zu einem kräftigen, untersetzten Zugpferd. Das Stutbuch ist nicht geschlossen, die Rasse stellt nützliche Gebrauchstiere in den flachen Getreideanbaugebieten Slawoniens, wo sie noch immer mit Hengsten der o. g. Rassen gezüchtet wird.

## POSAVINA-PFERD/POSAVAC (HR, A, SLO)

Diese interessante und attraktive Rasse hat eine alte Geschichte, denn sie geht auf die kleinen Landpferde zurück, welche in dieser Region wohl seit Tausenden Jahren lebten. Aufgrund des feuchten, milden Klimas und des reichlichen Futters wurden sie hier etwas größer und massiger als die übrigen Landpferdchen des Balkans. Schon vor dem Ende der österreichisch-ungarischen Monarchie 1918 wurde eine durchgreifende Umzüchtung vorgenommen, da man stärkere Pferde wünschte. Genetisch sind Anteile der Rassen Nonius und Lipizzaner zu entdecken; auch der Araber dürfte Spuren hinterlassen haben. Durch Noriker-Hengste wurde der Posavac schwerer und gehört inzwischen als kleinster und südlichster Vertreter der norischen Rassengruppe an. Die harte Aufzucht und Haltung im Save-Delta tragen zur Widerstandskraft bei. Solange Kroatien zu Jugoslawien gehörte, wurde eine planlose Kreuzungszucht zur Fleischerzeugung vorangetrieben. Nur wenige traditionsbewusste Züchter hielten an der Reinzucht fest und bewahrten typische Zuchttiere über die schwere Zeit. Die Auen zwischen Save und Drau werden inzwischen mitsamt ihrem Tierbestand (besonders Turopolje-Schweine) als wertvolle Naturräume angesehen und geschützt. Aus diesem Gebiet stammt auch die bekannte Schweinerasse Turopolje; wie sie gehört das Posavina-Pferd zu den wertvollen Haustieren der k.u.k.-Monarchie, die heute teilweise eine Renaissance erleben (Zackelschaf, Turopolje-Schwein, Krainer Steinschaf etc.). Darum sei auch dieses eigentlich kroatische, international fast unbekannte Pferd hier erwähnt.

Die Pferde leben von März bis September frei in den Sumpfgebieten vor allem des Reservats Lonske Polije Parks. Für die Posavina-Pferde gibt es seit 1993 einen Zuchtverband und die Rasse wird als erhaltenswert gefördert, wobei das Zuchtbuch inzwischen

(Foto: Igor Bojanic)

*Posavina sind stemmige kleine Pferde.*

Die Gattungen

geschlossen ist. Laut Auskunft der Züchter werden nur minderwertige Tiere geschlachtet, sämtliche besseren Exemplare gehen in die Zucht. Es sind rund 180 bis 200 Züchter zugange, welche die Qualität und Größe der Stutenbasis (ca. 800 Tiere) anheben wollen und nach (internationalen) Absatzmärkten suchen. Die Pferde eignen sich für alle landwirtschaftlichen Arbeiten, für den Fahrsport und für das Freizeitreiten. Sie könnten eine Alternative oder Ergänzung zu Noriker, Haflinger, Fjord und Tinker sein.

▶ **EIGENSCHAFTEN**

Kräftiges, untersetztes Kleinkaltblut mit viel Ausstrahlung, das man mit einem kleinen Noriker vergleichen könnte. Charmanter Kopf, getragen von einem kurzen, sehr kräftigen Hals, der einer steilen Schulter entspringt. Kaum Widerrist, breiter Rücken und sehr tiefer, kurzer Rumpf, mächtige Spaltkruppe mit enormer Bemuskelung. Kurze Beine von guter Knochenstärke, mit etwas Behang und guten Hufen. Energische Bewegungen, große Ausdauer und Kraft sowie ein vorzügliches Temperament zeichnen die Rasse aus. Hart, leichtfuttrig und wetterfest, wird der Posavac auf allen Gebieten der Landwirtschaft, des Transportes und des Tourismus eingesetzt und kann zur Erzeugung leichterer Arbeits- oder Wagenpferde veredelt werden. Sehr häufig sind es Rappen und Dunkelbraune, seltener Füchse; auch attraktive Schecken kommen vor. Stockmaß ca. 145–150 cm.

*In den Auen der Save sind diese Pferde beheimatet.*

## RHEINISCH-DEUTSCHES KALTBLUT (D)

Das in seinen Regionen klimatisch und geologisch stark unterschiedliche Rheinland brachte seit dem Altertum harte, brauchbare Pferde hervor. Diese gehörten unterschiedlichen Landschlägen an; erst 1839 wurde im Schloss Wickrath ein Landgestüt gegründet, um die Pferdezucht zu vereinheitlichen und anzuheben. Im 19. Jh. trat mit der Intensivierung der Landwirtschaft – besonders des Rübenanbaus – der Bedarf an schweren, kaltblütigen Wirtschaftspferden verstärkt hervor. Diesem wollte man hier, wie auch an vielen anderen Orten, mit der Einfuhr von schweren, teils warmblütigen Hengsten aus Großbritannien, Frankreich, Russland, Belgien und anderen Gebieten begegnen. Erst in der zweiten Hälfte des Jahrhunderts erkannte man, dass die bunten Experimente keinen Erfolg hatten, und stellte um 1876 konsequent auf die Zucht schwerer Kaltbluttypen um. Dazu bediente man sich der aus dem nahen Belgien stammenden Brabanter und Ardenner, die sich klimatisch und blutmäßig gut eigneten. 1892 wurde das Rheinische Pferdestammbuch angelegt und der belgische Einfluss verstärkte sich über die nächsten Generationen, auch wegen der regelmäßigen Einfuhr von Stuten und Fohlen aus Belgien. Im Laufe der Zeit entstand so ein eigenständiger Typ, der in einer qualitätsvollen Rasse mündete. Sie konnte sich unter den manchmal weit älteren europäischen Kaltblütern behaupten und wurde zum hervorragendsten Vertreter deutscher Züchterkunst auf diesem Gebiet. Die heute im Deckeinsatz stehenden belgischen Hengste und nahezu alle Rheinisch-Deutschen Hengste gehen in männlicher Linie auf den 1863 geborenen Orange I zurück, dessen männliche Vorfahren sich bis zu einem 1827 geborenen Hengst zurückverfolgen lassen. Orange I hatte zahlreiche Nachkommen, die selbst wieder Linienbegründer wurden. Allerdings überlebten nur zwei Linien bis heute.

Boucan I, geb. 1884, ist nach offizieller Darlegung der Urahn des überragenden

*Moritzburger Kaltblutbeschäler vor dem Traberkarren*

Lothar III (in Belgien eingetragen als Croix 23). Dieser 1916 in Belgien geborene Fuchsschimmel war nur im Rheinland im Deckeinsatz, beeinflusste aber über seine Nachkommen die gesamte Zucht des Rheinisch-Deutschen Kaltblutpferdes. Zahlreiche andere Zuchtgebiete, wie z. B. Westfalen, Sachsen, Südhannover, Hessen, Thüringen und Baden-Württemberg, profitierten von ihren Qualitäten – etwa 50 % aller deutschen Arbeitspferde führten dieses Blut. Mit deren Niedergang sank auch der Bestand des Rheinisch-Deutschen Kaltbluts von rund 25.000 Tieren um 1950 auf derzeit wahrscheinlich nur rund 200 Stuten und ein gutes Dutzend Hengste im Stammzuchtgebiet. Wickrath wurde 1956 aufgelöst, der Restbestand nach Warendorf überstellt. Karge Reste der rheinisch-deutschen Genetik finden sich u. a. in den kleinen Kaltblutzuchten Westfalens und Niedersachsens sowie der ehemaligen DDR.

> ### ▶ EIGENSCHAFTEN
> Ein ausgesprochen harmonisches und nobel wirkendes, schweres Lastpferd, das seinen belgischen Ursprung nicht verleugnen kann. Der ausgeprägte Kaltblutadel wird im trockenen, schönen Kopf deutlich. Gute Schultern, eine harmonische Oberlinie und eine mächtige Spaltkruppe sind typisch. Das Fundament ist korrekt und dabei sehr kräftig; der Behang und die großen Hufe sind typisch. Die Bewegungen sind frei und elastisch, die Futtrigkeit ist gut und die Zugleistung ausgezeichnet. Das Rheinisch-Deutsche KB wird als besonders gutmütig und zugfest beschrieben. Mit ca. 800–1.000 kg ist es ein echter Brocken; meist Rot- oder Blauschimmel, auch Braun oder Fuchs.

*Rotschimmel sind beim Rheinländer recht häufig.*

## ROTTALER (D)

Bereits im Mittelalter waren die bayerischen Gebiete des Rottals – der Rottgau – berühmt für ihre Pferdezucht. Nach den Schlachten von Dietfurth (909) und Augsburg (955) gegen die Ungarn blieben zahlreiche magyarische Beutepferde im Land und wurden der heimischen Zucht einverleibt. Die so genannten Rottaler Füchse waren begehrte, leichte Reitpferde und erfuhren wohl durch die auf den Kreuzzügen erbeuteten Orientalen weitere Veredelungen. Im 16. Jh. begann die planvolle Zucht mit der Aufstellung herzoglicher Beschäler in ausgewählten Klosterbetrieben, allen voran Ansbach und Griesbach. Im 17. Jh. verwüsteten die Pest und der Dreißigjährige Krieg die Lande und richteten auch in der Pferdezucht Bayerns großen Schaden an. Mit der Errichtung von Landgestüten und der zentralen Beschälanstalt Landshut wirkte man dem entgegen.

Nach kurzem Aufschwung gab es erneute Rückschläge durch die übertriebene Veredelung mit Orientalen sowie durch die Napoleonischen Kriege. Ab 1818 baute man wieder auf und verwendete dazu zuerst englische Clevelands und Yorkshires und ab 1857 die jenen verwandten schweren Oldenburger Hengste. Besondere Bedeutung erlangte der Cleveland-Hengst Roseberry, der zwischen 1854 und 1867 zahlreiche erstklassige Nachzucht zeugte. Um 1900 war die Aufbauphase beendet und man kann ab diesem Zeitpunkt von einem schweren Warmblut auf Oldenburger Grundlage sprechen; 1906 wurde eine Züchtervereinigung gegründet und kurz darauf das Zuchtbuch eingerichtet.

*Rottaler sind sehr selten geworden.*

Die Rasse überdauerte die beiden Weltkriege ohne Schaden und wurde besonders in jenen Zeiten geschätzt, als man in der Landwirtschaft das schwere Warmblut alternativ zum Kaltblut und den noch selteneren, teuren Maschinen einsetzte. Nach einiger Zeit erlitt der Rottaler jedoch das Schicksal aller ähnlichen Rassen – er wurde als Opfer der Mechanisierung unmodern. Man hatte die Möglichkeit der Umzüchtung zu einem Sportpferd mittels Trakehner- und Hannoverscher Hengste zwar versucht, doch konnte das Zuchtgebiet – wie Bayern überhaupt – nicht mit den Hochzuchtgebieten im Norden Schritt halten.

Die Rasse ist heute als solche praktisch verloren, da nur mehr einige Dutzend mehr oder weniger reinrassige Stuten vorhanden sind. Derart kleine Genreservoirs sind auf Dauer kaum zu bewahren. Rottaler Pferde waren und sind aufgrund ihres guten Charakters und ihrer kraftvollen Statur als Freizeit-, Reit- und Fahrpferde bestens geeignet. Seit 1988 gibt es eine IG Rottaler Warmblut, die sich für den Restbestand einsetzt; ein Zuchtregister wurde 1995 wieder eröffnet.

> **EIGENSCHAFTEN**
> Breites, tiefes, kräftiges Warmblut im Wirtschaftstyp, auch als schwerer Karossier geeignet (Kutscherpferd). Langer, gerader oder leicht geramster Kopf mit freundlichem Ausdruck. Gute Oberlinie, kurze, kräftige Beine und üppige Bemuskelung. Gute Schulter und Kruppe, große Hufe. Bei viel Gang und Härte ein genügsames und robustes Kutsch- oder Reitpferd für den Freizeitsport. Meist Braune mit kleinen Abzeichen; Größe: um 164 cm Stockmaß.

## SCHLESWIGER KALTBLUT (D)

Das Schleswiger Kaltblut geht auf den dänischen Jütländer zurück, was nicht verwunderlich ist, denn die Geschichte Schleswig-Holsteins ist eine Geschichte der Grenzverschiebungen zwischen Deutschland und Dänemark. So wurden z. B. Schleswig und die Gebiete weiter nördlich davon erst 1866 durch preußische Annexion ins Deutsche Reich integriert. Schleswig-Holstein war also bis 1866 in dänischem Besitz und die Zuchtgrundlage war daher eine dänische. Die Geschichte der frühen Zucht ist beim Jütländer nachzulesen. Eine deutliche Unterscheidung kam erst mit der preußischen Annexion Schleswig-Holsteins zutage. Um 1866 begann eine Periode der planlosen Kreuzungszucht, welche bis rund 1888 dauerte. Der seither ansteigende Prozentsatz an Füchsen – heute sind es ausschließlich derart gefärbte Pferde – ist dem starken Einfluss der Nachkommen des Hengstes Oppenheim zu verdanken (siehe Jütländer). Die ursprünglich braune Farbe verschwand allmählich. 1888 erließ die Preußische Gestütsverwaltung eine Verordnung, die nur zwei Zuchtrichtungen vorsah, eine leichte, warmblütige in Holstein und eine schwere, kaltblütige in Schleswig. Damit war die Entwicklung des Schleswiger Kaltblutes eingeleitet. Sie wurde durch die extreme Popularität der Nachkommen Oppenheims begünstigt und ermöglicht. 1875 wurde eine Körordnung erlassen, die dem wilden Decken mit ungeprüften Privathengsten ein Ende machte.

1891 erfolgte die Gründung des Verbandes Schleswiger Pferdezuchtvereine, welcher nun ein mittelschweres Kaltblutpferd propagierte, das allen Anforderungen an ein vielseitiges Arbeitspferd entsprach. Die Qualität der Rasse wurde durch eine strikte Zuchtpolitik rasch angehoben, was zu weitreichenden Exporten in alle anderen

*Stute im Typ des Schleswigers auf der Weide*

deutschen Gebiete führte. Schleswiger waren und sind robuste und frühreife Pferde, die vor allem ein gutes Trabvermögen besitzen und darum besonders als Omnibuspferde beliebt und gesucht waren.

Vor dem Ersten Weltkrieg war der Bestand gewaltig angewachsen, sodass der Zuchtverband 3.000 Mitglieder zählte. Nach dem Krieg verlor man große Gebiete an Dänemark und somit auch viele Pferde. Der Bestand an Tieren und die Zahl der Züchter waren deutlich geschrumpft, dennoch erholte sich die Rasse schnell. Bis in die 1950er-Jahre lag der Bestand außerordentlich hoch, doch dann änderte sich der Trend rasch und bald gab es nur mehr wenige Dutzend Pferde. Der Bestand ist heute relativ stabil, wenn auch mit geschätzten 200 Stuten und ca. 30 Hengsten sehr klein. Als Rückepferde im Forst, als Brauereigespanne und für Planwagenfahrten im Tourismus sind Schleswiger sehr beliebt; sie lassen sich aber auch gut reiten. Die Zuchtorganisationen sind das Pferdestammbuch Schleswig-Holstein und das Niedersächsische Stammbuch für Kaltblutpferde; im aktiven Verein Schleswiger Pferdezüchter e. V. findet man seit 1991 eine unterstützende Körperschaft.

*Typischer Schleswiger Hengst*

> ▶ **EIGENSCHAFTEN**
>
> Mittelgroßes, sehr harmonisches Kaltblutpferd. Markanter, leicht geramster Kopf und kräftiger Hals. Breiter, tiefer Rumpf mit gutem Rücken und gute Schulter. Beine für ein Kaltblut eher lang, mit korrekten Gelenken, guten Hufen und deutlichem Behang. Farblich treten fast nur Füchse auf, die helles Langhaar und hellen Behang besitzen; ganz selten auch Braune und Schimmel. Ausdauerndes, robustes Arbeitspferd mit elastischer, raumgreifender Aktion in Schritt und Trab. Stockmaß rund 156–162 cm, Gewicht bis zu rund 900 kg.

## SCHWARZWÄLDER KALTBLUT (FUCHS) (D)

Von jeher züchtete man im Gebiet des Kinzigtals und nördlichen Hotzenwaldes, besonders um die Klöster St. Märgen, St. Blasien und St. Peter, sehr brauchbare Arbeitspferde. Bereits im Mittelalter erwähnen alte Schriften die eigenständige Pferdezucht des Schwarzwaldes; neben seinen landwirtschaftlichen Aufgaben wurde das lokale Pferd stets auch als Reittier der begüterten Bauern verwendet. Im 17. und 18. Jh. stand die Zucht auf einem für damalige Zeit bemerkenswert hohen und einheitlichen Niveau, das auch durch gelegentliche Einkreuzungen nicht beeinträchtigt wurde. Seit dem 18. Jh. wurden manchmal norische Hengste aus Österreich, zu dem die Klöster damals gehörten, eingeführt. Die hohen Anforderungen im täglichen Gebrauch und das entlegene Zuchtgebiet verhinderten stets ein Durchschlagen neuer Einflüsse. 1880 wurde vom Staat ein Körgesetz verordnet, das mancherlei Fremdeinflüsse bescherte und die heimischen Hengste benachteiligte.

Allerdings konnte es sich nicht durchsetzen, da die Bauern es missachteten und anstatt der staatlichen Kaltbluthengste schweren Typs weiterhin ihre eigenen im „schwarzen Sprung" verwendeten. 1896 wurde ein Zuchtverband gegründet, der konsequent alle ungeeigneten Nachkommen fremdblütiger Hengste ausmusterte. Der Linienbegründer Mittler im Originaltyp half mit, die Population wieder zu verbessern, und verstärkte die typische Fuchsfarbe. Daneben wurden 41 norische Hengste aus Bayern und Österreich eingesetzt, die sich gut zur Auffrischung eigneten und deren Nachzucht rasch assimiliert werden konnte. In den folgenden Jahrzehnten entstand die Basis der heutigen vier Hengstlinien: Deutschritter, Milan, Reith-Nero und Wirts-Diamant. Die Fellfarbe wurde zunehmend einheitlicher, obwohl es früher alle Grundfarben gab; heute sind nahezu alle Schwarzwälder Kaltblüter Füchse mit hellem Langhaar, wie es die Rassebezeichnung aussagt. In den Vor- und Nachkriegsjahren vermehrte sich die relativ kleine Zucht, um jedoch – wie alle anderen – nach 1950 eine Talfahrt anzutreten. 1973 gab es noch ganze 187 eingetragene Stuten und fünf Hengste. Durch den langsam einsetzenden Tourismus und die staatliche Förderung nahm die Zucht ab etwa 1980 einen langsamen Aufschwung und ist heute relativ gesichert. Im Gestüt Marbach auf der Schwäbischen Alb stehen heute etliche typvolle Beschäler den regionalen Züchtern zur Verfügung. Die Rasse findet als Reit- und Zugpferd im Tourismus oder beim Holzrücken wieder ein ihr entsprechendes Einsatzgebiet und hat viele Anhänger.

> **EIGENSCHAFTEN**
>
> Das kleinste und edelste deutsche Kaltblutpferd mit guten Nerven und viel Gang, dabei charmant und robust. Die sehr einheitliche Rasse ergibt schöne Passgespanne, die im Tourismus geschätzt werden. Bei rund 152 cm Höhe sind die Tiere sehr kompakt und kräftig, mit edlem Kopf und starkem Hals. Der Rumpf ist betont tonnig und die Beine sind recht kurz und sehr stabil und für ein Kaltblut mit wenig Behang ausgestattet; harte Hufe. Die hübsche Jacke der Kohlfüchse ist in Verbindung mit dem extrem dichten, weißen Langhaar sehr attraktiv. Ideales, gängiges Kleinkaltblut für Freizeit, Tourismus und Landwirtschaft.

*Schwarzwälder sind – wie dieser Hengst – oft herrliche Dunkelfüchse.*

## SCHWERES DEUTSCHES WARMBLUT (D)

Unter dem Begriff „Schweres Warmblut" ist im deutschen Sprachraum jener Typ zu verstehen, der vor allem in den norddeutschen Zuchtgebieten und der ehemaligen DDR (nördliches Niedersachsen, Ostfriesland, Sachsen, Thüringen) heimisch war, ehe man an die flächendeckende Veredelung mit englischem Vollblut und Araber/Anglo-Araber ging, um moderne Sportpferde zu erhalten. Das Schwere Warmblut stellte ursprünglich die überwiegende Mehrzahl der Kutschpferde um 1900; daneben wurde es als landwirtschaftlicher Typ auf leichten Böden in Konkurrenz zum Kaltblut gezüchtet. In der jüngeren Vergangenheit wurde der Typ – der unter leicht divergierenden Bezeichnungen auftritt – nahezu völlig dem Aussterben überlassen, nur kleinste Populationen überlebten im Schatten des Sportpferdes. Heute scheint der kleine Bestand wieder relativ gut abgesichert zu sein, da solche Tiere im Tourismus und der Landwirtschaft enorm nützlich sind und auch am Freizeitsektor wieder punkten können.

Die Oldenburger und ostfriesische Pferdezucht standen von jeher auf hohem Niveau. Im Mittelalter produzierte man weithin gesuchte Ritterpferde; später wurde durch den häufigen Einsatz von Veredlerhengsten, vor allem aus Spanien, Italien und dem Orient, ein nobles Paradepferd geschaffen, das sich durch Eleganz und bunte Färbung auszeichnete. Graf ANTON GÜNTER (1603–1667) war ein berühmter Förderer der barocken Zucht Oldenburgs, die damals schon Weltruhm besaß. In Ostfriesland wurde die Landeszucht durch die reichen Deichgrafen gefördert. Beide benachbarten Zuchtgebiete standen von jeher in regem Austausch, die Rasse Schweres Warmblut wird zu Recht heute als Oldenburger-ostfriesische Zuchtrichtung bezeichnet. Die erste Hengstkörung erfolgte 1715 durch Fürst GEORG ALBRECHT von Ostfriesland. Ab 1815 kam es zum verstärkten

# PFERDE

*Im sächsischen Gestüt Moritzburg findet man typvolle Beschäler.*

*Das schwere Warmblut eignet sich besonders als Wagenpferd.*

Einsatz oldenburgischer Hengste im Nachbarland. 1861 gründete Oldenburg seinen Zuchtverband, 1869 folgte ihm Ostfriesland nach. 1880 wurde die Zufuhr von jeglichem anderen Blut in Ostfriesland untersagt, sodass beide Rassen verschmolzen. 1923 wurden die beiden Stutbücher vereint und zum Schutze der Reinzucht geschlossen.

Schon um die Wende vom 19. zum 20. Jh. erfolgten größere Exporte von Pferden aus dem Zuchtgebiet nach Sachsen, Thüringen, Schlesien und Dänemark. Dort entstanden in der Folge wichtige Nachzuchtgebiete, die heute den erforderlichen Blutaustausch mit dem alten Zuchtgebiet pflegen. Sachsen und Thüringen stellen heute die überwiegende Mehrzahl der Pferde im Typ Schweres Warmblut; in Polen besteht im alten schlesischen Gebiet eine Teilpopulation als so genannter Slask, Schlesier. Im Landgestüt Moritzburg besteht heute ein Zentrum der Hengsthaltung und Vermarktung, nachdem sich die ehemalige Zuchtleitung der DDR lange Zeit an der aktiven Vernichtung der „unmodernen" Rasse beteiligt hatte.

Als Retterin der Rasse im Osten gilt Dr. Herta STEINER, die als Landstallmeisterin in den 1970er-Jahren gegen alle Anordnungen ihrer Vorgesetzten einige Zuchttiere insgeheim bewahrte und damit einen kleinen Genpool retten konnte. Auf diesen sind die heutigen Tiere mehrheitlich zurückzuführen; Hengstlinien sind Cabinett, Eros und Ventus. Der schwere, alte Ostfriese ist im Westen seit den 1960er-Jahren durch planlose Verkreuzung fast verschwunden, sein Zuchtgebiet wurde an Hannover angeschlossen. Heute findet man diese charmanten Pferde immer öfter im Freizeitsport oder vor der Kutsche. Eine kleine, aktive Züchterschaft sorgt für ihren Fortbestand in den alten und neuen Bundesländern.

### ▶ EIGENSCHAFTEN

Schweres, ruhiges und starkes Warmblutpferd von noblem Typ und großer Ausstrahlung. Unter dem Sattel als Gewichtsträger und vor dem Wagen als prachtvoller Karossier einsetzbar, dabei auch für alle landwirtschaftlichen Arbeiten auf leichten Böden zu gebrauchen. Die großen, überwiegend dunkel gefärbten Pferde sind robust, einfach zu halten, stets arbeitswillig und von bestem Wesen. Gute Gänge, Zugfestigkeit und schönes Exterieur. Heute gerne im Tourismus und als Freizeitpferde verwendet. Größe: ca. 160–170 cm; meist Dunkelbraune und Rappen mit kleinen Abzeichen, selten Schimmel.

## SENNER PFERD (D)

Die Senner-Zucht geht auf ein halbwildes Gestüt zurück, das in einem flach hügeligen Heide- und Waldgebiet bei Lopshorn lag, etwa zwischen Paderborn und Bielefeld, das Senne (von Mittelhochdeutsch: Sende – Sandfläche) hieß bzw. heißt. Früher gehörte das Gebiet in der Region Teutoburger Wald zum Fürstentum Lippe-Detmold, heute zu Nordrhein-Westfalen. Bereits im Mittelalter wurden Pferdeherden in diesem Gebiet urkundlich erwähnt, erstmals um das Jahr 1160 und recht ausführlich in den Registern des Grafen Bernhard zur Lippe um 1493, der seine rund 70 Zuchtpferde detailliert anführt. Die Tiere wurden immer in relativ geringer Zahl, bis maximal etwa 200, halbwild gezüchtet, wobei man ihre Kraft und Härte schätzte. Die karge Weide des einst rund 20.000 ha großen Wildgestütes ernährte nur rund 50 Stuten und einige Hengste. Die Zucht diente der Versorgung des fürstlichen Marstalles mit Reit- und Wagenpferden und hatte bis in die jüngste Vergangenheit keinen Einfluss auf die Landeszucht.

Die früher üblichen Geschenke von Paradepferden führten dazu, dass es in der Zucht eine betont iberische Komponente gab, die sich in ausgefallenen Farben, einem Ramskopf und hoher Aktion manifestierte. Das frühe 18. Jh. sah den Beginn der systematischen Zucht und der genauen Hengstregister. Ab etwa 1800 erfolgte die Umstellung des Hengstmaterials auf vornehmlich orientalische, anglo-arabische und englische Vollbluthengste. Dadurch wurde der Typ vom barocken Nobelpferd – in dem sich durch die extensive Haltung noch Merkmale des Landpferdes fanden – zu einem edlen Halbblutpferd gewandelt. Die extrem harte Aufzucht forderte stets zahlreiche Opfer unter den Stuten und Fohlen, was zur ausgeprägten Härte der Rasse beitrug. Letztere wurde nur über die Hengste erneuert oder verändert, die Kontinuität lag bei den Stuten, von denen vier ihre eigenen Familien begründeten.

Nur eine, jene der Stute David, geb. 1725, konnte bis heute überdauern, alle derzeitigen Senner Pferde gehen auf sie zurück. Bis zur Enteignung des Lippeschen Besitzes im Jahre 1919 wurde die Zucht mit wechselndem Erfolg weiter betrieben, allerdings wurde der Bestand ab etwa 1870 ständig reduziert. Im Zeitraum bis 1935 übernahm der Verband Lippescher Pferdezüchter die Zuchtagenden, mit einem Mindestbestand von nur zehn (!) Tieren. Aus finanziellen Gründen wurde die Zucht dann 1935 durch eine Auktion aufgelöst. Bis in die Nachkriegszeit erhielt die Holländerin Julie Marie IMMINK eine Herde auf Schloss Lopshorn; später wurden die Bestände in Utrecht, Lüpke und Offenhausen bewahrt. Ab 1950 engagierten sich private Züchter für den Fortbestand, mit 1970–71 begann Karl-Ludwig LACKNER den Aufbau einer Herde, die sich bis heute vermehrt und z. T. im Detmolder Freilichtmuseum lebt. Andere Privatzüchter stießen dazu, und die wenigen existierenden Senner werden heute als elegante und nützliche Reitpferde geschätzt. Seit 1993 als bedrohte Rasse geführt; seit 1996 wieder eröffnetes Stutbuch. Heute sorgen die Biologische Station Senne e. V. und der Zuchtverband für Senner Pferde e. V. für den Erhalt der Rasse, von der ca. 30 Zuchtstuten existieren. Eine kleine Gruppe weidet im Rahmen der Landschaftspflege wieder auf der Senne (EXPO Projekt Wildbahn Senner Pferde).

### ▶ EIGENSCHAFTEN

Als sehr hartes und immens brauchbares Pferd bietet sich der Senner als vielseitiges Freizeitpferd gehobener Klasse an. Bei einer Höhe um 158–165 cm ist er ein edles Modell mit langen Linien und harmonischem Exterieur. Der Typus entspricht jenem des modernen Anglo-Arabers mit guten Reitpferde-Points. Trockener Kopf, guter Hals, korrektes Fundament. Kein Behang, harte Hufe. Vorherrschend sind Braune und Schimmel, Füchse sind eher selten. Die Rasse eignet sich für den Vielseitigkeitssport, aber auch für das Fahren und als Wanderreitpferd. Hin und wieder kommen die Merkmale des primitiven „Ur-Senners" mit Tarpanblut zum Vorschein, wie z. B. ein Aalstrich. Die Gesundheit und Genügsamkeit der Rasse werden gelobt.

*Senner Stute mit mütterlicher Ausstrahlung*

## SHAGYA-ARABER (FRÜHER: ARABERRASSE; A, H)

In Österreich-Ungarn hat man orientalische Pferde wegen ihrer Härte und Ausdauer immer geschätzt. Der um 1830 geborene, arabische Schimmelhengst Shagya stammte von Beduinen aus der Gegend von Damaskus. Er kam durch die Ankaufsexpedition des Major von HERBERT aus dem Orient nach Bábolna (Ungarn). Das Gestüt Bábolna war und ist eine bedeutende Zuchtstätte für Halb- und Vollblutaraber und geht auf das Jahr 1789 zurück; die eigentliche Pferdezucht begann hier 1806. Shagya deckte bis 1842 sehr erfolgreich, vor allem in der Anpaarung mit orientalisierten und iberischen Stuten. Fünf von Shagyas Söhnen wurden Beschäler in Bábolna und Mezőhegyes, deren bester Shagya IV war, welchen man bis heute als Hauptquelle dieses Blutes betrachtet. Der europäische Kulturaraber Radautzer oder Bábolnaer Prägung war ein hervorragendes leichtes Kavalleriepferd, begehrt bei den Offizieren und am Wiener Militär-Reitlehrerinstitut. Auch in der internationalen Sportpferdezucht hinterließen sie ihre Spuren, z. B. im Pedigree des berühmten Springpferdes Milton oder des Superhengstes Ramzes aus der Zucht der Baronin PLATER-ZYBERG, der mütterlich überwiegend Shagya war.

Andere wichtige Hengststämme innerhalb dieser Gestütsrasse waren Amurath, Dahoman, Gazal, Gazlan, Jussuf und O'Bajan. Der heute übliche Rassenname Shagya-Araber wurde erst um 1978 vom deutschen Experten Dr. GRAMATZKI geprägt; der Stamm „Shagya" war nämlich der bedeutendste innerhalb der Population und das Blut dieses Stempelhengstes und Stammgründers fließt seit 1836 in nahezu allen Vertretern der Rasse. Pferde manch anderer Linien sind eher selten geworden, was verwundert, weil sie alle zu den bekannten Qualitäten der Rasse wesentlich beitrugen.

Die Rasse gilt als arabisches Halbblut, denn mütterlicherseits geht sie auf moldawische, ungarische, orientalische und iberische Stuten zurück. Sie besteht im kleinen Rahmen in Österreich und der Schweiz, fortweitere Zuchtschwerpunkte liegen in den Nachfolgestaaten der Monarchie, besonders in Ungarn (Bábolna), Rumänien (Radautz) und der Slowakei (Topol'čianky); in Deutschland sind heute rund 750 der insgesamt 1.850 zuchtaktiven Stuten zuhause.

*Der berühmte Trompeterzug des ungarischen Gestüts Bábolna*

Heute sehr erfolgreich im Distanz-Sport, mit z. T. beachtlichen internationalen Erfolgen. Daneben können sie auch in den anderen Turniersparten bis zum mittleren Niveau mithalten und geben hervorragende leichte Wagenpferde (traditionell Jucker genannt) ab.

*Ein Shagyahengst des Landgestütes Tlumačov in Mähren*

> ### ▶ EIGENSCHAFTEN
> Shagyas wissen sich elegant und raumgreifend zu bewegen und sind sehr ausdauernd. Mit elastischer Aktion legen sie weite Strecken auf jedem Terrain mühelos zurück, auch unter relativ hohem Gewicht; das Springvermögen ist oft beachtlich. Im Idealfall sind sie eine gelungene Verbindung von arabischem Adel mit europäischem Kaliber – kommen somit unseren Anforderungen an ein Sportpferd näher als der zierliche Vollblutaraber. Sie haben edle Köpfe, leichte und gut geschwungene Hälse, stabile und kurze Rücken und harte, trockene Fundamente. Bei rund 150–160 cm Stockmaß sind sie oft Schimmel, seltener Braune, Füchse oder gar Rappen.

## WÜRTTEMBERGER (ALTER TYP) (D)

Das Herzogtum Württemberg war ursprünglich kein klassisches Pferdezuchtland. Jedoch waren die diversen Regenten stets bemüht, die Gestüts- und Landeszucht anzuheben, wenn auch manchmal mit wechselndem Erfolg. Unter ihnen sei zuerst Herzog CHRISTOPH erwähnt, der Gründer des heutigen Haupt- und Landgestütes Marbach (1554). Sein Sohn LUDWIG war es, der die einfachen Landpferde auf iberische Edelrassen umstellte. Gegen Ende des 17. Jh.s wurden die Hengste aus dem Hofgestüt in die Landeszucht geschickt, nachdem man eine erste Beschälordnung erstellt und Körungen eingeführt hatte. Unter Herzog WILHELM LUDWIG wurden um 1670 alle Hengste den Bauern gratis zur Verfügung gestellt. Unter KARL EUGEN erreichte die Zucht in der zweiten Hälfte des 18. Jh.s einen quantitativen – wenn auch keinen qualitativen – Höhepunkt; unter König WILHELM I. wurde 1817 das berühmte Arabergestüt Weil gegründet, dessen Zuchtprodukte mehr oder weniger großen Einfluss auf die Landeszucht nahmen. 1932 wurde die Weiler Zucht dem Staat geschenkt. Auf die Orientalen folgten einige englische Yorkshire- und Vollbluthengste, die sich positiv vererbten.

Unter Landoberstallmeister Cäsar VON HOFACKER (1867–1896) folgte eine Phase der planmäßigen Konsolidierungszucht, die von ostpreußischem und Anglo-Normänner Zuchtmaterial geprägt war. VON HOFACKER stellte das Zuchtziel auf den Typ des kräftigen Artillerie-Stangenpferdes um und baute einen derartigen Stutenstamm auf, wobei das raue Klima der Alb hinderlich war, aber die Pferde abhärtete. Bis zum Beginn des 20. Jh.s wurde kein Fremdblut mehr verwendet; erst 1903–1923 wurden insgesamt 23 Alt-Oldenburger Hengste und ein Anglo-Normänner eingesetzt. Der eigentliche Stammvater der heute fast ausgestorbenen Alt-Württemberger war der Normänner Cob Faust. Dieser kleine, bullige Hengst wurde 1888 durch VON HOFACKER gekauft und erwies sich als absoluter Stempelhengst. Er brachte die gesuchten Eigenschaften in die Rasse ein und vererbte sie durchschlagend – immerhin mit 23 gekörten Söhnen. Seine Nachkommen wurden durch planmäßige Inzucht in ihren Merkmalen gefestigt. Im 20. Jh. kamen Hengste verschiedener Rassen, aber mit überwiegend Trakehnerblut, zum Einsatz; auch Hannover leistete einen großen Beitrag. Im Rahmen der Umstellung der Rasse ab 1960 auf ein Sportpferd wurden die alten, kalibrigen Typen verdrängt. Mit dem damals schon 22-jährigen Trakehnerhengst Julmond, der ein unglaublich bewegtes Leben gehabt hatte, kam 1961 wieder ein Ausnahmehengst nach Marbach, der die moderne Phase der Zucht in nur fünf Jahren entscheidend prägte. 1988 kam es zur Gründung eines Vereines zur Erhaltung des alten Württembergers; dazu suchte man die wenigen Pferde alter Herkunft zusammen und stellte zwei geeignete Hengste auf. Diese, Sorent und Edano, halfen zusammen mit dem Moritzburger Centimo beim Erhalt des alten Schlages, der jedoch nicht mehr unverkreuzt existiert.

### ▶ EIGENSCHAFTEN

Ein mittelgroßes, kräftiges Warmblut im Wirtschaftstyp, das eine praktische Größe von rund 155–160 cm, Kraft und Gängigkeit – besonders im Trab – vereint. Die Pferde sind sehr futterdankbar, robust und witterungsunempfindlich; sie sind trittsicher und zugfest und besitzen einen guten Charakter. Langlebigkeit und Leistungsbereitschaft sind typische Merkmale der Rasse, die meist in den Farben Braun oder Schwarz auftritt. Edler Kopf, harmonische Linien und stabile Beine mit harten Hufen.

*Immens praktisch und von gutem Wesen: der alte Typ Württemberger*

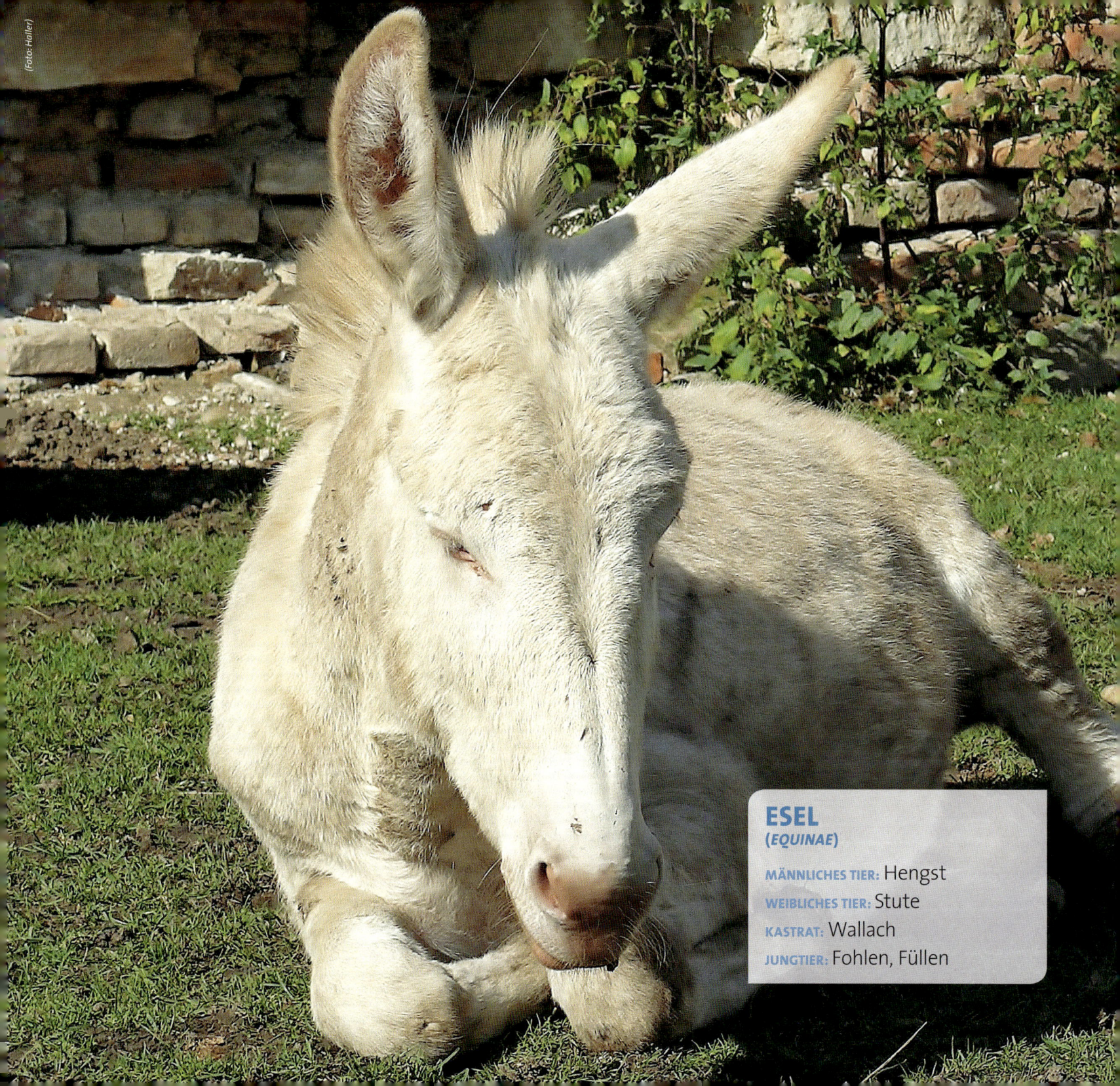

(Foto: Haller)

**ESEL**
*(EQUINAE)*

**MÄNNLICHES TIER:** Hengst
**WEIBLICHES TIER:** Stute
**KASTRAT:** Wallach
**JUNGTIER:** Fohlen, Füllen

## GESCHICHTE

Der Hausesel stammt mit Sicherheit vom afrikanischen Wildesel ab, von dem zwei Unterarten existier(t)en, der Nubische Wildesel und der Somali-Wildesel. Beide sind heute extrem selten und werden nur gelegentlich gesichtet; die nubische Variante ist vielleicht sogar schon ausgestorben. Einzelne letzte Sichtungen erfolgten gegen Ende des 20. Jh.s im Sudan; es wird angenommen, dass keine aktive Population mehr besteht. Der Somali-Esel kommt in kleinen Beständen in Zoos und Tierparks vor, in Eritrea und Äthiopien könnten noch rund 500 wilde Exemplare leben. Vermutlich haben die Bewohner der Steppen Asiens und Nordafrikas die Halbesel und Esel schon vor den Pferden gekannt und gezähmt. In Ägypten fand man Darstellungen von Lasteseln, die um ca. 4.000 vor Christus schon den Fellachen halfen. Genetische Analysen heutiger Bestände und alter Funde (von Haus- und Wildeseln) bestätigen diese Thesen. Von Nordafrika gelangten die Esel über den Nahen Osten ins antike Kleinasien, nach Griechenland und Spanien. In den Mythen und Geschichten aller dieser Länder kommt er seit Langem vor, besonders oft tritt er uns aber in der Bibel entgegen.

Schon früh kreuzte man Esel und Halbesel oder Pferde, um die besonders ausdauernden und kräftigen Maultiere zu erhalten. Dabei wird eine Pferdestute mit einem Eselhengst belegt, das Fohlen ist ein unfruchtbarer, aber extrem kräftiger Hybrid, eben das Maultier. Paart man eine Eselstute mit einem Pferdehengst, was viel seltener praktiziert wird, erhält man einen so genannten Maulesel, der weniger wertvoll ist. Die schönsten und kräftigsten Eselrassen findet man noch heute in trockenen Regionen mit spärlicher Vegetation. Der Esel liebt es nicht feucht oder extrem kalt, für Regen ist sein Haarkleid nicht gemacht – es fehlt eine wasserabweisende Fettschicht. Die unglaubliche Genügsamkeit ist durch viele Erzählungen bekannt, in denen das Eselchen genussvoll sogar Disteln kaut, während sein Verwandter, das Pferd, mit Hafer gefüttert werden muss. Esel können einen Wasserverlust von rund 25 % des Eigengewichtes verkraften, während viele Großsäuger schon bei 15 % eingehen würden. Große Hausesel-Bestände in Asien (besonders China), Afrika und Lateinamerika.

## EIGENSCHAFTEN

Allen Wildeseln sind ein schlanker Körperbau, eine mittlere Größe von 120–145 cm und ein rötliches, braungraues oder stahlgraues Fell mit dunklen Streifen an den Beinen, am Widerrist (Schulterkreuz) und am Rücken eigen. Fell meist an der Körperunterseite aufgehellt, ebenso um das Maul und die Vorderbrust. Die kleinen, extrem harten Hufe bieten guten Halt auf felsigem Grund und nützen sich kaum ab; kein Kötenbehang. Wildesel haben stets eine völlige oder teilweise, oft zweifarbige Stehmähne; Hausesel überwiegend. Der Schwanz ist im oberen Teil nicht behaart, die Schweifhaare bilden nur eine oft schüttere Quaste im unteren Teil.

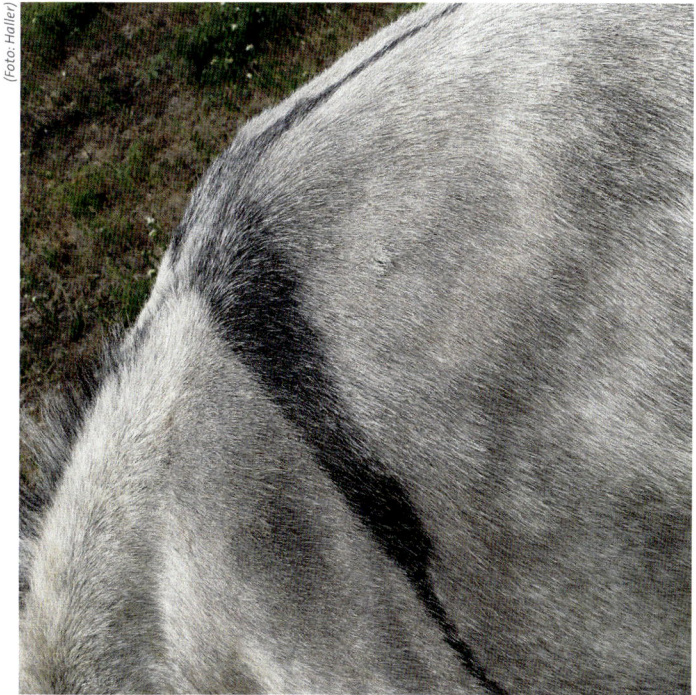
(Foto: Haller)

*Viele Esel zeigen das Schulterkreuz und den Aalstrich.*

## WEISSER BAROCKESEL (A, H)

Bis vor Kurzem war die Population als Albinoesel bekannt. Die Rassenbezeichnung Albino ist bei Equiden allerdings nicht zutreffend, da es unter ihnen keine echten Albinos etwa im Sinne eines albinotischen Kaninchens (rote Augen …) gibt. Bei den scheinbar unpigmentierten, daher weißgelben Tieren mit hellen Augen handelt es sich um eine Farbverdünnung, die Leuzismus (Gelbfärbung) genannt wird. Im alltäglichen Sprachgebrauch kann jedoch von Albinos gesprochen werden, da sich die Eigenschaften oberflächlich ähneln, obwohl man damit einen genetischen Irrtum begeht. Die korrekte Bezeichnung ist Weiß-Isabell, Cremello oder Blue Eyed Cream (BEC).

Seit dem Barock und zu Zeiten der österreichisch-ungarischen Monarchie waren solche Esel beliebte Spielzeuge und Parktiere des Adels und der reichen Gutsbesitzer. Prof. Friedrich ALTMANN, Kenner und Förderer der Rasse, führt ihre mögliche Herkunft auf italienische Esel zurück, die zur Zeit des Barock über Neapel nach

*Diese Esel sind keine Albinos – ihr Haarkleid ist aufgehellt.*

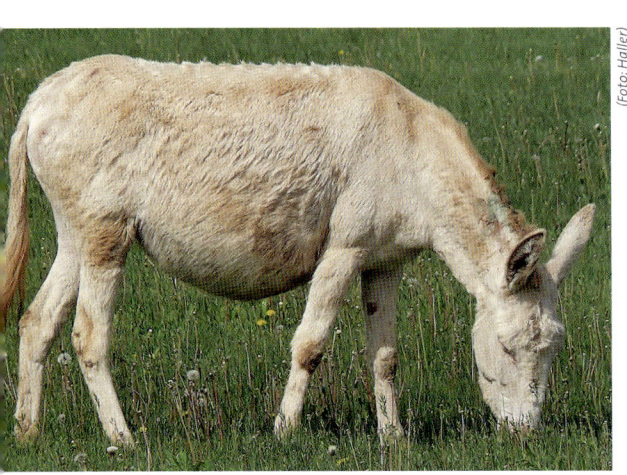
*Eine prachtvolle Herde findet man im Schloss Hof im Marchfeld.*

Österreich gelangten. Er erwähnt eine Restpopulation solcher Albinoesel auf Sardinien und einer weiteren Insel – vermutlich Asinara; allerdings bewegt man sich hierbei auf dem Gebiet der Spekulation. Damals schätzte man außergewöhnliche Farben bei Haustieren, also vermutlich auch bei Eseln.

Leider entsprachen diese Esel bald nicht mehr dem Zeitgeschmack; ihre Blütezeit war nach dem Barock vorbei. So wie auch andere Esel landeten sie wieder in ihrer Nutzung als Tragtiere bei Schäfern und als Arbeitstiere bei Bauern und Müllern und der Bestand ging drastisch zurück. Durch die geringe Populationsgröße geriet die relativ verborgene Rasse in Vergessenheit. Anfang der 1980er-Jahre kamen einige Tiere als Raritäten aus Ungarn in den Tierpark Herberstein bei Graz. 1986 entdeckte dort Univ.-Prof. Dr. Friedrich ALTMANN diese Tiere und brachte einige Exemplare in den Zoo von Erfurt. Von dort gelangten sie weiter in den Zoo von Stralsund. Der Nationalpark Neusiedler See unter der Leitung von Dr. Kurt KIRCHBERGER brachte in den 1990er-Jahren von Suchexpeditionen in Ungarn genetisch nicht verwandte Esel nach Österreich und so konnte im Nationalpark Neusiedlersee-Seewinkel gemeinsam mit Prof. Helmut PECHLANER, ehemals Zoo-Direktor von Schönbrunn, der Grundstock für die Erhaltung der Rasse gelegt werden. Heute lebt dort die größte Zuchtgruppe in halbwilder Herdenhaltung und stellt eine touristische Attraktion dar. Der Gesamtbestand lag 2002 bei ca. 80 Tieren, im Jahr 2008 gab es einen registrierten Bestand von 160–180 Tieren, er steigt somit leicht an, je bekannter die Tiere werden. Im Marchfeld-Schloss Hof beispielsweise sind etliche der Esel im Haustierzoo ausgestellt und ziehen leichte Kutschen.

Weltweit gibt es nur einige Hundert Individuen, allerdings ist die Tendenz durch die großen Bemühungen, die Rasse vor dem Aussterben zu bewahren, langsam steigend.

Im Gegensatz zu den „Albinoeseln" kennt man auch Schimmelesel, die vor allem in südlichen Ländern noch häufiger vorkommen. Bekannte Populationen waren jene aus dem bulgarischen Zarengestüt und der Mazedonischen Ebene.

### ▶ EIGENSCHAFTEN

Körperlich unterscheiden sich Barockesel nicht von ihren stark gefärbten Artgenossen bis auf die auffallende Farbe. Wie alle Esel eignen sich auch „Barockesel" zum Reiten, Ziehen und Tragen von Lasten und sind geduldige Gefährten für Kinder. Aufgrund der Pigmentschwäche ist ihnen extremes Sonnenlicht unangenehm, sie können auch Haut- und Augenprobleme bekommen. Dies trifft kaum für Schimmelesel zu, die dunkle Haut und ebensolche Augen besitzen. Ein rezessives, farbverdünnendes Gen verhindert in einer bestimmten Erbkonstellation die Einlagerung von Pigmenten in Haaren, Haut, Hufen/Klauen und Regenbogenhaut. Die Haut ist daher rosa, das Fell gelblich-weiß, die Hufe/Klauen sind gelblich und die Augen aufgrund der Stärke der Iris hellblau, jedoch niemals rot, was auf echten Albinismus – wie etwa bei Mäusen, Ratten oder Kaninchen – hinweisen würde.

(Foto: Haller)

### RINDER
*(BOVINAE)*

**MÄNNLICHES TIER:** Stier, Bulle
**WEIBLICHES TIER:** Kuh; vor erstem Kalben: Färse, Kalbin
**KASTRAT:** Ochse
**JUNGTIER:** Kalb

## GESCHICHTE

Als alleinige Stammform aller heute domestizierten Hausrinder Europas wird der Auerochse oder Ur (*Bos primigenius*) angesehen. Weltweit wurden zahlreiche Hausrinder aus verschiedensten Wildformen in den Haustierstand überführt, so z. B. der Yak (Tibet), Hausbüffel (Ostasien) und Banteng (Hinterindien); Bison (Nordamerika) und Wisent (Europa) waren zwar klassische Beutetiere, wurden aber nicht oder nur geringfügig domestiziert. In Indien gab es eine Spielart des Ur, genannt *Bos primigenius namadicus*, die als Vorfahre der höckerigen Zeburinder angesehen wird, welche Afrika und Asien bevölkern. In Nordafrika gab es *Bos primigenius opisthonomus*; beide Letztgenannten starben vor ca. drei bis vier Jahrtausenden aus. Mit Ausnahme des sehr seltenen Wisents in einigen osteuropäischen Parks sind alle europäischen Wildrind-Formen ausgestorben.

Die Zähmung von Rindern erfolgte wahrscheinlich erstmalig ca. 8000 v. Chr. in Kleinasien oder dem Nahen Osten durch Vertreter der neolithischen Revolution – der ersten sesshaften Bauern. Im Bereich des so genannten „Fruchtbaren Halbmondes" (Mesopotamien, Kleinasien) gewann man frühe Kenntnisse im Ackerbau und der Tierzucht und zähmte die lokale Form des Auerochsen. Von dort wanderte das primitive Hausrind auf Handelswegen nach Europa ein. Seine Rolle mag zuerst in kultischer Opferung gelegen haben, aber der vielfältige Nutzen muss sich bald offenbart haben; zu wertvoll waren Fleisch, Leder, Horn, Knochen und schließlich auch Kraft und Milch der vielseitigen Wiederkäuer. Mit dem Wegfall der vielen Menschen angeborenen Laktoseunverträglichkeit (Laktose = Milchzucker) während der frühen Domestikationsphase der Rinder wurden Milch und Milchprodukte – vor allem haltbarer Käse – zu praktischen Nahrungsmitteln in weiten Teilen Eurasiens. In Afrika wird ein weiteres Domestikationszentrum vermutet, wo lokale Ur-Formen um ca. 6000 v. Chr. gezähmt wurden; auch am indischen Subkontinent wird zur selben Zeit die Zähmung von *Bos primigenius indicus* vermutet.

Frühe Pfahlbau-Dörfer geben Knochenfunde von Torf-Rindern frei, der gesamte Mittelmeer-Raum war eine ideale „ Rinderweide"; die Kelten und Germanen besaßen lokale Rassen und in der ganzen bekannten Welt gab es eine florierende Rinderzucht mit einer vielschichtigen kultischen Verehrung der Tiere. Im Mittelalter verfiel diese hochstehende Kultur, erst in der Neuzeit begann mit den modernen Grundlagen der Tierzucht ein neuer Aufschwung, vor allem von den Britischen Inseln ausgehend. Seither driften die Spezialrassen stetig auseinander und werden in ihren beiden Hauptzwecken immer effizienter: Fleisch oder Milch. Die frühere Einteilung in Zweinutzungs- (Fleisch und Milch) oder gar Dreinutzungsrind (Arbeit, Fleisch und Milch) existiert nur mehr bei den alten Extensivrassen.

Kühe besitzen ein Euter mit vier Zitzen oder Strichen, obwohl in der Regel nur ein Kalb nach ca. neunmonatiger Tragezeit geworfen wird; Zwillingsgeburten sind sehr selten. Typisch für Rinder sind die auf Knochenzapfen sitzenden Hörner (sofern nicht genetisch hornlos), die im Gegensatz zum Geweih der Hirsche nie abgeworfen werden; weiter ist der Schwanz mit Quaste typisch. Das Brüllen aufgeregter Stiere und das sanfte Muhen der Kühe ist bekannt, weniger aber die Tatsache, dass alle Rinder ausgesprochen sensible und intelligente Tiere sind.

Neben dem Ur wurden noch einige asiatische Rinderformen domestiziert: der Banteng (*Bos javanicus*) wurde zum zahmen Bali-Rind; der Gaur (*Bos gauros*) wurde zum Gayal/Mithun; der Grunzochse oder Yak (*Bos mutus*) zum Haus-Yak (Grunzochse, *Bos grunniens*). Die Hausbüffel gehören zwar der Familie Bovidae (Rinder) und darin wieder der Gattung *Bovinae*, den echten Rindern, an, jedoch nicht der Art *Bos primigenius* (Rind), sondern *Bubalus* (Büffel). Der Haus(wasser)büffel (*Bubalus bubalis*) stammt vom Asiatischen Wasserbüffel (*Bubalus arnee*) ab, der in Südasien vorkommt. Heute als Wildform selten geworden, ist in Asien die Arbeitsleistung vor allem der zahmen Büffel unverzichtbar. Die Zähmung soll um 4000 v. Chr. in China oder Indochina erfolgt sein; verwilderte Hausbüffel können – wie etwa in Australien geschehen – zu einem ökologischen Problem werden.

## UR/AUEROCHSE (STAMMFORM)

Der Ur oder Auerochse war ein über ganz Eurasien und Nordafrika verbreitetes und damit biologisch erfolgreiches Wildrind, das seine größte europäische Verbreitung im Pleistozän und Holozän erfuhr, allerdings in Amerika nicht vorkam. Ure/Auerochsen bevölkerten ab den späteiszeitlichen Warmperioden die Wald- und Buschzonen Eurasiens in geografisch unterschiedlichen Formen; in Asien und Nordafrika verschwanden sie in frühgeschichtlicher Zeit. In Irland, Nordskandinavien und Nordrussland kamen sie nicht vor. Zahlreiche steinzeitliche Wandmalereien geben uns ein hervorragendes Bild der Rinder, die neben dem Wisent (*Bison bonasus*), dem europäischen Waldbüffel, der übrigens nie domestiziert wurde, eine bevorzugte Jagdbeute waren. Als ausgesprochen „edles" Wild blieben sie den mittelalterlichen Adeligen vorbehalten und werden im Nibelungenlied besungen. Infolge der starken Bejagung und möglicherweise aufgrund des schwindenden Lebensraumes ging der Bestand schon ab der Bronzezeit vor allem in den Randzonen des Verbreitungsgebietes deutlich zurück und verschwand bis zum Hochmittelalter fast völlig. In Europa hielt sich das Wildrind noch etwas länger, vor allem in den weiten, dünn besiedelten Wald- und Marschzonen Osteuropas. Doch im 14. Jh. scheint es auch in Mitteleuropa im Wildstand ausgerottet gewesen zu sein. Das endgültig letzte (übrigens weibliche) Exemplar soll 1627 in Polen in einem Gehege erlegt worden oder verendet sein. Seither ist der Ur, der mächtige „Auerochse" der Sagenwelt, unwiederbringlich ausgestorben. Alle so genannten „Rückzüchtungen" beruhen lediglich auf einer rein äußerlichen Ähnlichkeit, die uns ein Bild vom Aussehen des Auerochsen vermittelt – genetisch ist der Zusammenhang gering, es sind Hausrinder. Hier besteht eine Analogie zum Tarpan, dessen Rückzüchtungen oft neben jenen des Auerochsen in Wildparks gehalten werden.

Zwischen den beiden Geschlechtern bestand ein ausgeprägter Dimorphismus (Größenunterschied) von etwa einem Drittel, welcher die archäologische Auswertung der Knochenfunde oft erschwerte; man glaubte, es mit zwei verschiedenen Formen zu tun zu haben, tatsächlich stammten die Funde nur von Stieren und Kühen derselben Form. Ure wurden seit dem Mittelalter in Reservaten oder Gehegen zu Jagdzwecken gehalten und galten auch als noble Geschenke. Vor einigen Jahrzehnten versuchte man in Polen und Deutschland, an diese Tradition anzuknüpfen durch planmäßige Kreuzungen ein Ebenbild des Originals zu „erzüchten". Besonders erfolgreich wurde dies von den Zoologen Lutz und Heinz HECK durchgeführt; beide waren übrigens Direktoren berühmter Tierparks – Berlin und München-Hellabrunn; man nennt daher diese optisch gelungenen Nachzüchtungen heute auch „Heck-Rinder".

### ▶ EIGENSCHAFTEN

Der Ur war ein sehr großes Rind, Kühe maßen rund 150 cm, Stiere konnten bis zu 180 cm hoch werden. Die Farbe mag variiert haben, man glaubt aber, dass die Kühe rötlich-braun und die Stiere schwarzgrau oder schwarzbraun waren; beide Geschlechter hatten ein helles Maul (so genanntes Mehlmaul), helle Körperunterseiten und helle Rückenstreifen; einen helleren „Sattel" in der Schultergegend fand man oft bei den Stieren, vor allem in Nordafrika. Lange und recht dicke Hörner von regional unterschiedlicher Form, jedoch meist vorwärts-aufwärts geschwungen. Robust, langbeinig und temperamentvoll; sehr schnell und ausdauernd. Starke Nackenmuskeln beim Stier, der besonders angriffslustig und verteidigungsbereit gewesen sein soll, daher die Überlieferung als „aristokratisches Beutetier". Das Gewicht der Wildform mag bei etwa 600–900 kg gelegen haben, die Rückzüchtungstiere sind etwas kleiner und leichter.

*Eine der wenigen Darstellungen eines Auerwild-Stiers*

## ANGLER RIND (D)

Die Rasse stammt von der Halbinsel Angeln an der schleswig-holsteinischen Ostküste, nahe der dänischen Grenze. Man vermutet, dass auf den guten Niederungsböden schon sehr früh Milchvieh gehalten wurde. Erste Hinweise auf die Rasse stammen aus dem 17. Jh., doch waren die Tiere damals sehr uneinheitlich. Im 18. Jh. erhielt die Angler Landwirtschaft insgesamt bedeutende Impulse durch den Theologen und Agronomen Probst LÜDERS, so auch die Viehwirtschaft. Das Angler Rind stand im Mittelpunkt der landwirtschaftlichen Bemühungen, die schon früh durch Vereine vorangetrieben wurden. 1843 wurde die Kennzeichnung mittels Brandzeichen eingeführt, 1858 legte man sich auf die Reinzucht fest, 1879 wurde das Herdbuch eingerichtet. Die Rasse war stets als milchbetontes Zweinutzungsrind aufzufassen, da man Rinder in dieser Region kaum als Zugtiere anspannte. 1896 wurden zur besseren Organisation der Schleswig-Holsteiner Viehzucht feste Zuchtbezirke für die einzelnen Rassen definiert und Zuchtverbände gegründet. Als um die Wende vom 19. zum 20. Jh. der Absatz von Milch und Käse beträchtlich anstieg, wuchs auch der Rinderbestand. Schon damals war die Rasse weit

*Die tief rotbraune Farbe der Angler ist rassetypisch.*

über Deutschland hinaus verbreitet: Dänemark, Schweden, Polen, Russland, Italien und Argentinien importierten sie und in Deutschland selbst gab es rund 70.000 Tiere. Bis 1936 erlebte die Rasse einen weiteren Aufschwung; die Hauptzucht lag in den Kreisen Schleswig und Flensburg, Zuchtinseln bestanden im Saarland, in Bayern und Sachsen. Bis in die Nachkriegsjahre wurden Typ und Milchleistung der Angler Kuh ständig verbessert, bis man von der „Deutschen Butterkuh" sprechen konnte. Die Anhebung von Größe und Gewicht war während und kurz nach dem Krieg wieder zweitrangig geworden. Seit 1945 sind die Angler mit den anderen – nicht verwandten – Rotviehschlägen im Verband deutscher Rotviehzüchter e. V. zusammengefasst.

In der Nachkriegszeit wurden Angler in alle übrigen deutschen roten Rinderrassen – und auch in die gelben Glanrinder – eingekreuzt, oft in einem Ausmaß, das einer Verdrängungskreuzung nahekam. Exportiert wurden sie vor allem in die Sowjetunion. Der Bestand ging infolge der Konkurrenz anderer Rassen allerdings drastisch zurück, sodass heute nur mehr wenige reinrassige Bestände vorhanden sind; auf der Roten Liste in der Gruppe „extrem gefährdet".

### ● EIGENSCHAFTEN

Feiner, mittellanger Kopf, seitwärts-vorwärts gebogene Hörner. Schlanker Hals, wenig Wamme. Tiefer, tonniger Rumpf, gerader Rücken mit guter Bemuskelung, volle Flanken. Nicht besonders starkes Fundament, jedoch klare, stabile Gelenke und harte Klauen. Flotzmaul, Zunge und grauschwarze Klauen; das Euter ist oft fein behaart. Das ganze Tier soll kräftig rotbraun sein, wobei es dunklere und etwas hellere Schattierungen gibt, Bullen sind oft dunkler. Temperamentvolles, milchbetontes Rind, robust, leicht kalbend, marschfähig. Kühe rund 140 cm, Stiere etwas größer; Gewicht ca. 600 bzw. rund 1.000 kg; Milchleistung bis ca. 6.000 kg pro Laktation, bei besten Fett- und Eiweiß-Werten. Schmackhaftes, feinfaseriges Fleisch.

## ANSBACH-TRIESDORFER RIND (D)

In der Region rund um das fränkische Ansbach wurde ursprünglich wohl gelbes Mainländer Vieh gehalten, aber auch gescheckter und rotes Landschlagvieh. Ab der Mitte des 18. Jh.s unternahmen die Landesherren, allen voran der „Wilde Markgraf" CARL FRIEDRICH WILHELM, Anstrengungen, um die Rinderzucht zu verbessern.

Dazu wurde auf dem Mustergut Triesdorf zuerst eine „Holländerey" – also ein Melkbetrieb nach niederländischem Muster – mit friesischen Niederungsrindern angelegt. Einige Importe erfolgten und die Tiere wurden auch den Bauern der Region zur Zucht verfügbar gemacht, allerdings mit nur mäßigem Erfolg. CARL FRIEDRICH ALEXANDER, Sohn des Wilden Markgrafen, holte dagegen ab 1757 Schweizer Höhenrinder (so genannte Berner) ins Land, die sich besser bewährten; das Mustergut wurde damit zur „Schweitzerey". Das Ausgangsmaterial war also eine Friesen-Berner-Kombination, wobei man solche Stiere wieder auf den Landschlag setzte.

Triesdorf wurde preußische Staatsdomäne und man holte erneut Rinder aus der Schweiz, diesmal aus dem Unterland; spätere Importe aus dem steirischen Mürztal und dem Allgäu bewährten sich nicht. Ab 1860 wurde erneut und verstärkt Simmentaler Vieh importiert, daneben auch einige Male rotbuntes Niederungsvieh aus dem Norden Deutschlands. Ab der Mitte des 19. Jh.s war die Rasse endlich ein etwas homogenerer Mischtyp von beachtlicher Größe, der häufig die typische Zeichnung der Gelb-, Rot- oder Schwarztiger aufwies. Die Hauptnutzung bestand damals in der enormen Zugleistung, die meist von Ochsen oder Kühen erbracht wurde; daneben war die Fleischleistung der frohwüchsigen Ansbacher sehr gut, die Milchleistung mit rund 2.500 kg immer noch respektabel. Die Rasse breitete sich zwischen 1860 und 1890 bis Oberfranken, Nordschwaben und sogar nach England und Frankreich aus.

Das Körgesetz von 1888 machte mit der Kreuzungszucht Schluss; von da an wurde in Reinzucht und ausschließlich mit Tigerschecken gezüchtet, die zum Zuchtziel erklärt wurden. Damit wurde aber der Bestand sehr klein und die Rasse geriet in ernste Schwierigkeiten. Nach einigen erfolglosen Rettungsversuchen blieben reinrassige Bestände nur im Städtchen Leutershausen, der Uffenheimer Bucht und im Altmühltal noch einige Jahrzehnte bestehen. 1987 wurde man erneut auf die Rasse aufmerksam und 1992 wurde ein Spezialverein zwecks Erhalt und Förderung gegründet. Heute gibt es nur mehr ca. 15 Zuchtbetriebe mit kaum reinrassigen Tieren; daher gehört es in die Kategorie „extrem gefährdet" in der Roten Liste.

*Mehr oder weniger stark gefleckt sollte die Ansbacher sein.*

▶ **EIGENSCHAFTEN**

Der Typ war stets etwas uneinheitlich und schwankte zwischen eher hagerem Niederungs- und kompakterem Höhenrind. Allgemeine Merkmale sind die beachtliche Größe und das hohe Gewicht – vor allem der Ochsen – bei kräftigen Beinen. Der Gang ist fleißig und raumgreifend, die Zugleistung enorm. Große, breite Köpfe, gehörnt. Tiger und Mohrenköpfe sind die typischen und einzigen erlaubten Farben, wobei zur weißen Grundfarbe gelbe oder rote – selten schwarze – Abzeichen kommen. Kleines, derbes Euter. Mit ca. 145 cm und mehr ein großes Tier; Gewicht bis rund 700 kg bei Kühen und 1.100 kg bei Bullen. Zweinutzungsrind mit ca. 4.000–5.000 kg Milchleistung.

## BRAUNVIEH (ORIGINAL, MONTAFONER) (D, A, CH)

Man führt die Ursprünge dieser Rasse auf das uralte Torfrind der Eisenzeit zurück. Eine Quelle des Jahres 1872 beschreibt es als Zwischenform von großem Schwyzer und kleinem Allgäuer Rind und nennt es eine „natürliche" Rasse, also eine alte autochthone Form der Montafoner Region Vorarlbergs. Diese Theorie entspricht im Wesentlichen den heutigen Annahmen, die auf eine Verschmelzung der graubraunen Schläge der Schweiz, Vorarlbergs und des bayerischen Allgäus hinweisen. WERNER beschreibt einen großen Schwyzer Schlag mit guter Fleischleistung, je einen mittleren Schweizer und Montafoner Schlag und den kleinen Typ mit regionalen Schlägen im Hasli und in Judicarien, im Wallis und Dachauer Moos (auch Torfvieh, Mooskatze genannt).

Der Allgäuer Schlag starb gegen Ende des 19. Jh.s aus, weil er durch Rinderpest dezimiert und Leistungsdruck verdrängt wurde. In Vorarlberg wurden die Rinder wegen ihrer guten Milchleistung und ihrer optimalen Anpassung an das Habitat geschätzt und waren dort in der zweiten Hälfte des 19. Jh.s weit verbreitet. Gegenseitige Einflüsse benachbarter Braunviehrassen sind wahrscheinlich. Bereits auf der Wiener Weltausstellung 1873 soll das Montafoner Rind wegen seiner Qualitäten großes Aufsehen erregt haben. Allerdings waren das Gewicht und die Ausschlachtung damals noch sehr gering, man liest von rund 280–360 kg und nur 20 % nutzbaren Teilen (Das Ganze der Landwirtschaft, 1872). Es dürfte sich also um eine extrem genügsame, milchbetonte Höhenviehrasse gehandelt haben, die vorwiegend mit kargem Futter vorlieb nehmen musste und entsprechend „dürftig" wirken konnte.

Nach dem Ersten und Zweiten Weltkrieg kam es in Deutschland zu starken Importen aus Österreich. In sämtlichen Zuchtgebieten folgten ab ca. 1960 Einkreuzungen von so genannten Brown-Swiss-Stieren, zwecks Verbesserung der Milchleistung. Die Rasse Brown Swiss stammte aus den USA, wo sie ab 1870 durch Schweizer Auswanderer importiert und planmäßig verbessert worden war. Jedoch brachten die amerikanischen Rinder gewisse Erbkrankheiten in die Population ein. Um die reingezogenen Bestände alter Blutführung von den mit Brown Swiss verkreuzten unterscheiden zu können, spricht man international von „Original Braunvieh". In Deutschland und der Schweiz wurde der Restbestand besser bewahrt als in Österreich; der Montafoner Schlag gilt inzwischen als ausgestorben. In Österreich begann die Einkreuzung von Brown-Swiss-Stieren 1968 mit der Einführung der künstlichen Besamung. Schon nach wenigen Jahren waren im Testverfahren nur noch Besamungsstiere mit über 50 % Brown-Swiss-Anteil verfügbar. Dies hatte zur Folge, dass das ursprüngliche Original Braunvieh immer mehr verdrängt wurde und heute nur mehr in wenigen Exemplaren reinrassig erhalten geblieben ist. Geschätzt sind nur mehr rund 250 Tiere des reinen Schlages vorhanden, die übrigen rund 135.000 Braunvieh-Tiere weisen einen Brown-Swiss-Anteil von bis zu 75 % auf. Seit der Einführung des Generhaltungsprogrammes im Jahre 1990 konnten die wenigen Restbestände in Österreich erfasst und vermehrt werden. Das Original Braunvieh findet sich in der deutschen Roten Liste in der Kategorie „stark gefährdet".

### ▶ EIGENSCHAFTEN

Die alten Braunviehschläge Österreichs waren etwas kleiner und leichter als die modernen Brown Swiss, sind daher für die Alpung besser geeignet. Mittelgroßes Rind, relativ kurz und dabei gut bemuskelt. Hübscher Kopf. Milchtyp mit guter Mutterkuheignung (rund 5.000 kg und mehr sind häufig); hoher Anteil an wertvollen Milcheiweißen, z. B. Kappa-Kasein B, welche die Käserei begünstigen. Mausgrau bis Dunkelbraun, Hornspitzen, Flotzmaul und Klauen sind dunkel, Hörner und Ohren hell; Mehlmaul. Sehr langlebig und robust, leicht kalbend und mütterlich, bei guter Anpassung an diverse Klimate. Sehr gute Trittsicherheit und Kletterfähigkeit der leichten Schläge; Stiere bis ca. 150 cm und 900 kg; Kühe bis ca. 140 cm und 600 kg. Das Original Montafoner Braunvieh war/ist wesentlich kleiner und leichter.

*Robuste Rinder aus den Alpen – mit dem typischen Mehlmaul*

## DEUTSCH-SHORTHORN (D)

Die Anfänge der Shorthornzucht liegen in Nordengland, wo in der Grafschaft Yorkshire, Gebiet Teesdale, seit ca. 1750 züchterische Anstrengungen zur Fixierung einer Rasse unternommen wurden. Das Ausgangsmaterial stand im Zweinutzungstyp und führte einen Blutanteil holländischer Rinder. Die Brüder Charles und Robert COLLING, Schüler Robert BAKEWELL's schufen durch Linien- und Inzucht einen klaren Typ mit hoher Fleischleistung, andere Züchter bevorzugten und förderten eine hohe Milchleistung. Das „Kurzhorn" mit 1822 angelegtem Herdbuch gilt als die älteste, international verbreitete britische Rinderrasse. Über Jahrzehnte wurden die Shorthorns je nach Zuchtziel in einer der beiden Richtungen gezüchtet, ehe es 1906 zu einer klaren offiziellen Unterteilung in einen Fleisch- und einen Milchtyp kam. Heute überwiegt in Großbritannien das Milch-Shorthorn, während der Fleisch- bzw. fleischbetonte Zweinutzungstyp auch dort zu den gefährdeten Rassen zählt. Irland verfügt noch über den alten, fleischbetonten Zweinutzungsschlag und versucht ihn zu erhalten.

Um 1840 kam es zur Schaffung einer ersten Shorthornzucht in Schleswig-Holstein. Man benötigte Qualitätsvieh für den Export und importierte zuerst Bullen, dann ganze Zuchtherden aus Großbritannien. Zahlreiche lokale Zuchtvereine entstanden und 1886 wurde die Gesellschaft Deutscher Shorthornzüchter gegründet. 1918 verzeichnete man rund 10.000 eingetragene Kühe, 1937 bereits rund 30.000. Einige Jahrzehnte lang verfolgte man keine klare Typzucht nach Fleisch- oder Milchleistung, erst nach dem Zweiten Weltkrieg kam es zur Trennung in Shorthorn und Fleisch-Shorthorn. Zu dieser Zeit wurde der Milchproduktion der Vorrang eingeräumt, weshalb die Shorthorns durch die Rassen Rotbunte und Schwarzbunte verdrängt wurden. Danach ging der Bestand rasch zurück und 1970 zählte man nur mehr 41 Milch-Shorthorn- und vier Fleisch-Shorthornkühe unter

*Deutsch-Shorthorn-Kuh*

Milchkontrolle. Anschließend gingen die Milch-Shorthornbestände im Zuchtverband für Rotbunte Rinder auf, während man für die restlichen Fleischtypen einen eigenen Verband gründete, der heute dem Verband Schleswig-Holsteinischer Fleischrinder-Züchter angegliedert ist. Der Bestand liegt heute noch bei nur wenigen Hundert Tieren und wird in der Roten Liste als „stark gefährdet" bezeichnet; nur eine Handvoll Züchter besitzen mehr als zwei Dutzend Tiere. Seit den Anfängen der Shorthornzucht wurden wiederholt englische Tiere importiert, vor einiger Zeit auch ein Bestand kanadischer Rinder hereingeholt. Deutsche Shorthorns besitzen also auch einen britischen bzw. amerikanischen Blutanteil.

### ▶ EIGENSCHAFTEN

Mittelgroßes Allroundrind mit deutlicher Neigung zum Fleischtyp. Für Mutterkuhhaltung, Mast und extensive Grünlandpflege bestens geeignet. Die Farbe ist stets eine Schattierung von Rotbraun, die durch weiße Abzeichen aufgehellt wird. Sehr häufig sind die Tiere rot-weiß gestichelt, nur selten treten ganz weiße Exemplare auf. Früher immer gehörnt, gibt es heute öfter genetisch hornlose Tiere. Kräftiger Körperbau, stabiles Fundament, sehr robust und vital. Gesund, leicht kalbend und leichtfuttrig. Kühe werden ca. 130 cm hoch und wiegen um 550 kg; Bullen können 145 cm erreichen und bis rund 1.000 kg wiegen.

## ENNSTALER BERGSCHECKE (A)

Fachleute vermuten, dass die Vorfahren dieser Schläge dieser Rinder mit den frühen bajuwarischen Siedlern aus dem Schwarzwald hierher kamen. Man nimmt eine gemeinsame Herkunft mit dem Hinterwälder Rind und ähnlichen Lokalformen an. Seit dem Hochmittelalter eine geschätzte Rasse, die sich in der Obersteiermark ab etwa 900 n. Chr. ausbildete und aus alten Fleckviehschlägen entlang der Enns und Mur geschaffen wurde, wobei die Selektion des typischen Dreinutzungsrindes auf weiße Abzeichen an Kopf, Hals, Beinen und Bauch abzielte. Weiße Köpfe führten zur Bezeichnung „Helmate"; weißer Kopf, Hals und Vorhand zur mundartlichen Bezeichnung „Kampate". Die bekannt gute Fleischqualität führte zu einer überregionalen Bedeutung und einem lukrativen Exportgeschäft, vor allem von Mastochsen; damit wurde die Zuchtbasis anhaltend geschwächt. Das ehemalige Verbreitungsgebiet der Bergschecken umfasste im 19. Jh. noch flächendeckend große Bereiche der Obersteiermark, Oberösterreichs und des westlichen Niederösterreich. Der Niedergang der Rasse wurde durch die Konkurrenz größerer und kräftigerer Rassen eingeläutet (Fleckvieh; Murbodner). Somit schrumpfte das Bergschecken-Zuchtgebiet auf einen Teil in den steirischen Verwaltungsbezirken Murau und Liezen. Schon im 18. Jh. selten geworden, kamen um 1880 solche Tiere nur mehr vereinzelt in einigen obersteirischen Tälern vor. Um die Wende zum 20. Jh. setzte die massive Verdrängungskreuzung mit Simmentalern ein und um 1935 gab es nur mehr im Ennstal einige Bergschecken. Man verlagerte zudem das Zuchtziel auf Milchleistung, wodurch die Rasse vollends im Simmentaler/Fleckvieh aufging. Nach dem Zweiten Weltkrieg hielten nur mehr

*Stier der Rasse Ennstaler Bergschecken*

wenige Betriebe wie FUSSI aus Hinteregg-Oberwölz, LASSACHER und BACHER in Mariahof die Rasse. Bis in die 1990er-Jahre überdauerten nur vier unverwandte Bestände der Ennstaler Bergschecken. 1986 wurde die letzte reinrassige Kuh geschlachtet; es gibt zum Glück eine Kryoreserve der Samen von fünf Stieren.

Das genügsame, robuste Bergrind mit hervorragender Fleischqualität wird seit 1992 in einem Erhaltungsprogramm bzw. als Rückzüchtung bewahrt. Derzeit gibt es wieder etwa 30 Bergschecken-Bestände in der Steiermark, Niederösterreich und Oberösterreich; Einzeltiere auch in Salzburg und Bayern. Der Großteil der Zuchtherden wird auf kleinen bis mittleren Betrieben im Berggebiet mit ca. 5–20 Kühen gehalten; es sind phänotypisch gute Exemplare mit überwiegend Ennstaler Rassemerkmalen. Die Rote Liste bezeichnet die Ennstaler Bergschecken als „hoch gefährdet". Seit 1998 bilden die Züchter eine Interessengemeinschaft, welche mit der verantwortlichen Organisation „Alpenfleckviehzuchtverband Steiermark" zusammenarbeitet.

### ▶ EIGENSCHAFTEN

Zierliches, kompaktes Rind mittlerer Größe, frühreif und fruchtbar, dabei genügsam. Hervorragende Fleischqualität, Milchleistung für moderne Begriffe durchschnittlich. Früher ein Dreinutzungsrind, heute als attraktive genetische Rarität gezüchtet; gute Mutterkühe. Überwiegend weiß mit hellbraunen/rotbraunen Flecken in unterschiedlicher Ausprägung; am Übergang der Farben kleine Flecken (so genannte Pollen). Horn und Klauen gelb. Gute Ausschlachtung, schmackhaftes, kurzfaseriges Fleisch. Stiere ca. 140 cm hoch und gut 800 kg schwer; Kühe ca. 130 cm und rund 500 kg.

## EVOLÈNE-RIND (CH)

Hier handelt es sich um eine uralte Walliser Rasse, die vermutlich schon mit den Römern in die Region gebracht wurde. Bis in das 19. Jh. mit der Eringer Rasse (auch Hérens) gleichgestellt und mit dieser engstens genetisch verwandt, wurde die Rasse erstmals 1859 schriftlich erwähnt. In den beiden heute getrennten Rassen Eringer und Evolène kamen früher Schecken vor, heute ist der Eringer einfarbig dunkelrot bis schwarzbraun. Die Selektion auf Einfarbigkeit wurde ab 1885 eingeleitet und führte zur Abspaltung des Evolèner Rindes von der Hauptrasse. Die Züchter weigerten sich, den Trend zur Einfarbigkeit und die Zuchtspezialisierung auf Kampflust mitzumachen. Im Dorf Evolène, in einem Seitental der Rhône gelegen, und in einigen Nachbargemeinden erhielten sich gescheckte Rinder des Eringer Typs, die zudem nicht auf die rassetypische Aggression selektiert wurden, sondern auf gute Eigenschaften als Zweinutzungsrind. Die typische Kampflust der alten Keltenrinder blieb jedoch teilweise erhalten. Laut ProSpecieRara „verkamen die Evolèner immer mehr zu einer Randerscheinung, denn sie genossen keinerlei Förderung. Wenn heute diese Kuhrasse nicht völlig aus den Walliser Alpen verschwunden ist, so ist dies einigen Züchtern zu verdanken, die an ihren Tieren hartnäckig festhielten und sich trotz Geldstrafen und Entzug finanzieller Unterstützung nicht zur Umstellung zwingen ließen".

Die Zahl der Tiere ging rapide zurück und Anfang der 1990er-Jahre stand die Rasse vor dem Aussterben. Übrigens erlitt auch die Schwesterrasse Eringer einige Einbrüche und galt selbst eine Zeit lang als bedroht. Sie werden in traditionellen Schaukämpfen eingesetzt, wobei die Kühe ihre Kampfeslust beweisen müssen. Einige neue Züchter konnten geworben werden und besonders im Oberwallis entstanden neue Zuchten, die sich bald auch jenseits des Lötschberges verbreiteten. Im Februar 1995 schlossen sich die Züchter aus dem Oberwallis mit Unterstützung von PSR zusammen, gründeten die Evolèner Viehzuchtgenossenschaft und legten ein Herdbuch an. Die Evolèner Rinder sind etwas kleiner und leichter als die nahe verwandten Eringer, geben dafür etwas mehr Milch und haben eine hohe Schlachtausbeute aufgrund der feinen Knochen. Die genetische Basis ist noch immer relativ klein, aber die Rasse scheint nicht mehr unmittelbar bedroht.

*Breiter Schädel und geschwungene Hörner*

*Evolène-Kühe sind kampflustig. In der Schweiz haben Schaukämpfe eine lange Tradition.*

### ◗ EIGENSCHAFTEN

Mittelrahmiges, attraktives Rind im alpinen Zweinutzungstyp. Rot, schwarz oder braun mit unregelmäßigen weißen Flecken, besonders am Bauch, an der Schulter und der Hinterhand. Kleiner, hübscher Kopf mit leicht eingedellter Nasenlinie und mittellangen, geschwungenen Hörnern. Sehr robust und berggängig. Feines Fundament mit harten Klauen, gutes Euter und schöne Bemuskelung. Gesund, leicht kalbend, leichtfuttrig und lebhaft; deutliche Kampflust, jedoch freundlich zum Menschen. Gute Milch- und ausreichende Fleischleistung bei großer Schlachtausbeute. Ca. 120 cm hoch, Gewichte um 600 (Stiere) bzw. 450 kg (Kühe); Milchleistung ca. 3.000 kg pro Laktation.

## GELBVIEH; (GELBES) FRANKENVIEH (D)

Das Gelbvieh entstammt vermutlich dem roten altfränkischen Vieh, das zur Gruppe der kurzköpfigen Hausrinder zählte. Im Laufe der Jahrhunderte wurden verschiedene Rassen eingekreuzt, so Braunvieh, Niederungsvieh des Ansbacher Schlages und Schweizer Simmentaler. Der Frankenschlag, auch Mainthaler Schlag genannt, der Scheinfelder und der Schwäbisch-Limpurger Schlag, der auch Odenwalder hieß, waren laut WERNER Unterformen dieser weit verbreiteten und zersplitterten Rasse, zu der auch das Glan-Donnersberger Rind gehörte (siehe unten). Heilbronner und Neckar-Vieh wurden beigefügt, die ihrerseits auf Berner Rinder aus der Schweiz zurückgingen. Der eigentliche Frankenschlag war traditionell im Gebiet zwischen den Flüssen Main, Saale, Inn und Raunach beheimatet.

Ab ca. 1850, spätestens aber mit 1872 wurde begonnen, mit Simmentaler Rindern aus der Schweiz die Zucht auf ein wirtschaftlich lukrativeres Rind umzustellen. Die einheitlich rotgelbe Fellfarbe wollte man aber unbedingt erhalten, weshalb man recht umsichtig vorging. 1875 wurde in Uffenheim, im Gebiet des Scheinfelder Schlags, der erste Stammzuchtverein gegründet. 1897 entstand der erste Zuchtverband für Mittel- und Oberfranken; 1899 ein weiterer für Unterfranken. Es wird heute als die typische Rasse in den Regionen Rhön und Spessart bezeichnet. Die Einstufung in der Roten Liste ist „gefährdet". Im 20. Jh. verbesserte man die Milchleistung durch Einkreuzung einzelner Tiere des Roten Dänischen Milchrindes und des Roten Flämischen Rindes. Gelbvieh wurde seinerseits in den Rassen Kärntner Blondvieh, Murbodner und Glanvieh zur Verbesserung eingesetzt.

▶ **EIGENSCHAFTEN**

Einfarbig gelb bis rötlich. Flotzmaul und Hörner hell, Klauen dunkel und hart. Früher eine Dreinutzungsrasse (Milch, Fleisch, Arbeitsleistung), ist es heute eher eine (fleischbetonte) Zweinutzungsrasse (Milch, Fleisch). Mittel- bis großrahmig, bei guter Bemuskelung und stabilem Knochenbau. Kühe erreichen bei ca. 138–142 cm ein Gewicht von 700 kg und darüber, Stiere bei ca. 155 cm an die 1.200 kg. Hohe Tageszunahmen von deutlich über 1 kg; Ausschlachtungsgrad knapp 60 %. Die Milchleistung liegt laut Statistik bei durchschnittlichen 5.500 kg qualitativ hochwertiger Milch pro Laktation; kann etwas höher sein. Fleisch wohlschmeckend, schön marmoriert und zart.

*Typische Kuh der Rasse Gelbes Frankenvieh*

## GLAN-RIND; GLAN-DONNERSBERGER (D)

Ursprünglich existierten in Rheinland-Pfalz zwei Schläge, einer davon im Tal der Glan, der andere auf dem Höhenrücken von Donnersberg. Das Glan-Rind war etwas feiner und milchbetonter, das Donnersberger ein wenig gröber und muskulöser. Beide zusammen waren nicht sehr verbreitet, aber erfüllten ihren Zweck in idealer Weise. Schon unter den Herzögen von Nassau erfolgten im 18. Jh. frühe Einkreuzungen in das rote süddeutsche Landvieh mittels Braunvieh (Donnersberg) und Simmentaler (Glantal). Während der französischen Besetzung von 1803–1815 wurden vermehrt Schweizer Bullen eingesetzt, und

*Glan-Rind aus der Region Glan-Tal*

die fränkische Rasse wurde in Frankreich recht populär. Ab 1820 erfolgte dann wieder Reinzucht, allerdings wurden die besten Zuchttiere exportiert und der Bestand ging aufgrund weit verbreiteter Nachlässigkeit zurück. Diverse Einkreuzungsversuche schlugen fehl, da man nicht erkannte, dass die autochthone Rasse am besten an die kargen Lebensbedingungen angepasst war. Wieder wurden Simmentaler Bullen zur Einkreuzung angeboten, bewährten sich aber nicht immer und wurden eher verhalten genützt. Man errichtete auch Deckstationen und Musterhöfe, die aber wegen mangelnden Interesses der Züchterschaft nicht besonders erfolgreich waren. Als jedoch 1857 bei einer internationalen Landwirtschaftsmesse in Paris ein Gutsbesitzer aus St. Wendel erstklassige Glan-Rinder ausstellte, wurde man wieder auf die Rasse aufmerksam.

1898 gründete man den Zuchtverband für Glan-Donnersberger Vieh in Kaiserslautern, der sich Erhaltung und Reinzucht der Rasse zur Aufgabe machte. Nun begannen diverse Verbesserungsmaßnahmen, wie allgemeine Körung, Herdbuchführung, Förderung von Zuchtbullen, Abhaltung von Zuchtschauen und Errichtung von Musterbetrieben etc. Damit erzielte man rasch gute Erfolge und nun begannen auch Exporte nach Bayern und ins Erzgebirge. Das gelbe oder rötliche Höhenvieh Glan-Donnersberger Herkunft wurde rasch zum Verkaufsschlager und durch Einkreuzung von gutem Frankenvieh aus anderen Regionen noch verbessert. Nach dem Ersten Weltkrieg stieg der Bestand erneut an, und die Arbeit des Verbandes Rheinischer Glanvieh-Züchter zeigte schöne Erfolge. Man schätzte nach wie vor ein ausgesprochenes Dreinutzungsrind, doch speziell die Milchleistung wurde allmählich verbessert; sie konnte nach dem Zweiten Weltkrieg durch Einkreuzung von Rotem Dänischem Milchvieh weiter angehoben werden. Die Kreuzungsprodukte erwiesen sich jedoch als wenig erbkonstant und eigneten sich nicht zur Weiterzucht. So verdrängte man die bewährte alte Rasse schließlich durch Angler Rinder und Rotbunte. 1967 wurde der Verband aufgelöst, die einst populäre Rasse drohte völlig zu verschwinden. 1984 gründete man einen neuen Zuchtverein, der inzwischen stolz auf eine kleine Herde in Erhaltungszucht verweisen kann; in der Roten Liste befindet sie sich in der Kategorie „extrem gefährdet".

▸ **EIGENSCHAFTEN**

Mittelrahmiges, harmonisches Rind von rund 140 cm und 650 kg (Kühe) bzw. 150 cm und 1.000 kg (Stiere); breiter, kurzer Kopf mit hellem Flotzmaul. Oft abwärts geneigte Hörner; deutliche Wamme. Fester Rücken, voluminöser Rumpf mit guter Bemuskelung und schönen Linien. Geräumiges Becken – daher leicht kalbend. Farben: nur Gelb oder Rotgelb, manchmal mit Aufhellungen an Bauch und Beinen. Robuste, leichtfuttrige Rasse mit einer durchschnittlichen Milchleistung von rund 4.500 kg pro Laktation und feinfaserigem, wohlschmeckendem Fleisch. Fruchtbar, langlebig und robust.

## HAUSBÜFFEL (HU, RO, I, A)

Die Domestikation erfolgte wahrscheinlich in den Reisanbaugebieten von Süd- und Indochina. Zahme Büffel gelangten laut BÖKÖNYI möglicherweise schon im 7. Jh. nach Europa und waren in Italien und Südosteuropa bald weit verbreitet. Auf den Balkan und in das Karpatenbecken kamen sie mit den Turkvölkern, in Ungarn tauchten sie im 15. und 16. Jh. auf. Rund 70 Hausbüffel-Rassen sind bekannt, die man grob in Sumpf- und Flussbüffel unterteilt. Sumpfbüffel dienen vor allem als Arbeitstiere, Flussbüffel in erster Linie als Nahrungs- und Rohstofflieferanten. Die Sumpfbüffel werden überwiegend in Südostasien zur Bewirtschaftung der Reisfelder, Flussbüffel hingegen für die Milch- und Fleischproduktion gezüchtet, vor allem in Indien, wo es die meisten Rassen und die ergiebigsten Tiere gibt. Inzwischen wird die Zucht auch in Nordamerika und Europa erfolgreich betrieben.

In den büffelhaltenden Ländern Europas (Italien, Rumänien, Ungarn, Griechenland, ehem. Jugoslawien, Bulgarien) wird die Zugleistung zugunsten der Milchleistung zunehmend vernachlässigt.

# RINDER

Auch in Deutschland gibt es bereits einige Herden auf milchverarbeitenden Betrieben. Die Büffel verdauen grobe, zellulosereiche Pflanzennahrung wesentlich besser als „echte Hausrinder" und sind generell viel genügsamer als diese. In Ungarn werden heute noch im Naturschutzreservat der Hortobágy-Puszta und im Kis-Balaton-Gebiet kleinere Populationen ungarischer Hausbüffel gehalten, die jedoch zum Teil auf rumänische Importe zurückgehen. Der relativ kleine und gedrungene Westungarische Büffel stellt eine Rarität unter den Haustieren dar; er wird auch im Tierpark Schönbrunn in Wien gehalten, weitere Restbestände sind im Steppenzoo Pamhagen, im Nationalpark Neusiedlersee und im Zoo von Veszprém zu sehen. Auch auf den touristisch genutzten Höfen in der Puszta werden kleine Herden zur Ansicht gehalten. Diese schwarzbraunen, spärlich behaarten Büffel können als Dreinutzungsrinder bezeichnet werden. Die Zugleistung ist groß, allerdings nur im langsamen Tempo; die Tiere – vor allem die Ochsen – sind gutmütig und leicht zu führen. Damit sie arbeitsfähig und -willig bleiben, muss man ihnen während der Mittagshitze Gelegenheit für ein Schlammbad bieten.

*Eine Büffelherde im ungarischen Nationalpark Hortobágy*

*Hausbüffel brauchen bei Hitze öfter kühlende Schlammbäder.*

### ▶ EIGENSCHAFTEN

Mittelgroßes, exotisches Rind mit stark geschwungenen Hörnern von dreieckigem Querschnitt; meist dunkel gefärbt; selten weiße oder falbe Sonderform. Kräftiger Körperbau, kaum Wamme, trockener Kopf, große Ohren. Stabile Beine und große, stark spreizbare Klauen. Trittsicher und zugwillig; Tragezeit zehn Monate, selten Zwillingsgeburten. Sehr genügsam in der Fütterung und Haltung, aber im Winter nicht durchgängig aufstallbar. Mit hoch spezialisierten Hausrindern können Wasserbüffel bezüglich Rentabilität in der Fleisch- und Milchproduktion nicht konkurrieren. Büffelmilch hat aber einen doppelt so hohen Fettgehalt (8 %) und eine bessere Haltbarkeit als Kuhmilch. Durch Selektion konnte die Milchproduktion bis zu 5.000 l pro Laktation gesteigert werden. Die Büffelzüchter hoffen, in Zukunft ähnliche Mengen produzieren zu können wie mit Hausrindern. Original italienischer Mozzarella-Käse wird traditionell aus Büffelmilch (mozzarella di bufala) hergestellt.

## JOCHBERGER HUMMEL (A)

Diese wohl seltenste Rasse Österreichs ist eigentlich dem Pinzgauer Rind zuzuzählen. Sie geht auf ein einziges Gründertier zurück, ein 1834 geborenes, weißes Kuhkalb, das bei Kitzbühel (Tirol) auf die Welt kam. Hier die Geschichte dazu: In einer Zeitungsmeldung des „Bothen" von Kitzbühel aus dem Jahr 1876 wird vom Priester Adolf TRIENDL überliefert, dass die Existenz der so genannten Jochberger Hummeln der Rettung eines genetisch hornlosen Pinzgauer Kalbes vor der Schlachtung zu danken ist:

*„Um 1834 kaufte der Vater des gegenwärtigen Haller Wirthes in Aurach von einem Bauern ein weibliches Kalb, um es abzustechen. Das Thier lag schon auf dem Schragen und sollte den tödlichen Stich erhalten, als sich der Wirth, das wohlgestaltete Kalb noch einmal betrachtend, plötzlich zu einer Aufzucht entschloss. Als es heranwuchs, bemerkte man, dass ihm die Hörner ausblieben. Es wurde von gehörnten Stieren belegt*

*Genetisch hornlose Rinderrassen sind heute erwünscht.*

*und brachte theils gehörnte, theils ungehörnte, so genannte gehummelte Kälber zur Welt, von welch letzteren seitens des Eigenthümers männliche und weibliche Stücke aufgezogen und zu Paarung theils untereinander, theils mit anderen, hörnertragenden Rindern benützt wurden."*

Bald waren die typischen hornlosen Nachkommen dieser „Hummel" im Brixental und um Kitzbühel bekannt. Die Verbreitung soll an den zum Einspannen weniger geeigneten Tieren gescheitert sein; das Ochsenjoch wurde nämlich an den Hörnern festgebunden. Deshalb ließ ihre Popularität auch bald wieder nach und Ende des 19. Jh.s gab es nur mehr wenige Züchter dieser Rasse, 1929 gar nur mehr den Ursprungsbetrieb. Dass die Hummeln dennoch überlebt haben, ist den Vorfahren der Familie FILZER zu verdanken. Diese verfügt derzeit über acht hornlose Kühe und mehrere Jungrinder und ist dabei, den Bestand zu vergrößern. Wie Franz FILZER berichtet, haben seine Vorfahren nie hornlose Tiere zur Zucht weiterverkauft. Heute soll es laut Auskunft des Salzburger Rinderzuchtverbandes an die acht bis zehn Betriebe in Salzburg und Tirol geben, die zum Teil hornlose Pinzgauer besitzen. Die Bezeichnung stammt übrigens von der Hallerwirt-Alm (Gemeinde Jochberg), wo Rinder des Betriebes FILZER heute noch gealpt werden. Man setzt abwechselnd zugekaufte gehörnte Pinzgauer Stiere und selbst gezogene ungehörnte ein. Trotz extrem niedriger Bestandszahlen wird die Hummel nur als „gefährdet" innerhalb der Original Pinzgauer geführt; es wäre wohl richtig und notwendig, die Jochberger Hummeln als eigenständige Rasse auf der ÖPUL-Liste zu führen.

### ▶ EIGENSCHAFTEN

Auffallende Gutmütigkeit der hornlosen Tiere; überdurchschnittliche Milchleistung, die über die sonstige Pinzgauer Durchschnittsleistung hinausragt und das hohe Körpergewicht (hornlose Stiere mit drei Jahren wiegen 700 kg, hornlose Kühe 600 kg). Auf dem Hof der Familie FILZER wurde bisher kein Fall von Tuberkulose beobachtet – man interpretiert das als mögliche Resistenz der robusten Rasse. Ein weiteres Argument der Züchter lautet: Die Hornlosigkeit ist wegen der modernen Laufställe erwünscht, um Verletzungen von Menschen und Tieren zu vermeiden. Wenn es gelänge, die genetische Hornlosigkeit in allen Rinderrassen durch Zuchtwahl zu fixieren, würde die unangenehme Enthornung der Kälber wegfallen.

## KÄRNTNER BLONDVIEH (A)

Bei dieser Rasse liegt der Ursprung etwas im Dunkeln. Man nimmt an, dass vor allem ungarische Graurinder, aber auch bajuwarische und slawische Rinder beteiligt waren. Auch Schweizer Rinder mit typischer Scheckung mögen einstmals Eingang gefunden haben.

Vor der Einführung des offiziellen Namens kannte man diese Rinder als zwei unterschiedliche, aber ähnliche Schläge, die Mariahofer und die Lavanttaler. Erstere stammten aus dem steirischen Gut Mariahof, zum Stift St. Lambrecht gehörig, wo man ein besonders rahmiges und offensichtlich mit Schweizer Fleckvieh verkreuztes Rind züchtete. Dieses breitete sich in die Kärntner Talregionen aus. Der zweite Schlag kam aus dem Lavanttal und stammte von der Kreuzung des Landschlages mit Simmentalern und Frankenvieh. Beide Schläge waren blond (gelb, weißlich, hellrötlich)

*Die Blonden aus Kärnten sind schön und athletisch.*

und hatten helle Klauen, Hörner und Flotzmäuler. Die Mariahofer waren durchwegs etwas größer und schwerer als die Lavanttaler. Aufgrund der Simmentaler Einschläge kamen immer wieder weiße Gesichter vor, so genannte Helmete. 1890 wurden die beiden Schläge wegen ihrer Ähnlichkeit zum Kärntner Blondvieh zusammengefasst. Das Hauptaugenmerk lag auf der Mastfähigkeit und der Zugleistung, wobei man durch gute Fütterung bei Stallhaltung auch respektable Milchleistungen erzielte, die vor allem hohen Fettgehalt aufwiesen. Bei Weidehaltung war der Milchertrag gering, da die Rasse eine Besonderheit aufwies: Bei hellem Sonnenlicht stellten sich die Kühe unter schattenspendende Bäume und fraßen nicht, die Euter waren daher abends leer. Die Ochsen waren wegen des zarten, hellen Fleisches berühmt. Der größte österreichische Ochse aller Zeiten gehörte dieser Rasse an, er wog rund 1.400 kg bei 180 cm Schulterhöhe. Bis nach dem Zweiten Weltkrieg wurde die Rasse stetig verbessert und behielt ihre guten Eigenschaften der Fruchtbarkeit, Härte und Gängigkeit. Dann begann der Rückgang, und obwohl man noch lange Zeit bedeutende Bestände in Kärnten vorfand, wurde die Rasse immer seltener. In den 1980er-Jahren schrumpfte sie auf ca. 80 Kühe und zwei Stierlinien zusammen; in den letzten Jahren konnte der Bestand wieder auf rund 450 Kühe angehoben werden. Es stehen fünf Besamungsstiere und Sperma von neun weiteren zur Verfügung (manche Quellen sprechen auch von rund 30–40 Stieren). In der vorliegenden Einstufung im ÖPUL findet sich die Rasse in der Kategorie „hochgefährdet".

### ▶ EIGENSCHAFTEN

Gut mittelgroßes, rahmiges Rind von großer Kraft und Schönheit. Langer Schädel. Farbe „rahmweiß bis semmelblond". Helles Flotzmaul, „bienenwachsfarbige" Hörner und Klauen; die Hörner sind leierförmig. Gute Euter bei einer respektablen Milchleistung von rund 4.000 kg pro Laktation und mehr, hoher Fettgehalt (bis ca. 5 %). Sehr leistungsfähiges, gehwilliges Rind mit guter Alpfähigkeit. Große Härte und Fruchtbarkeit, gute Gewichtszunahme, freundliches Wesen. Erstklassiges, marmoriertes Fleisch. Größe ca. 135 cm und 500–600 kg bei Kühen; 140 cm und bis zu 900 kg bei Stieren.

## LIMPURGER RIND (D)

Der Name leitet sich von der Grafschaft ab, welche südlich von Schwäbisch-Hall lag und 1803 mit Württemberg vereinigt wurde. Man nannte sie nach einem Hauptverbreitungsgebiet auch Leintäler. SAMBRAUS bezeichnet als Stammform den Schwäbisch-Hällischen Schlag, in den Simmentaler, Grau- und Braunvieh eingekreuzt wurden. Alte Quellen bestätigen jedoch, dass es sich schon seit Jahrhunderten primär um einen Gelbviehtyp gehandelt haben muss.

Bis etwa 1870 wurden Verbesserungsversuche mit roten „Berner Bullen" unternommen, nach dieser Zeit auch mit anderen Rassen. Man wollte unbedingt die an sich guten Eigenschaften dieses idealen Dreinutzungsrindes weiter verbessern. Fleckvieh und Allgäuer Braunvieh bewährten sich nicht, viel besser schlugen schon „Original Schwyzer" Bullen ein, deren Nachkommen meist farbtypisch ausfielen. Interessant ist, dass bereits um 1880 ein deutlicher Rückgang der Rasse einsetzte, den man 1886 aufzuhalten versuchte. Man beschloss, die Reinzucht aufzugeben, und griff zu den oben angeführten Kreuzungen. Um die Wende zum 20. Jh. griff man auf Glan-Donnersberger (wenig erfolgreich) und andere gelbe Höhenviehrassen zurück, die mit dem Limpurger verwandt waren. Besonders

*Typische Limpurger Kuh*

bewährten sich die seit 1903 durchgeführten Einkreuzungen von Frankenvieh. Ab 1882 gab es eine verpflichtende Bullenhaltung der Gemeinden; ab 1891 wurden staatliche Bezirksrinderschauen veranstaltet und sogar staatliche Prämien für Jungviehweiden verteilt. Dennoch blieb die Gesamtzahl an Limpurgern mit rund 30.000 Rindern (1907) recht gering. 1903 schlossen sich die Zuchtgenossenschaften zum „Zuchtverband für das Limpurger Vieh in Württemberg" zusammen. Diverse Fördermaßnahmen folgten und einige davon zeitigten schöne Erfolge. In den folgenden Jahrzehnten hatte man mit wechselnden Erfolgen und Misserfolgen zu kämpfen, bis man schließlich 1948 dem Arbeitsausschuss für einfarbig gelbes Höhenvieh beitrat. Inzwischen hatte eine weitgehende Verdrängung und Verkreuzung mit Fleckvieh stattgefunden. Ende der 1960er-Jahre galt die Rasse als ausgestorben, nur mehr vereinzelt waren mehr oder weniger reinrassige Tiere vorhanden. 1987 wurde eine neue Züchtervereinigung gegründet, die durch rege Bearbeitung den Restbestand der Rasse neu aufbauen konnte. Die Rote Liste führt sie mit ca. 300 Tieren als „extrem gefährdet".

### ▶ EIGENSCHAFTEN

Gut mittelgroßes, kompaktes und tiefes Rind. Rumpfig und kräftig bemuskelt. Harte Klauen und korrekte, stabile Gelenke, guter Schritt. Kräftiger Hals, gute Schulter, langes Becken. Gutes, drüsiges Euter, hohe Milchleistung bei kargem Futter. Gutes Fleisch, sehr feinfaserig und marmoriert. Heute fruchtbares, widerstandsfähiges und frohwüchsiges Zweinutzungsrind. Immer gelb bis rotgelb, helle Hörner und Flotzmaul.

## MURBODNER RIND (A)

Die obersteirische Rasse entstammt der Kombination von Mürztaler Rindern, Ennstaler Bergschecken und wahrscheinlich auch Kärntner Blondvieh. Die ältere Rasse Mürztaler war wohl am stärksten beteiligt, sie ging auf die Kreuzung von kurzköpfigen roten Keltenrindern, illyrischem Ur-Braunvieh und slowenischen Graurindern zurück. Noch im späten 19. Jh. wurden häufig ungarische Steppenrinder in die Rasse eingebracht. Mürztaler waren im gesamten Gebiet der Obersteiermark und weit darüber hinaus verbreitet und eine der größten Rassen Österreichs. Sie gerieten nach der offiziellen Anerkennung der Murbodner bald ins Hintertreffen und verschwanden.

Die Murbodner Rasse wurde 1870 auf Ansuchen des Tierarztes und Züchters MIHTSCH anerkannt. Die Anerkennung forderte hohe Gleichförmigkeit auf Kosten der übrigen Eigenschaften. Deshalb wurden der Gebirgs- und der Talbodentyp zusammengefasst und es wurde vermehrt auf Farbe und Größe selektiert. Die teilweise noch recht ursprünglich anmutenden Bergrinder wurden zu einer idealen Dreinutzungsrasse umgeformt, die durch gute Milch- und Mastleistung sowie durch besonders gute Zugleistung bestach. Die anfänglich farblich noch uneinheitlichen Rinder zeigten als typische Abzeichen dunkle Streifen am Kopf, schneeflockenartige Flecken und am Flotzmaul eine rosa Stelle in Herzform („das Herzl"). Die Farbskala reichte von Weiß über Semmelgelb und Aschblond bis Hellrotbraun. Die Tiere waren von seltener Vitalität und besonders berggängig; die kuhhessige Stellung der Hinterbeine weist darauf hin. Ihre angeborene Gelenkigkeit zeigte sich auch in einem für Rinder bemerkenswerten Springvermögen. Die Ochsenaufzucht war

*Murbodner Kuh mit Kalb in der typischen rötlichen Färbung*

neben der Mast und der Milchleistung ein bedeutender Aspekt. Bald verschmolzen die diversen obersteirischen Blondviehschläge und man sprach allgemein nur mehr vom Murbodner Rind. Um 1930 war die Rasse über ganz Österreich und den Bayerischen Wald verbreitet; 1934 wurde die Arbeitsgemeinschaft der Murbodner Rinderzüchter Österreichs mit Sitz in Bruck a. d. Mur gegründet. Nach dem Zweiten Weltkrieg erlebte die Rasse nochmals einen Höhepunkt, man zählte über 200.000 Tiere. Doch schon Ende der 1950er-Jahre ging es bergab und um 1968–70 gab es nur mehr rund 100 Tiere als reinrassige Restbestände durch eine weitgehende Verkreuzung mit Deutschem Gelbvieh. Aufgrund der niedrigen Bestände wurde die Rasse um 1978 mit den übrigen, nunmehr ebenfalls seltenen Rassen Kärntner und Waldviertler Blondvieh zum so genannten Gelbvieh zusammengefasst. Seit 1986 wird zwecks Genreserve und Weidepflege eine recht bedeutende Herde im steirischen Bundesgestüt Piber (siehe Lipizzaner, S. 36) gehalten. 1982 hat die ÖNGENE mit der Gelbviehgenossenschaft Steiermark Generhaltungsmaßnahmen initiiert. Seit 1999 gibt es den Murbodner Zuchtverband Steiermark. Die Einstufung in der Roten Liste ist „stark gefährdet"; die Rasse ist im ÖPUL 2007 als „hochgefährdet" eingestuft; der Bestand liegt heute bei rund 3.000 Tieren.

### ▶ EIGENSCHAFTEN

Mittelgroßes, kräftiges Rind von schöner Tiefe und Breite; kräftige Beine. Hornspitzen, Schwanzquaste, Flotzmaul, Zunge und Klauen sind dunkel pigmentiert. Farbe von Weißlich über Semmelblond bis Hellbraun; Stiere oft dunkler und an der Vorhand angeraucht. Straffe, mittelgroße Euter, extrem harte Klauen, kräftige Hörner mit heller Basis. Menschenfreundlich, untereinander aber zuweilen kämpferisch. Manchmal charakteristische Talerung im Fell; Stiere oft mit dunklem Hals und ins Grau spielendem Fell. Stiere ca. 140 cm groß und 1.000 kg schwer, Kühe ca. 135 cm und 600 kg. Milchertrag bei rund 4.000 kg, hoher Fettgehalt; Mastleistung und Fleischqualität hervorragend.

## MURNAU-WERDENFELSER RIND (D)

Die lange Zeit sehr uneinheitliche Rasse wurde im Landkreis Garmisch, im Murnauer Moor und im Werdenfelser Land geschaffen. MAY nimmt an, dass das Oberinntaler Vieh und das originale Braunvieh an der Entstehung beteiligt waren. Man vermutet, dass die Klöster Ettal und Murnau ihre Viehbestände mittels Importe aus dem Tiroler Kloster Stams im Inntal aufbauten. Die Rasse ist nicht zuletzt deshalb bemerkenswert, weil sie sowohl an bergige als auch an sumpfige Weiden optimal angepasst ist; die vielfältige Landschaft mit rauem Klima, hohem Niederschlag, Mooren und steilen Hängen prägte sie.

Schon im 19. Jh. kreuzte man aufgrund des Mangels an eigenen Zuchtstieren solche der Rassen Ellinger, Mürztaler und Graubündner ein, später auch Frankenvieh und Montafoner. Damals war einer der Hauptabsatzmärkte jener für starke Zugochsen („Gangochsen") in der Region südlich von München. Deshalb wurden gerade die besten Stierkälber kastriert und speziell für den Verkauf als Arbeitsochsen aufgezogen, weshalb sie der Zucht verlorengingen. Dennoch verbreitete sich die Rasse bis zur Jahrhundertwende weit über das Ursprungsgebiet Garmisch-Partenkirchen und Weilheim hinaus und stellte mit rund 65.000 Tieren etwa ein Drittel des bayerischen Braunviehbestandes. Man strebte eine offiziell gesteuerte Zucht an, weshalb man 1927 eine eigene Sektion im 1901 gegründeten „Zuchtverband für einfarbiges Gebirgsvieh" gründete, die seither besteht. Bis zum Ersten Weltkrieg erlebte die Rasse eine weitgehende Vereinheitlichung sowie einen guten Zulauf an Züchtern. Im Ersten Weltkrieg erfolgte ein Rückschlag wegen der Zwangsablieferungen an die Stadt München zu Schlachtzwecken. Die Zwischenkriegszeit war nach anfänglichen Erfolgen von Seuchen und der Weltwirtschaftskrise gekennzeichnet, in deren

*Heute eine absolute Rarität: Murnau-Werdenfelser-Kuh mit Kalb*

Folge es um 1936 zu einem Absinken des Bestandes auf rund 23.000 Tiere kam. Nach dem Zweiten Weltkrieg wandten sich viele Züchter den modernen Hochleistungsrassen zu, weil die alte Dreinutzungsrasse nicht mehr dem Idealbild entsprach, obwohl ihre

Leistungen durchaus zufriedenstellend waren. 1952 kam es zur erneuten Gründung eines speziellen Zuchtverbandes. Die seit dem letzten Weltkrieg erkennbare Tendenz, auf andere Rassen umzustellen, erfuhr in den 1960er-Jahren ihren Höhepunkt, der sich zwischen 1970 und 1975 darin ausdrückte, dass die Herdbuchbetriebe von 60 auf sechs sanken. Dann erstarkte das öffentliche Interesse und man schuf im Gestüt Schwaiganger eine Zuchtherde als Genreserve. Heute gibt es in rund 40 Betrieben ca. 500 dieser Rinder, davon nicht alle herdbuchmäßig erfasst. Einstufung der Roten Liste: „extrem gefährdet".

### ▶ EIGENSCHAFTEN

Rotbraunes, dunkelgelbes oder semmelgelbes Rind, häufig mit dunkler Maske und ebensolchen Beinen; dunkles Flotzmaul mit heller Umrandung. Gehörnter, edler Kopf mittlerer Länge. Mittelgroßes, kompaktes Rind von rund 130 cm und 550 kg (Kuh) bzw. 140 cm und 900 kg (Stier), das sich sowohl auf moorigem wie auf hartem Grund wohlfühlt; stabile Beine und dunkle Klauen. Beste Futterverwertung und mittlere Milchleistung von rund 4.000 kg ohne Kraftfuttereinsatz; gute Mastfähigkeit und hervorragendes, feinfaseriges Fleisch. Anspruchslos, robust und langlebig, dabei aber spätreif. Die Rasse wird als ausgesprochen temperamentvoll bezeichnet.

*Überall daheim, in den Bergen wie auch im Moorgebiet; energisch und robust.*

## PINZGAUER RIND (A)

Das alte Höhenvieh aus dem Salzburger Pinzgau war stets ein Dreinutzungsrind, bei dem Milch und Fleisch betont wurden, aber auch die Zugleistung wichtig war. Seine Wurzeln gehen vermutlich auf die alten, rotscheckigen Bajuwarenrinder und die einfarbig graubraunen Slawenrinder zurück. Letztere wurden von slawischen Ansiedlern in die Region mitgebracht. Merkmale von Niederungsvieh sind vorhanden, besonders bei den Köpfen; SAMBRAUS vermutet eine nähere Verwandtschaft mit Niederungs- als mit westalpinem Höhenvieh. Schon im 18. Jh. oder noch früher kannte man die Rasse als „Pintzger", 1846 wurde sie Pinzgauer Schlag genannt. Zu Beginn des 19. Jh.s erlebte die Rasse eine weitreichende Verbreitung. Sie verdrängte alle Landrassen der umliegenden Gebiete, wurde über ganz Österreich verteilt und erreichte auch Slowenien und Italien. In den Osten gelangte sie ab 1820 (Hohe Tatra), 1825 (Siebenbürgen und Karpaten) und 1860 (Bukowina, Karpatenbogen). Auch Oberbayern besaß große Herden. Um die Wende zum 20. Jh. gelangten erste Exporte nach Südafrika, Amerika, Kanada und Australien.

Nach 1900 änderte sich das Selektionsziel, man ging vom fleischbetonten Zugrind auf

*Schöne Rinder, die in unsere Alpen gut passen.*

das milchbetonte Weiderind über. Auch der Färbung wurde nun größte Bedeutung zugemessen, sie musste die typischen weißen Bänder entlang des Rückens und des Bauches sowie die Bänder an den Oberbeinen (so genannte Fatschen) aufweisen. Später kam es erneut zu einer Betonung der Mastleistung, sodass sich die Pinzgauer heute im Wesentlichen als fleischbetonte Rinder mittleren Rahmens darstellen, die besonders zur Mutterkuhhaltung eingesetzt werden.

Nach dem Zweiten Weltkrieg erlebte die Rasse aufgrund der einsetzenden Mechanisierung einen Niedergang in Mitteleuropa, die ehemals berühmten Zugochsen wurden überflüssig. Seither entwickelt sich das Pinzgauer Rind in Richtung eines guten Zweinutzungsrindes mit bester Fleischqualität. Mit Red-Holstein-Stieren konnte man Milchleistung und Euterqualität teilweise verbessern, die Reinzucht wurde dadurch aber gefährdet. 1972 erfolgte beim Rinderzuchtverband Maishofen die Öffnung des Herdbuches für Fleckvieh und Holstein, weshalb sich viele Züchter diesen lukrativeren Rassen zuwandten. Mithilfe des ÖPUL-Programms und einem konsequenten Jungstier-Testprogramm wird versucht, die gefährdeten Pinzgauer zu erhalten. Derzeit halten österreichweit etwa 910 Zuchtbetriebe Pinzgauer Rinder, wobei von den ca. 10.000 registrierten Tieren nur etwa die Hälfte reinrassig ist. Im Herdbuch wird penibel zwischen reinrassigen und Kreuzungstieren unterschieden. Aktuell ist die ÖPUL-Einstufung „gefährdet". Die Rasse ist derzeit in 25 Staaten auf vier Kontinenten verbreitet, allerdings kaum in Reinzucht.

*Pinzgauer sind bestens zur Alpung geeignet.*

*Typische Zeichnung der Pinzgauer Rasse*

(Foto: Haller)

### EIGENSCHAFTEN

Mittelrahmiges, kräftiges Rind mit tonnenförmigem, langem Rumpf, stabilen Beinen und bester Klauenqualität. Besonders steig- und alpfähig, witterungsfest und unempfindlich gegen UV-Strahlen, daher für heiße Länder und Höhenlagen geeignet. Relativ gute Milchleistung von rund 5.000 kg und mehr, bei hohem Fettgehalt; bestes, fein marmoriertes Fleisch und gute Mastfähigkeit. Leichtmelkende, feste Euter und gute Mutterkuheigenschaften. Rotbraun mit weißem Band entlang des Rückens und des Bauches; an den Beinen (Bereich der Unterarme und Unterschenkel) weiße Binden, so genannte „Fatschen"; helle Hörner. Stiere ca. 145 cm groß bei 1.000 kg Gewicht und mehr; Kühe ca. 135 cm und 650 kg.

## PUSTERTALER SPRINZEN (A)

Diese sehr seltene Rasse hat eine etwas unklare Geschichte. Man vermutet, dass Eringer Rinder, welche mit Walliser Siedlern in das Südtiroler Pustertal kamen, an der Entstehung beteiligt waren. Anfang des 19. Jh.s traten die typischen Pustertaler Schecken noch relativ selten auf. Die Vermutung liegt nahe, dass eine enge Verwandtschaft mit dem Tuxer und Zillertaler Rind sowie dem Pinzgauer Rind vorliegt. Genetische Tests haben dies tatsächlich bestätigt, zumindest für eine Verbindung von Pustertalern mit den Tuxer und Pinzgauer Populationen. In der zweiten Hälfte des 19. Jh.s waren die geschecktes Pustertaler nur im unteren Talbereich verbreitet und die Rasse war schon ziemlich konsolidiert und damals auch schon mit den Sprinzen (kleinen Tupfen) gezeichnet. Diese wurden später zum Rassenmerkmal. Ursprünglich traten alle Farben von Gelb bis Schwarz auf, sowohl als Scheckung als auch seltener einfarbig. Die Vererbung der Farben und Zeichnungen wurde als ungewöhnlich be-

Die Gattungen

*Mit Sprinzen meint man die Farbspritzer im Fell der Rinder.*

schrieben (KALTENEGGER). Tiere mit großen roten, gelblichen oder schwarzen Flecken am Rumpf und einem unregelmäßigen weißen Band entlang des Rückens und Bauches waren am häufigsten. Die immer öfter auftretende Auflösung der Flecken in kleine Farbspritzer (Sprinzen) verlieh der Rasse schließlich auch ihren Namen.

In der zweiten Hälfte des 19. Jh.s waren die Pustertaler Sprinzen die größte und schwerste Rasse des gesamten Ostalpenraumes. Das hohe Durchschnittsgewicht, die gute Bemuskelung und auch die relativ hohe Milchleistung machten die Rinder populär. Man exportierte die besten Kühe an die großen Gutsbetriebe in und um Wien, aber auch in viele andere Regionen und ins ferne Ausland – sogar Ägypten gehörte zu den Abnehmern. Durch den Verkauf der besten Muttertiere wurde es allerdings notwendig, im Zuchtgebiet ständig minderwertigeres Material und andere Rassen einzusetzen, wodurch es zu einem Niedergang und einer Verkreuzung der alten Rasse kam. Ab 1927 waren rotscheckige Pustertaler von der Körung ausgeschlossen und schwarzscheckige nur beschränkt zugelassen. Der Bestand ging weiter zurück und lag 1984 bei 70 Tieren. Damals wurde ein kleiner Reservebestand in der BRD aufgebaut, der sich gut entwickelte. In ihrer Heimat gibt es noch einige Dutzend zum Teil mit Vogesen-Rindern verkreuzte Tiere. Die ersten „neuen" Pustertaler Sprinzen wurden von Josef WECHSELBERGER aus Gerlosberg um 1998 aus Südtirol (Italien) nach Nordtirol (Österreich) importiert. Seit 1985 besteht ein Erhaltungsprogramm in Südtirol, seit 1999 eines in Österreich; die Bestände sind in beiden Zuchtgebieten etwa gleich groß. Mittlerweile gibt es auch Züchter in den österreichischen Bundesländern Salzburg, Kärnten, Steiermark, Oberösterreich, Niederösterreich und Wien. Sprinzen werden auch im Alpenzoo Innsbruck und im Tiergarten Schönbrunn ausgestellt; fast alle Kühe stehen in der Mutterkuhhaltung. Der kleine Bestand und die niedrigen Einstufungen in den anderen Gefährdungskategorien führten im ÖPUL-2007-Programm zur Kategorie „hochgefährdet"; für die positive Entwicklung der Rasse ist dieser Förderstatus äußerst wichtig.

## ● EIGENSCHAFTEN

Kräftiges, starkknochiges Rind, das man als fleischbetontes Zweinutzungsrind ansprechen könnte. Langer, sehr tiefer Rumpf, starke Beine und gute Bemuskelung. Beste Fleischqualität, die auch in Kreuzungsprogrammen genützt wird; Milchleistung von rund 3.000 kg bei Wirtschaftsfutter. Kräftiger Hals mit deutlicher Wamme. Spätes Aufeutern, gute Fruchtbarkeit und Robustheit, hohe Zunahme bei der Fütterung mit Grundfutter. Typische Zeichnung (aufgelöste Scheckung mit Farbtupfen, den namensgebenden Sprinzen (= Spritzer); von beinahe weiß bis überwiegend gedeckt), stets mit pigmentierten Ohren und dunkler Umrandung von Augen und Maul; selten ganz weiß; gehörnt. Stiere bei rund 145 cm Größe rund 800–1.000 kg schwer, Kühe ca. 135 cm und rund 600 kg.

## RÄTISCHES UND TIROLER GRAUVIEH (A, CH)

Grauvieh gehört zu den im gesamten Ostalpenraum verbreiteten Rinderrassen. Es wird auf das ligurisch-rätische Graurind der Römerzeit zurückgeführt. Die Abgeschlossenheit der einzelnen Zuchtinseln führte zu leicht unterschiedlichen Schlägen, so in der Schweiz zum Albula- und Oberländer Schlag. Im oberen Inntal gab es einst bedeutende Bestände, dort wurde zu Beginn des 20. Jh.s ein Zuchtverband gegründet.

Insgesamt waren solche Rinder über den gesamten Ostalpenraum verbreitet. Früher wurden Graurinder zur Verbesserung lokaler Rassen häufig nach Südosteuropa und Italien exportiert.

Allen Rindern ist die Graufärbung in unterschiedlichen Tönungen eigen. Bis zur Wende zum 20. Jh. war der Kanton Graubünden ein bedeutendes Zuchtgebiet, dann wurde dort die Rasse durch Braunvieh verdrängt und nicht mehr vermehrt. In den Tiroler Tälern konnten sich Bestände mit starkem Albula-Einschlag halten. Seit 1985 führt ProSpecieRara von dort Zuchttiere ein und damit entstand das Rätische Grauvieh neu. Seit 1992 besteht die Genossenschaft der Grauviehzüchter, die mit PSR zusammenarbeitet. Das Tiroler Grauvieh wurde bis zum Ende der 1990er-Jahre nur in Tirol züchterisch betreut, heute findet man auch Züchter in Vorarlberg, Salzburg, Oberösterreich, der Steiermark und Niederösterreich. Das Zuchtziel fordert ein Rind, das in Kaliber und Eigenschaften den Gebirgsverhältnissen gut angepasst ist; gutes Fundament, tiefer, breiter Rumpf, gute Bemuskelung und lebhaftes Temperament.

Im Gegensatz zu anderen Rassen haben die Grauviehzüchter an der Reinzucht festgehalten. Kleinrahmige lokale Schläge, wie der Oberinntaler, sind im Gesamtbestand aufgegangen. Die populärere Mutterkuhhaltung und deren Förderung in den frühen 1990er-Jahren sowie die Extensivierung der Landwirtschaftsflächen nach dem EU-Beitritt 1995 machten das robuste Grauvieh zu einer wirtschaftlichen Alternative in extensiven Lagen. Aufgrund des Bestandes von rund 4.000 Tieren (ca. 40 Stiere) in der ÖPUL-Kategorie „gefährdet", dabei ausreichende Genreserve durch Samendepots wertvoller Stiere.

*Silbergrau und wunderschön ist das typische Graurind.*

*Um das dunkle Flotzmaul ein heller Ring*

### ▶ EIGENSCHAFTEN

Das Grauvieh ist ein schönes, berggängiges und langlebiges Zweinutzungsrind. Es ist leichtfuttrig, fruchtbar und robust, die Kühe sind leicht kalbend. Die Milchleistung ist durchschnittlich bis gut, je nach Futterangebot. Das Fleisch ist sehr gut, ebenso die Schlachtausbeute; in der Mast hohe Tageszunahmen und gute Schlachtkörperqualität, mit Ausschlachtung von bis zu 60 %. Der Tiroler Schlag ist etwas größer und derber als der rätische Schlag; Kühe wiegen bei rund 125 cm Größe ca. 500 kg, Stiere bei 135 cm ca. 950 kg. Die namensgebende Farbe reicht von silbrigem bis zu dunklem Grau, wobei die Innenseite der Beine, der Bauch und die Maulgegend heller sind. Manchmal leichte Braunschattierung und dunklere Färbung der Vorhand; Hörner und Klauen dunkel. Milchleistung von 5.000–7.000 kg oder mehr pro Laktation (futterabhängig) ist möglich.

## ROTES HÖHENVIEH (D)

Der mitteldeutsche Raum galt in der alten Literatur als Heimat des roten „Keltenrindes", einer eher kleinen, robusten und leistungsfähigen Rasse. Wahrscheinlich ist die Wurzel der roten Rassen und Schläge jedoch weit jünger und reicht nur etwa in das 18. Jh. zurück. Rotes Höhenvieh ist genetisch klar vom Angler Rind und Ostfriesischen Rotvieh zu unterscheiden. Die Rotviehschläge, z. B. Vogelsberger, Waldecker, Harzer, Sauerländer, Siegerländer, Schlesier, Bayern und Odenwälder waren eng verwandt und kaum zu unterscheiden.

Um die Mitte des 19. Jh.s begann die züchterische Bearbeitung, die sich teilweise in planlosen Einkreuzungen darstellte. Davon ging man wegen enttäuschender Ergebnisse wieder ab und begann die Reinzucht innerhalb der Schläge und Rassen zu bevorzugen. Dies führte bald zur Gründung von Herdbuchgesellschaften in allen Zuchtgebieten. Aufgrund des regen Materialaustausches kam es 1911 zur Zusammenfassung der einzelnen Schläge unter der Bezeichnung „Mitteldeutsches Rotvieh". In den Zwischenkriegsjahren kamen die drei Hauptrassen Vogelsberger, Harzer und Schlesier noch recht zahlreich vor. Sämtliche Rotviehschläge waren in insgesamt recht geringen Beständen noch vorhanden und über weite Gebiete verbreitet. Der Rotvieh-Bestand machte rund 2 % des gesamten deutschen Rinderbestandes aus.

Als typisches Dreinutzungsrind wurde das Rotvieh bis nach dem Zweiten Weltkrieg gehalten, dann begann seine Bedeutung zu schwinden. Man versuchte, durch Kreuzungen mit Anglern und Frankenvieh die Eigenschaften zu verbessern und eine marktgerechtere Leistung zu erzielen. Dies führte zu umfangreichen Verdrängungskreuzungen auf höhere Fleisch- und Milchleistung, wobei vor allem Angler Rinder aus Holstein zum Einsatz kamen; auch Rotes Dänenvieh wurde zugeführt. Zu Beginn der 1980er-Jahre begann die Erhaltungsarbeit; in Gießen gründete man einen Arbeitskreis zur Erhaltung des Vogelsberger Rindes. Einige alte Kühe konnten gefunden werden, auch Sperma eines reinrassigen Bullen war noch vorhanden. Die Zuchtbasis wurde langsam angehoben, 1985 gründete man den Verein zur Erhaltung und Förderung des Roten Höhenviehs, der rund 500 Tiere bei 35 Züchtern betreut; Einstufung der Roten Liste: „stark gefährdet".

### HARZER ROTVIEH

Schon immer hatte es neben andersfarbigen Rindern auch rote Tiere im Harz gegeben, wenn auch nur in geringer Zahl. Im 18. Jh. wurden die rotbraunen Tiere etwas zahlreicher, möglicherweise durch Importe. Um 1830 begann man auf Gut Braunlage mit rotem Zillertaler Vieh konsequent auf die rote Farbe zu züchten.

*Das Fell soll tief rot sein beim Roten Höhenrind.*

Als gute Dreinutzungsrinder wurden sie viel exportiert und die heimische Zucht geriet ins Abseits. Kreuzungen bewährten sich nicht. Ab 1880 wurden diverse Verbesserungsmaßnahmen getroffen; um 1900 kam die Rasse vor allem in Anhalt, Braunschweig, Hannover und Sachsen vor. 1924 wurde der Verband der Zuchtgenossenschaften in Clausthal gegründet. Nach 1945 wurden Kreuzungen mit Dänenrindern vorgenommen, später mit Anglern.

### VOGELSBERGER RIND

Im 19. Jh. war dies eine gute Milch- und eine der besten Zugrassen. Man schätzte vor allem die sehr harten Klauen, die einen Beschlag überflüssig machten. Unter den mitteldeutschen roten Schlägen war dies der am weitesten verbreitete. Zuchtzentren lagen in den Kreisen Vogelsberg, Wetzlar, Gießen, Marburg und Dillenburg. Aus dieser Rasse entstanden das ausgestorbene Lahnvieh und das Schwälmer Vieh. Die Milchleistung lag trotz des relativ geringen Eigengewichtes

### ▶ EIGENSCHAFTEN
Sämtliche Rotviehschläge zeichnen sich durch mittlere Größe, gutes Gangwerk und zweckmäßige Bemuskelung aus. Kurze, breite Köpfe und freundliche Gesichter; helle, geschwungene Hörner. Oft helles Flotzmaul, helle Schwanzquaste. Gute Gelenke und harte, dunkle Klauen. Langer, nicht sehr breiter Rumpf mit gut gelagerten Schultern, deutliche Wamme. Rotbraune Farbe ohne weiße Abzeichen. Heute gutes Zweinutzungsrind, extrem leichtfuttrig und leicht kalbend, fruchtbar und robust.

recht hoch, durchschnittlich beim Fünffachen des Körpergewichtes. Mängel waren der zu lange, weiche Rücken und die matte Hinterhand. 1885 begann mit der Gründung einer Züchtervereinigung die gezielte Förderung.

## VOGTLÄNDER ROTVIEH

Schon im 17., 18. und 19. Jh. wurde rotes Zillertaler Vieh eingekreuzt. Ab der Mitte des 19. Jh.s schrumpfte die Population aufgrund der Verdrängung durch Fleck- und Niederungsvieh. Auch die Gründung der Herdbuchgesellschaft im Jahre 1897 konnte daran nichts ändern. Mast- und Zugleistung waren bekannt gut, die Milchleistung dagegen nur schwach. Nach dem Ersten Weltkrieg trat die Rasse weiter in den Hintergrund. Die Zugochsen waren allerdings weiterhin sehr beliebt, auch wegen ihres feinen Fleisches. 1935 wurde das gesamte Vogtland zum Fleckviehzuchtgebiet erklärt, die alte Rasse damit quasi auf den Aussterbeetat gesetzt. Man zählte noch rund 1.500 Tiere, die meisten im alten Gebiet um Vogtland. Sie wurden später durch die vereinheitlichende Zuchtpolitik der ehemaligen DDR weiter dezimiert. Seit 1989 versuchen Mitglieder des Vogtländischen Bauernmuseums, die Rasse erneut aufzubauen.

## SCHWARZBUNTES NIEDERUNGSRIND (D)

Das Schwarzbunte Rind (alter Typ) gehört zu den Niederungsrassen. Das ursprüngliche Zuchtgebiet umfasste die Nordseemarschen von Ost- und Westfriesland. Trotz der politischen Trennung der beiden Regionen – Ostfriesland ist deutsches, Westfriesland holländisches Gebiet – bestand zwischen den beiden Gebieten bis zum Ende des 19. Jh.s ein reger Austausch von Zuchtvieh. Das gesamte Verbreitungsgebiet erstreckte sich von Schleswig bis in die Mittelgebirge von Hessen und Rheinland-Pfalz sowie vom Niederrhein bis Ostpreußen.

Im Stammzuchtgebiet erfolgte die Selektion auf ein Zweinutzungsrind, das bei hervorragender Milchleistung auch über gute Masteigenschaften verfügte. Farblich stellten schwarzbunte Rinder in Deutschland mit rund 30 % des Gesamtbestandes im Jahre 1896 einen beachtlichen Anteil.

Ab der Mitte des 19. Jh.s erfolgte in weiten Gebieten Deutschlands eine intensive Verkreuzung der Landschläge mit englischen Kulturrassen, allen voran dem Shorthorn. In Ostfriesland und dem benachbarten Jeverland war man jedoch wegen der geringen Milchleistung des Shorthorns zurückhaltend und verwendete nur wenige Bullen der neuen Rasse, deren Einfluss daher sehr gering blieb.

Da man in den übrigen Gebieten des norddeutschen Flachlandes weniger vorsichtig war, kam es ab etwa 1860 zu einem deutlichen Absinken der Milchleistung unter den lokalen Rassen. Man griff daher auf die bewährte Milchrasse aus Ostfriesland zurück und importierte schwarzbunte Tiere in großer Zahl zur Einkreuzung in die anderen Zuchtgebiete. 1876 wurde das erste deutsche Herdbuch in Fischbeck/Sachsen-

*Der alte schwarzbunte Typ ist selten geworden.*

Anhalt angelegt, dem weitere folgten. Der Ostfriesische Zuchtverband und das Jeverländer Herdbuch wurden 1878 gegründet. Der Austausch von Zuchttieren mit Westfriesland ging um die Wende zum 20. Jh. stark zurück und begann erst nach 1950 wieder aufzuleben.

Ab etwa 1965 begann die intensive Veredelung der alten Schwarzbunten mit der nahe verwandten amerikanischen Rasse Holstein-Friesian. Man erreichte dadurch erfolgreich, den Zweinutzungstyp auf einen

### ▶ EIGENSCHAFTEN

Milchbetontes Zweinutzungsrind von edlem Leistungstyp. Langlebig und wetterfest, bestens an feuchtes Klima und marschiges Weideland angepasst. Bei guter Grundfutterverwertung hoher Ertrag von ca. 7.000 kg fetter Milch (ca. 4,1 %). Auch für Mast und Mutterkuhhaltung (z. B. Mastochsen oder -bullen nach Fleischbullen) geeignet. Immer in großen Platten schwarz-weiß gescheckt, dunkler Kopf, gehörnt. Mittelrahmiges Rind mit feinem Fundament und schlankem Hals; edler Kopf, wenig Wamme. Größe ca. 140 cm und gut 650 kg bei Kühen; 150 cm und bis zu 1.100 kg bei Stieren.

reinen Milchtyp umzustellen. Die Holstein-Friesians waren im 19. Jh. aus deutschen schwarzbunten Rindern durch strengste Selektion auf Milchleistung geschaffen worden. Eigentlich konnte man von einer Rückkreuzung mit inzwischen modifizierten Tieren derselben Rasse sprechen. 1989 gab es in den alten Bundesländern nur mehr rund 500 reinrassige Schwarzbunte Rinder ohne Holstein-Friesian-Anteil. In den neuen Bundesländern waren noch deutlich mehr Tiere alter Blutführung zu finden. Allerdings schrumpfte deren Bestand schnell auf ca. 2.500 Exemplare; Kategorie „gefährdet" in der Roten Liste.

## TUX-ZILLERTALER RIND (A)

Die Rasse gilt als typische, einheimische Tiroler Population; dass sie auf Eringer Rinder aus dem Schweizer Kanton Wallis zurückgeht, ist nicht eindeutig beweisbar, aber anzunehmen. Zwei Punkte weisen darauf hin: Man kann von Orts- und Familiennamen ableiten, dass es einen Siedlungszug vom Wallis in das Zillertal gab; auch sind die beiden Rassen Eringer (und Evolène) und Tux-Zillertaler im Exterieur sehr ähnlich. Andere Experten meinen, dass es sich um gleichartige Parallelentwicklungen handelt und Ähnlichkeiten nur zufällig sind. Das Hauptverbreitungsgebiet der Tux-Zillertaler war und ist das österreichische Bundesland Tirol.

Ursprünglich wurden zwei Schläge gezüchtet, die schwarzen Tuxer und die dunkelrotbraunen Zillertaler. Anfänglich waren sie beide wahrscheinlich einfarbig, erst durch die Einkreuzungen verschiedener Rassen aus angrenzenden Gebieten kamen im 19. Jh. verstärkt weiße Abzeichen vor. (So sollen auch die Eringer früher oft gescheckt gewesen sein.) Man bevorzugte zuerst den schwarzen Schlag, später wurden die roten Rinder jedoch populärer. Die schwarzen Tuxer waren am Höhepunkt ihrer Popularität weit über das Zillertal hinaus in ganz Tirol und weiter in Salzburg, Kärnten, Südtirol und Oberbayern verbreitet.

Um die Mitte des 19. Jh.s begann der Aufstieg der Zillertaler, die wegen ihrer helleren Farbe plötzlich gefragter waren als die verwandten dunkleren Tuxer. Beide Rassen galten als hervorragende Fleischrinder bei genügender Milchleistung, die bei guter Fütterung auf durchschnittliche bis gute Werte angehoben werden konnte; die Milch hatte dann einen sehr hohen Fettgehalt; die Tuxer Kühe waren angeblich bessere Melker als die Zillertaler. Als Arbeitsrinder waren sie trotz ihrer großen Kraft und Robustheit weniger begehrt. Neben ihren guten

*Tuxer Rinder sind stämmig und temperamentvoll.*

wirtschaftlichen Leistungen wurden Tux-Zillertaler aber vor allem auch auf Rauflust selektiert (siehe auch Eringer). Die Kühe wurden bis tief in unsere Tage als hervorragende Leittiere bei der traditionellen sommerlichen Alpung geschätzt. Nach dem Auftrieb fanden jährlich Rangkämpfe statt, aus denen die so genannte „Moarin" als Siegerin hervorging, die dann für den ganzen Sommer die Herde führte.

Bereits nach dem Ersten Weltkrieg gab es kein geschlossenes Zuchtgebiet mehr, wenn auch die Rasse noch weit verbreitet war, besonders in Oberösterreich. Um 1930 zählte man noch rund 4.500 Exemplare. Inzwischen hatte die Verdrängung durch Fleckvieh und Pinzgauer begonnen und die Rasse wurde zunehmend seltener; bis in die Nachkriegsjahre verringerte sich der Bestand weiter. In den 1950er- und

### ▶ EIGENSCHAFTEN

Mittelgroßes, sehr kräftiges, beinahe untersetztes Rind, jedoch mit eher feinem Knochenbau. Stiere ca. 140 cm und 850 kg, Kühe rund 125 cm und 550 kg. Starker Schädel, sehr muskulöser Hals; kräftige Hörner mit dunkler Spitze; dunkle Klauen und Flotzmaul. Farbe schwarz oder rotbraun (weichselbraun) mit weißem Bauch und Schwanz und einem charakteristischen, lanzenförmigen Fleck auf der Kruppe, der so genannten Feder. Trockene Fundamente mit korrekten und gesunden Klauen. Breiter, tiefer Rumpf, gute Mastleistung bei magerem, schmackhaftem Fleisch und bestem Schlachtkörper; bei weiblichen Tieren Tageszunahmen von über 850 g; bei männlichen Tieren von mindestens 1.000 g. Milchleistung von rund 4.000–5.000 kg Milch mit 4 % Fett aus dem Grundfutter. Gegenüber anderen Rindern selbstbewusst und zuweilen sogar aggressiv, sonst im Umgang ruhig und freundlich. Sehr trittsicher und robust.

# RINDER

1960er-Jahren stand das Tuxer Rind auf dem Aussterbeetat. Um 1970 gab es noch rund 30 Tiere, weshalb man damit begann, systematisch an der Erhaltung zu arbeiten. Ab 1982 bemühte sich das Land Tirol zusammen mit ÖNGENE um den Wiederaufbau der Rasse; 1986 gründete man eine „Vereinigung der Tux-Zillertaler-Züchter Tirols", Grundstein für die Erhaltung der Rasse. Eine Samen- und Embryonenbank wurde angelegt; 2001 wurde der Tuxer „Rasse des Jahres" in Österreich.

Heute sind rund 75 % aller Tiere dieser Rasse in Tirol und Osttirol zu finden, die im ÖPUL-2007-Programm als „hochgefährdet" gilt und mit gesamt rund 2.800 österreichischen Tieren eine sehr regionale Verbreitung genießt. Andere Quellen sprechen von nur rund 700 reinrassigen Tuxer Rindern.

*Prächtig herausgeputzt sind das Tiroler Dirndl und die Tuxerin.*

## UNGARISCHES STEPPENRIND (A, H)

Die genaue Herkunft der Rasse liegt im Dunkel der Geschichte. Sie gehört der Gruppe der Podolischen Rinder an, die über Südrussland, Polen, den Balkan und Teile Italiens verbreitet sind. Man vermutet, dass die ungarische Population, genannt Steppenrind, mit den Magyaren im 9. Jh. eingewandert ist. Es besteht durchaus die Möglichkeit, dass ein späterer Zufluss aus dem Osten oder Süden, also vom Balkan oder aus Italien, erfolgte. Bereits im Mittelalter waren ungarische Rinder auch im Ausland, vor allem in Österreich, Italien und Deutschland, sehr begehrt. Die sehr gut marschfähigen Tiere wurden in riesigen Herden in Westungarn gesammelt und traten dann oft monatelange Fußmärsche zu den Abnehmern an. In ihrer Heimat wurden sie als nützliche Fleischlieferanten und hervorragende Arbeitstiere geschätzt, während die Milchleistung unbedeutend war. Um 1895 gab es rund 1.250.000 Tiere, die damit rund 95 % des ungarischen Rinderbestandes ausmachten. Der Milchbedarf wurde zum Teil von Hausbüffeln gedeckt, die sich noch heute im Lande in kleiner Zahl finden. Da Ungarn keine eigene Milchrasse besitzt, versuchte man schon im vorigen

*Gute Zugochsen*

79

Jahrhundert, dieses Manko durch Importe zu beseitigen oder die Steppenrinder durch Einkreuzung zu veredeln. Friesen, Brown Swiss und Pinzgauer bewährten sich wegen des spezifischen Klimas nicht überragend, sodass man ab 1884 zur Einkreuzung von Simmentalern in die Steppenrinder griff. Damit begann eine fortgesetzte Verdrängungszucht, die zur Schaffung der Rasse Ungarisches Fleckvieh führte. Das Steppenrind verblieb als Fleisch- oder Arbeitsrind noch einige Zeit auf den Landwirtschaften. Um 1930 kreuzte man das verwandte Maremma-Rind aus Italien ein, das jedoch kaum Spuren hinterließ.

Ab 1924 verfügte die Regierung, dass nur mehr Stiere des Simmentaler Typs verwendet werden durften und um 1935 war der Anteil der Steppenrinder an der Gesamtpopulation auf rund 45 % gesunken. Schon

*Steppenrinder sind robust und temperamentvoll.*

1949 waren es nur mehr 14 % und im Jahre 1953 musste der Rest von etwa 450 Rindern im Nationalpark Hortobagy unter Schutz gestellt werden, um die Rasse vor dem völligen Aussterben zu bewahren. Heute verfügt man wieder über rund 2.000 Tiere; auch in ausländischen Tierparks werden sie gerne gehalten. Ähnliche Rinder kommen in geringer Zahl im übrigen Osteuropa vor. Der aktuelle österreichische Bestand beläuft sich auf weniger als 100 Tiere, von denen die meisten in Zoos und Nationalparks gehalten werden. Das Österreichisch-Ungarische Steppenrind muss laut Einstufung hier als vom Aussterben bedroht angesehen werden; die Rasse wird im ÖPUL 2007 nicht gefördert.

### ▶ EIGENSCHAFTEN

Großrahmiges Rind von hagerer Statur. Die langen, stabilen Beine und harten Klauen lassen es schnell und ausdauernd marschieren. Durchwegs hellgrau gefärbt, im Alter oft silbergrau; bei Bullen manchmal dunklere Partien an Kopf, Hals und Hinterhand; die Kälber kommen rotbraun zur Welt. Dunkles Flotzmaul und helle, sehr lange leierförmige Hörner. Dunkle, lange Wimpern als Sonnenschutz. Zähes, muskulöses Rind, das optimal an seine unwirtliche Steppenheimat angepasst ist. Frühreif, aber geringe Milchleistung von rund 2.000 kg aus schwach entwickeltem Euter. Bestens als Landschaftspfleger geeignet; gedeiht mit minderwertigem Futter auf extensiven Standorten (Puszta) und in ungünstigem Klima. Stiere ca. 155 cm groß und bis 950 kg und darüber schwer; Kühe ca. 145 cm und rund 600 kg.

## VORDER- UND HINTERWÄLDER VIEH (D)

Die beiden heimischen Landschläge des Schwarzwaldes werden als Vorder- und Hinterwälder (so genanntes Wäldervieh) bezeichnet, wobei ersteres in den tieferliegenden, flacheren Regionen (Vorgebirge) vorkommt, letzteres in den höheren, steileren Regionen (Mittelgebirge). Um 1544 wurde die vorzügliche Fleischqualität der Schwarzwälder Rinder erstmals schriftlich erwähnt; im Jahre 1829 wurden die beiden Schläge der Wälderrasse erstmals genau beschrieben.

Die Vorderwälder waren im 19. Jh. die wichtigste lokale Rasse, deren Verbreitungsgebiet sich von der Schweizer Grenze bis nach Pforzheim erstreckte. Eine strenge Reinzucht war nicht üblich; schon um 1820 hatte man nach der Rinderpest damit begonnen, Pinzgauer Rinder zur Auffrischung einzuführen. Dadurch kam es zur typischen Rückenscheckung mit durchgehend weißem Rückenfleck, die später wieder verschwand. Damals stand der Schlag ganz im Typ eines milchbetonten Dreinutzungsrindes. Die Jungochsen, Färsen und Stiere wurden zur Arbeit eingesetzt, die Kühe gemolken und die Altochsen gemästet. 1895 wurde die erste Zuchtgenossenschaft gegründet, 1902 entstand der Vorderwälder Zuchtverband, welcher wenig positiven Einfluss hatte und im Ersten Weltkrieg wieder zerbrach. Mangels Interesse fand keine Neugründung statt. Ab etwa 1934 setzten Bemühungen zur Erhaltung der Rasse ein, die auf einen milchbetonten Typ eingestellt wurde. Man kreuzte erfolgreich Ayrshire und Red Holstein ein, um die Inzucht zu verringern. Der Bestand der Vorderwälder (Kategorie „Vorwarnstufe") ist rund 10-mal so hoch wie jener des Hinterwälder Schlages (Kategorie „stark gefährdet").

Der Hinterwälder Schlag stellt laut SAMBRAUS einen besonders rein erhaltenen Teil des alten badischen Landviehs dar. Bereits im 18. Jh. war man mit Form und Leistung der Rasse nicht voll zufrieden, weshalb es zu

Das Wäldervieh ist gut zur Landschaftspflege geeignet.

Klein, aber oho! Eine schöne, nützliche Rasse!

frühen Einkreuzungen mit Schweizer Rindern kam, die sich aber wenig bewährten. 1865 kam es zur Einführung der staatlichen Faselordnung (Bullenhaltung), welche gute Erfolge brachte. Damals wie heute waren die Hinterwälder kleine, zierliche Rinder mit meist weißem Kopf, dabei gelb oder rot gescheckt; sie waren typische Mehrnutzungsrinder. Die Verbreitung erstreckte sich über den kleinen Bezirk Schönau, in dem 1889 auch die erste Zuchtgenossenschaft gegründet wurde. Während und nach dem Ersten Weltkrieg stieg der Bestand kräftig an. Diese Tendenz blieb bis nach dem Zweiten Weltkrieg bestehen, danach sanken die Zahlen erneut. Heute gibt es rund 4.000 solcher Rinder, etwa ein Zehntel davon im Herdbuch; große Samenbank von über 30 genetisch wertvollen Bullen. Ideale Rasse für die extensive Nutzung karger Standorte oder für Klein- und Hobbybetriebe.

### ▶ EIGENSCHAFTEN

Milchbetontes Zweinutzungsrind in knappem bis mittlerem Rahmen. Trockenes, eher zartes Fundament, sehr harte Klauen. Heute Hinterwälder um 115 bis 125 cm hoch; Gewicht ca. 400 kg bei Kühen, bis 750 kg bei Bullen; Vorderwälder 135 cm und 600 kg (Kühe) sowie knapp 150 cm und 1.000 kg (Stiere). Behornter, stets weißer Kopf, tief angesetzter, schlanker Hals. Manchmal leichter Senkrücken, hoher Schwanzansatz. Gelb- bis rotbraun gescheckt. Sehr robustes und genügsames Rind, extrem leichtfuttrig. Fruchtbar, leicht kalbend und langlebig. Besonders der kleinere Schlag ist bestens zur Landschaftspflege geeignet. Milchleistung rund 5.000 kg mit 4 % Fett beim Vorderwälder; rund 3.500 kg mit 4,2 % Fett beim Hinterwälder.

## WALDVIERTLER BLONDVIEH (A)

Der Ursprung dieser seltenen österreichischen Rasse ist unklar. Wahrscheinlich geht sie auf kurzhornige keltische Rinder und deren Nachfahren sowie ungarische Steppenrinder zurück. Später könnten sowohl Grauvieh aus Westösterreich als auch Mürztaler und Mariahofer Rinder aus der Steiermark und Kärnten beteiligt gewesen sein; ebenso böhmisches Fleckvieh. Das Waldviertler Vieh war im Gebiet nördlich des Manhartsberges verbreitet und kam in zwei sehr ähnlichen Schlägen vor, dem Gföhler und dem Stockerauer. In ersterem war der Mariahofer Anteil größer, in letzterem der Mürztaler; später kam auch Murbodner Blut zum Einsatz. Alle diese Einflüsse wurden jedoch durch die besonders strengen klimatischen Bedingungen und das karge Futterangebot der Region Waldviertel nivelliert, sodass sich eine relativ einheitliche Rasse herausbildete, die optimal an die Umgebung angepasst war. Die Rinder waren bei mittlerer Größe recht zierlich und keineswegs milchbetont. Ihre Stärke lag vielmehr in der unermüdlichen Arbeitsleistung und im hochwertigen Fleisch, das vor allem die Ochsenmast bedeutend werden ließ. Zahlenmäßig war die Rasse schon um die Jahrhundertwende gegenüber den anderen Blondviehrassen im Nachteil. Durch Einkreuzungen von deutschem Frankenvieh und anderen österreichischen Rassen in den Waldviertler Landschlag wurde die kleine Reinzuchtpopulation immer mehr in die benachteiligten Randzonen abgedrängt, wo sie sich zäh hielt. Schließlich fasste man alle Gelbviehherden der Region unter der Bezeichnung Waldviertler Blondvieh zusammen und begründete 1933 einen Zuchtverband. Danach erfolgten zahlreiche Einkreuzungen von Stieren der Rassen Glan-Donnersberger und Frankenvieh, aber auch der alte Schlag sollte erhalten bleiben,

*Waldviertler Stier in schönem Typ, maskulin, aber fein modelliert.*

wozu man diverse Verbesserungen anstrebte. Größe und Milchleistung wurden systematisch angehoben, sodass man gegenüber den früheren Mengen von 1.700 kg Milch um 1950 auf rund 3.000 kg verweisen konnte. Fleisch- und Milchmenge wurden unter Beibehaltung der typischen Anspruchslosigkeit weiter angehoben. Hohe Fruchtbarkeit und zähe Langlebigkeit waren immer noch Hauptmerkmale.

Ab etwa 1960 begann der Vormarsch des Fleckviehs in Österreich und die Waldviertler Rasse wurde weiter verdrängt; die Zahlen sanken rasch. Um 1970 gab es nur mehr wenige reinrassige Tiere, doch mit der Gründung diverser Vereine zur Erhaltung alter Nutztierrassen und einem Erhaltungsprogramm gab es ab 1982 einen gewissen Aufschwung. Seit einiger Zeit sind kleine Herden um die Stadt Zwettl und bei Wien wieder im Aufbau begriffen; der gesamte Bestand dürfte bei ca. 2.800 Stück liegen; die herdbuchmäßig und in Förderprogrammen erfassten Tiere belaufen sich davon auf rund 20 %. Die Rasse wird im ÖPUL-Programm 2007 als „hochgefährdet" geführt und ist beinahe ausschließlich in Niederösterreich zu finden.

### ▶ EIGENSCHAFTEN

Mittelgroßes, eher feinknochiges Rind von charakteristischem Aussehen. Langer Schädel mit hellem Flotzmaul und hellen Hörnern; wenig ausgeprägte Wamme. Langer Rumpf, der auf trockenen Beinen ruht. Wachsfarbige Klauen von guter Härte; feines Fell. Farbe von Rahmweiß bis Hell-Semmelgelb, oft auch ins Rötliche spielend. Ehemals sehr hartes, leistungsfähiges Dreinutzungsrind. Relativ wenig, aber fettreiche Milch und hervorragende Fleischqualität. Fruchtbar und leicht kalbend; große Futterdankbarkeit. Gut für magere Standorte und harsche Klimate geeignet. Stiere ca. 140 cm groß und um 800 kg schwer, Kühe 130 cm und ca. 500 kg.

## WITTGENSTEINER BLESSVIEH (D)

Zum großen Rassenkomplex des Rotviehs, und darin wieder zu den Rot- und Braunblessen zu zählen, war das Wittgensteiner Blessvieh bis 1914 das ideale Dreinutzungsrind. Man kannte etliche Rotvieh-Schläge, wie z. B. das Westerwälder, Vogelsberger, Vogtländer, Harzer, Waldecker, Odenwälder, Bayerische, Westfälische und Schlesische Rotvieh. Die Wittgensteiner Variante wurde mit dem Westerwälder Schlag gleichgesetzt oder in dessen Nähe gerückt, gilt aber wie dieser heute als weitgehend ausgestorben; es sind nur mehr wenige und relativ stark verkreuzte Tiere vorhanden. SAMBRAUS führt die ausschließlich in Wittgenstein vorkommenden Rinder auf Kreuzungen des Roten Landviehs mit Simmentalern im 19. Jh. zurück. Die rotbraunen Rinder mit der namensgebenden weißen Zeichnung auf der Stirn besaßen einen knapp mittleren Rahmen und einen leichten Knochenbau, waren dabei als milchbetonte Drei- bzw. Zweinutzungsrinder jedoch ausreichend mastfähig und gaben genügend aromatische Milch für die kleinen Höfe im Rheinischen Schiefergebirge; man nennt Tagesleistungen von ca. 7 l und lobt den Fettgehalt.

WERNER nennt schon vor 1900 Einkreuzungen von Vogelsberger Rind, Glan-Rind und Schweizer Rassen und beklagt den Rückgang der Zucht. 1914 begann die systematische Einkreuzung von Rotvieh, die zur weitgehenden Verdrängung der Rasse führte. Um 1930 gab es nur mehr einige Hundert reinrassige Tiere. Vermehrte Einkreuzung von roten Angler Rindern verbesserte zwar die Milchleistung, trug aber zum Verschwinden stark bei. Die Rasse scheint auf der Roten Liste nicht auf.

### ▶ EIGENSCHAFTEN

Typisch und namensgebend war die weiße Blesse, die von der Stirn bis zum Maul verlief; die Grundfarbe war stets rotbraun, Euter und Bauch konnten auch weiß gefleckt sein. Sehniges, eher schmales Rind mit gutem Fundament und energischem Wesen; langer Rücken und oft mangelhafte Schultern. Bei knapp mittlerer Größe wogen alte Stiere bis zu 550 kg und mehr, die Kühe etwa 400 kg; Mastochsen wurden ca. 550 kg schwer. Ausdauernd und trittsicher, dabei sehr leichtfuttrig. Helles Flotzmaul, elegante Hörner, derbe Haut, feines Fell.

*Die weiße Blesse ist namensgebend.*

# SCHWEINE
(*SUINAE*)

**MÄNNLICHES TIER:** Eber, Saubär
**WEIBLICHES TIER:** Sau (MZ: Sauen)
**JUNGTIER:** Ferkel; ältere: Läufer

## GESCHICHTE

Mensch und Schwein „können" gut miteinander, das sollte einmal gesagt sein. Sie teilen übergreifend die Fressgewohnheiten, die Art zu ruhen bzw. zu schlafen und oft sogar den Drang zum Lärmen und Toben. Ihre Intelligenz lässt eine tolerante Verständigung zu, die nur seitens des Menschen missachtet wird, der die „dumme Sau" zum bloßen Nutztier der Fleischfabriken degradiert. In Wahrheit ist das Schwein – egal ob wild oder zahm – ein unglaublich gescheites und reinliches Tier von differenziertem Sozialgefüge und fast humorvollem Verhalten. Dass George ORWELL in „Animal Farm" gerade die Schweine als kritisches Spiegelbild der Menschen verwendet, hat schon seinen Grund: „Alle Tiere sind gleich, aber einige Tiere sind gleicher …"

Wenn man heute die Herkunft allein vom europäischen Wildschwein (*Sus scrofa scrofa*) ableitet, so muss doch vermutet werden, dass die asiatische Variante, das Bindenschwein (*Sus scrofa vittatus*), alle dortigen Formen beeinflusste. Die ersten Domestikationsversuche fanden wohl um 7000 v. Chr. in den östlichen Mittelmeerländern statt, wie Funde in Israel, Anatolien und Griechenland beweisen, also etwas später als die Zähmung von Schafen und Ziegen. Als baldige körperliche Anzeichen der Haustierwerdung kann die markante Verkürzung des Gesichtsschädels gelten, der sich vom langen, keilförmigen Kopf der Wildsau zum konkaven, kurzen Kopf des Hausschweins wandelte; geringere Größe, Anlage zur Fettleibigkeit, kurze Läufe und geringer Haarwuchs sind ebenfalls typisch. Interessant, dass bei vielen noch primitiven Hausrassen (z. B. Mangalitza, Tamworth) die Frischlinge mit dem gestreiften, rotbraunen Tarnkleid ihrer wilden Verwandten geboren werden.

Zur selben Zeit gehörte das Wildschwein zusammen mit dem Hirsch in Mitteleuropa zu den beliebtesten Jagdbeuten der steinzeitlichen Jäger. Als sich frühe Landwirtschaftsformen in Europa ausbreiteten, kam das bereits domestizierte Schwein mit dem teilweise gezähmten Wildschwein in engen Kontakt. Es entstand das so genannte Torfschwein, das in vielen Merkmalen noch seinen wilden Vorfahren ähnelte, aber bereits im engen Umfeld des Menschen lebte und von diesem genutzt wurde. Die damals in ganz Europa noch vorhandenen Wälder begünstigten die Schweinehaltung. Über Jahrtausende bildeten Schweine eine Hauptquelle der tierischen Nahrung für Römer, Germanen, Kelten und andere Völker, wobei man in den höherstehenden Kulturen zwischen zwei Haltungsformen unterschied, der halbwilden Herden- und der Stallhaltung. Bis zum Ende des 18. Jh.s kannte man nur die europäische Variante des domestizierten Schweines, dann kam es zur vollständigen Veredelung mit asiatischen Rassen, der viele unserer heutigen Hausschweine-Rassen entsprangen.

Da man nur das Fleisch und in geringem Maß das Leder nützt, ist die Rasseneinteilung einfach: Speck- oder Fleischschwein, je nach Fettansatz; einfarbig oder bunt; schlapp- oder stehohrig sind Möglichkeiten. Die überwiegende Mehrzahl der ca. 200 Rassen und Milliarden Einzeltiere weltweit steht in der intensiven Mast – auf der Jagd nach dem billigsten Schnitzel.

*Beeindruckend vital und intelligent*

## WILDSCHWEIN (STAMMFORM)

Das Wildschwein (*Sus scrofa*) in seinen rund 25 Unterarten gilt als der Vorfahre unserer domestizierten Schweine. Sein ursprüngliches Verbreitungsgebiet umfasste in einem weiten Bogen das gesamte Gebiet von Zentralafrika über Marokko nach Europa und den ganzen asiatischen Raum bis zu den indochinesischen Gebieten im Fernen Osten. In seinen ursprünglichen Formen kommt es noch heute in großen Teilen Afrikas und Eurasiens vor und wird seit Jahrtausenden als Jagdbeute und Haustier genutzt.

Die europäischen Wildschweine lebten in der nacheiszeitlichen Periode vor allem in den Mischwäldern und bevorzugten Flusstäler und Feuchtgebiete als Lebensraum. Als echte Allesfresser (Omnivoren) umfasst ihr Speiseplan jede Art von pflanzlicher Kost, wie junge Triebe, Wurzeln, Obst und frische Gräser, aber auch Insekten, Würmer und Kleinlebewesen sowie kleine Säugetiere und sogar Aas. Ihre Fruchtbarkeit ist recht hoch (und wurde beim Hausschwein noch enorm gesteigert), sodass die Bache im Frühjahr rund ein halbes Dutzend Frischlinge wirft, während der Keiler meist einzeln unterwegs und selten gut gelaunt ist. Er galt wegen seiner scharfen Hauer (Eckzähne) als eine formidable Jagdbeute des keltischen, germanischen und mittelalterlichen Adels, der ihm mit Hunden und einem speziellen Spieß, der so genannten Saufeder, zu Leibe rückte.

Ihre ausgeprägte Sozialstruktur und gewisse Verhaltensweisen begünstigten eine Domestikation, da sich vor allem die Frischlinge leicht an den Menschen gewöhnen. Als Allesfresser mit einhöhligem Magen sind ihre Ernährungs- und Verdauungsprozesse jenen des Menschen ähnlich oder nützlich (z. B. Abfallverwertung – hilfreich bei der Hygiene, neugierige Futtersuche – kein weiträumiges Weiden, kein Wiederkauen – keine Pausen auf der Wanderung etc.). Sie benötigen engen Körperkontakt und lassen sich leicht auf bestimmte Futterstellen prägen; auch ihre Schlafgewohnheiten waren jenen der frühen Menschen sehr ähnlich. Im krassen Gegensatz zu den Stammformen der anderen großen Haussäuger ist das Wildschwein nicht selten oder bedroht; es kommt sogar immer häufiger in der Kulturlandschaft vor und dringt sogar in dicht besiedelte Räume vor, wo es mitunter zur Plage wird.

*Frischlinge im Tarnkleid*

### ► EIGENSCHAFTEN

Mittelgroßes, sehr athletisches Schwein von geringer Ähnlichkeit zum Hausschwein. Langer, gerader Schädel mit Stehohren und kräftigem Gebiss; bei Keilern oft mächtige Hauer (Eckzähne). Schmaler, tiefer Rumpf mit kräftiger Muskulatur. Lange Läufe, die zu sehr schnellem Lauf befähigen. Wühlt und stöbert nach Nahrung, Allesfresser. Starke soziale Bindungen im Rudel (Rotte) und besonders zwischen Bachen und Frischlingen; letztere gelblich-braun gestreift, Alttiere schwarzbraun, dichtes Borstenkleid, gerader Schwanz. Gewicht bis ca. 140 kg bei der Bache; bis 300 kg beim Keiler.

## ANGLER SATTELSCHWEIN (D)

Diese holsteinische Rasse ist nicht besonders alt, sie entstand etwa in den ersten 20 Jahren des 20. Jh.s. Schon in den davorliegenden Jahrzehnten hatte man auf der Halbinsel Angeln und in Schleswig-Holstein Schweine mit Sattelzeichnung gekannt, aber eine planmäßige Zucht wurde nicht betrieben. Sattelschweine galten jedoch als besonders robust und fruchtbar, also ging man um 1920 daran, sie durch Einkreuzung von englischen Wessex-Saddlebacks zu veredeln. Auch ein gesattelter Eber von der dänischen Insel Alsen wurde intensiv benutzt.

1929 kam es zur Gründung eines Zuchtverbandes auf Angeln, der die Beschaffung guter Eber zur Hauptaufgabe hatte. Die Bestrebungen stießen anfänglich auf Widerstand und die Zuchtarbeit ging nur stockend voran. Um 1936 war die Rasse in Schleswig-Holstein jedoch weit verbreitet und 1937 konnte man erste Ausstellungserfolge verbuchen. Die Robustheit, Leichtfuttrigkeit und Fruchtbarkeit hatten sich durchgesetzt. Als man auf englische Eber verzichten musste, griff man z. T. auf Schwäbisch-Hällische Vatertiere zurück, die sich gut bewährten. Die Rasse verbreitete sich zufriedenstellend und wurde schließlich 1941 in Wien zur

*Ein Landschwein mit Hang zur Rundlichkeit*

Reichsrasse befördert, die uneingeschränkt gezüchtet werden durfte. Während und nach dem Zweiten Weltkrieg wurden Schweine als Nahrungskonkurrenten des Menschen wenig gefördert, aber schon um 1947 wurde erneut ein Zuchtverband gegründet und die Rasse nahm einen erneuten Aufschwung. Man verzeichnete einen enormen Zuwachs an Züchtern und auch an Zuchttieren, die nun Spitzenpreise erzielten. Die Rasse wurde wegen ihres guten, aber fetten Fleisches geschätzt, zudem war ihre Robustheit ein Vorteil. In den 1950er-Jahren erfolgte die Wende; damals hatte sich ein Verband in der damaligen DDR formiert, auch der Export lief gut. Allerdings konnten nun die geänderten Verbraucheranforderungen nicht befriedigt werden. Magere, weiße Schweine waren nun gefragt. Während der 1960er- und 1970er-Jahre ging der Marktanteil drastisch zurück, schließlich hielten nur mehr

wenige Bauern ein paar Sauen der Rasse. 1992 wurde ein Neubeginn mit einigen ostdeutschen Importtieren gestartet, heute gibt es wieder einige Züchter und einen aktiven Förderverein. Doch noch immer ist der Status auf der Roten Liste „extrem gefährdet".

### ▶ EIGENSCHAFTEN

Mittelrahmiges, rundliches Landschwein, dabei genügend lang. Leicht eingedellter, mittelgroßer Kopf mit Schlappohren. Mitunter etwas speckiger Rücken mit knapper Muskelfülle. Typische Zeichnung mit rosa Sattel über die Schultern und Vorderläufe, der auch weit nach hinten reichen kann; sonst schwarz. Sehr fruchtbar, weidetauglich, robust und leichtfuttrig. Gutes, durchzogenes Fleisch, viel Speck; manchmal etwas mangelhafte Schinken. Ideal für Robusthaltung.

*Der rosa Sattel gab den Namen.*

## DEUTSCHES SATTELSCHWEIN (D)

1948 wurde in der Mitgliederversammlung der Vereinigung Deutscher Schweinezüchter (VDS) beschlossen, die vorhandenen Bestände der Rassen Angler Sattelschwein und Schwäbisch-Hällisches Schwein (in der sowjetischen Besatzungszone) zu einer Population mit Namen Deutsches Sattelschwein zusammenzufassen. Man wollte die bunten Rassen erhalten und systematisch verbessern. Man setzte strenge Selektionskriterien zur Verbesserung der Rasse fest und förderte die Bildung neuer Herden.

Nach anfänglichen Erfolgen – auch als Ausgangsrasse für Hybridkreuzungen – ging der Bestand bald stark zurück. Seit den 1960er-Jahren wollte man ein mageres Fleischschwein, wodurch die fettreichen Rassen rasch an Popularität verloren. Um 1970 wurden die Restbestände des Deutschen Sattelschweins in einer Thüringer Landwirtschaftlichen Produktionsgesellschaft versammelt und zur Schaffung der Hybridrasse L 250 verwendet. Züchterisch wichtig war das Gut Hirschfeld/Sachsen, das bis 1992 eine bedeutende Herde hielt.

*Nur mehr kleine Restbestände sind vorhanden.*

Die Zuchtziele sind mit denen des Angler Sattelschweines deckungsgleich, das Exterieur ist ebenfalls sehr ähnlich. Ein leichtes Ansteigen der Popularität in Sachsen und Sachsen-Anhalt, vor allem in extensiven Freilandbetrieben, ist wieder zu bemerken. Aber wie sein Gegenstück, das Angler Sattelschwein, ist auch das Deutsche Sattelschwein in der Rubrik „extrem gefährdet" der Roten Liste zu finden.

## BUNTES BENTHEIMER SCHWEIN (D)

Schon sehr früh treten uns buntgescheckte Schweine aus alten Abbildungen entgegen. In Deutschland sind solche Typen oder Landschläge mindestens seit der Mitte des 19. Jh.s bekannt. Damals gab es in Oberbaden das heute ausgestorbene Baldinger Tigerschwein, aber auch im Norden kamen beim so genannten Marschschwein immer wieder gefleckte Tiere vor. Sie gingen vermutlich auf frühe Einkreuzungen von englischen Berkshire- und Cornwall-Schweinen zurück. So entstanden in einigen Regionen typische Schläge, etwa in Bentheim und Cloppenburg, Niedersachsen oder im westfälischen Wettringen. Man selektierte damals auf die bunte Farbe und Schlappohren, allerdings kann kaum von einer systematischen Zucht gesprochen werden. Die bunten Schweine erfreuten sich aufgrund ihrer hervorragenden Eigenschaften, wie Robustheit, Leichtfuttrigkeit und Fruchtbarkeit, großer Beliebtheit und wurden überall im Zuchtgebiet bevorzugt gehalten, da sie höhere Preise erzielten.

Seit 1910 wurden im Kreis Bentheim Eberkörungen durchgeführt, allerdings war

*Ein buntes Schwein erfreut das Auge.*

keine Abstammung erforderlich. Als man diese ab 1925 verlangte, wurden einfach Schwarzdeckungen durchgeführt, sodass der Bestand trotzdem weiter anstieg. Um 1934 forderte man die Anerkennung für die beliebte Rasse, die jedoch wegen der noch uneinheitlichen Merkmale verweigert wurde. Obwohl nun vermehrt weiße Tiere gezüchtet wurden, blieben dennoch zahlreiche bunte Eber im Geschäft, auch wenn dies illegal war. Nach den schwierigen Zeiten des Zweiten Weltkrieges wollte man die Körgesetze wieder verstärkt durchsetzen und die Eber der bunten Rasse sollten geschlachtet werden. Dies führte zu schwersten Pro-

### ▶ EIGENSCHAFTEN

Mittelgroßer, gerader Kopf, Schlappohren. Langes, breites und tiefes Schwein mittlerer Größe. Der Rücken kann mitunter etwas eingesattelt sein, die Brust ist nicht immer genügend breit. Ein sehr robustes und leicht zu mästendes Schwein, das allerdings einen hohen Fettanteil aufweist. Die berühmte bunte Zeichnung umfasst einige bis zahlreiche schwarze Flecken auf rosa Haut. Hohe Fruchtbarkeit und gute Aufzuchtergebnisse. Sehr schmackhaftes Fleisch; stressresistent, langlebig und freundlich.

*Viele schwarze Flecken auf rosa Haut*

testen und endlich erlangten 1955 die bunten Schweine die Anerkennung als Rasse. Zugleich setzte der Niedergang ein, denn die etwas zu fetten Landschweine passten nun nicht mehr in das Verbraucherkonzept. Zwischen 1960 und 1964 erlitt die Rasse nach erfolgter Verdrängungskreuzung einen starken Schwund und war bald völlig aufgelöst. Allein der Landwirt SCHULTE-BERND erhielt eine völlig isolierte Population und züchtet das reine originale Bentheimer Schwein unbeirrt weiter. 1987 wurde sein kleiner Bestand genetisch untersucht und als Rasse bestätigt. Nur wenige Züchter halten die rund 300 Sauen und 30 Eber – die Rasse ist also extrem bedroht.

## MANGALITZA-SCHWEIN (H, A)

Obwohl es heute als typisch ungarisches Schwein betrachtet wird, liegen die Wurzeln des Mangalitza-Schweins in Serbien. Dort war das Sumadija-Schwein sorgfältig aus dem ursprünglichen Landschlag, dem Siska-Schwein entwickelt worden. Prinz MILOS von Serbien hatte um 1830 auf seinem Gut Topsicsér die Rasse mit englischen Zuchttieren verbessert, weshalb sie auch als Miloseva bekannt war. Nachdem man in Ungarn schon lange Zeit verbesserte Schweine vom Balkan mit den örtlichen Landschweinen (die alte Alfölder Rasse) verkreuzt hatte, gelangte nun auch das Sumadija in die pannonischen Gebiete, wo es sich mit den vorhandenen Schlägen zu einem idealen Weide- und Speckschwein entwickelte. Durch Kreuzung mit dem schwarzen Syrmischen Schwein entstand im Süden das Schwarze Mangalitza, während die ungarischen Tiere meist rotblond waren (Szalontaer Typ). Ungarische Schweine wurden stets in großer Zahl exportiert, wozu man sie zu Fuß nach Österreich (Burgenland), Süddeutschland, Kroatien, Rumänien und in die Slowakei trieb. In ihrer Heimat bewährten sie sich aufgrund der dichten Behaarung, die sie gegenüber den heißen ungarischen Sommern und kalten Wintern unempfindlich machte. Die dunkle Haut

## Die Gattungen

*Hier wird klar, warum man auch „Wollschweine" sagt.*

der schwarzen und schwalbenbäuchigen Tiere schützte auch vor Sonnenbrand. Das westungarische Bakonyer Schwein, identisch mit dem kroatischen Bagun, wurde im späten 19. Jh. vom Mangalitza absorbiert. Das Mangalitza wurde stets und in allen Zuchtgebieten mit anderen Rassen, vor allem englischen, veredelt, wobei man sich gerne der Berkshire-, Essex- und Large-Black-Rassen, aber auch deutscher Edelschweine bediente.

Um 1910 gab es in Ungarn rund 6 Mio. Schweine, die zu rund 90 % der Rasse Mangalitza angehörten; auch die Nachbarländer hielten große Zahlen. Der Erste Weltkrieg brachte eine Reduktion auf 2 Mio. Tiere. 1927 wurde ein Zuchtverband gegründet, welcher die Rasse selektiv verbesserte und den Verlust des Krieges ausgleichen konnte. Doch nun wurden neben den Speckschweinen, die in extensiven Haltungsformen auf der Weide unter Zufütterung von Mais gediehen, auch die Fleischrassen in Intensivhaltung populär. Zwar besaßen Polen, Rumänien, Jugoslawien und Österreich noch immer Mangalitza-Schweine, aber deren Tage waren gezählt. Nochmals wurden sie populär, als man im und nach dem Zweiten Weltkrieg viel Schmalz und Speck benötigte und als Nutzschweine auf kleinen ungarischen und jugoslawischen Höfen blieben sie noch einige Zeit zu Kreuzungszwecken mit englischen Fleischrassen populär. In den 1940er-Jahren gab es lediglich 600 reinrassige Tiere, und als man 1979 erneut einen Zuchtverband formierte, konnten nur mehr 80 Muttertiere und 7 Eber gefunden werden.

Seit rund 25 Jahren betreut nun die ungarische Regierung die drei Farbvarianten (rot, blond und schwalbenbäuchig) in so genannten Genstationen. Spezifische Produkte wie Salami lassen die Rasse hier wie im benachbarten Ausland aufleben. So erfreut sie sich in Österreich bei Kleinbauern und Selbstversorgern großer Beliebtheit. Andere Namen sind (Ungarisches) Wollschwein oder Wollhaariges Weideschwein.

### ▸ EIGENSCHAFTEN

Mittelgroßes, tiefes und kurzes Speckschwein. Attraktiver Kopf mit großen, vorwärts gekippten Ohren. Dicker Bauch- und Rückenspeck, aber relativ geringe Fleischmenge von ausreichender Qualität; ideales Schlachtgewicht über 150 kg. Langes, lockiges Fell in verschiedenen Farbschlägen. Extrem robustes und leichtfuttriges Schwein, das im Sommer auf der Weide lebt und im Winter typischerweise mit Abfällen, Mais und Rüben gefüttert wird. Ausdauernd und instinktsicher, mit stabilen Läufen und Klauen. In zwei Jahren drei Würfe mit je ca. sechs bis acht Ferkeln, leichtes Abferkeln, gute Mütter. Spätreif, sehr ruhig und stressfrei; resistent gegen nahezu alle typischen Krankheiten.

### ▸ MANGALITZA-FARBSCHLÄGE

Blonde Mangalitza sind ein alter Schlag, der im späten 19. Jh. auf dem ungarischen Gut Kisjenö entstand. In Ungarn sind sie daher auch der häufigste Schlag mit rund 3.000 Tieren und einem Status als „traditionelle Rasse". In Österreich sind sie mit nur einigen Dutzend Tieren sehr selten. Die braune oder wildfarbige Variante gilt als ausgestorben.

Rote Mangalitza sind attraktive Schweine, die schon im frühen 19. Jh. als so genannte Szalontaer Rasse auf großen Gütern gehalten wurden. Dies war die traditionelle Farbe der ungarischen Speckschweine. Überall recht selten geworden, gibt es in Österreich etwa 50 Stück.

Die so genannten schwalbenbäuchigen Mangalitza (helle Unterseite) entstanden um 1883 in Serbien auf der Domäne des Fürsten MILOS. Sie sind in Österreich, Deutschland und der Schweiz populärer als die anderen Schläge. In Ungarn sehr selten; in Österreich leben dagegen etwa 200 Tiere.

Schwarze Mangalitza sind das Ergebnis von Kreuzungen mit englischen Large Black und schwarzen syrmischen Schweinen. Vermutlich von Zoltan von SZUNYOGH um 1900 erzüchtet; ursprünglich in Südungarn am häufigsten anzutreffen. Heute überall sehr selten; in Serbien eventuell noch vorhanden, in Österreich nicht.

*Blondes Mangalitza*

## MORAVA-SCHWEIN (A, HR)

Die Morava-Rasse entstand durch die Verkreuzung der alten serbischen Sumadija-Schweine mit Ebern der Rassen Berkshire und Cornwall. Sumadijas standen auch für das Mangalitza-Schwein Pate. Das ursprüngliche Hauptzuchtgebiet liegt im Gebiet von Morava. Die Fleischverarbeitungsindustrie im Ort Jagodina förderte die Selektion der Kreuzungsprodukte auf verbesserte Fleischqualität. Derzeit wird die sehr seltene Rasse auch in ihrem Heimatland nicht gefördert, weil kein Geld vorhanden ist. In Österreich bestehen winzige Zuchtgruppen, die von Inzucht bedroht sind. Es wird jedoch auch in absehbarer Zukunft zu keinen Importen neuer Blutlinien kommen können, da u. a. die Seuchensituation dies nicht zulässt.

### ▶ EIGENSCHAFTEN

Morava-Schweine sind eher klein und erreichen bei intensiver Mast mit 16 Monaten rund 140 kg. Die Tiere sind schwarz, selten mit weißen Abzeichen. Eingesattelter Kopf mit mittellangem Rumpf und kurzen Läufen. Robust und leichtfuttrig, eignen sich die Tiere für die Freilandhaltung und sind gute Mütter; unempfindlich gegen Sonnenbrand. Typisches osteuropäisches Fleisch- und Speckschwein.

*Extrem selten, aber sehr nützlich*

## ROTBUNTES HUSUMER SCHWEIN (D, DK)

Diese verhältnismäßig junge Rasse mag ihren Ursprung vor geraumer Zeit im Angler Sattelschwein gehabt haben. Unter dieser Rasse sollen öfter rote Farbvarianten aufgetaucht sein. Daneben kam es wohl auch zu Kreuzungen des alten Holsteinischen und Jütländer Marschschweines mit englischen Tamworth-Ebern. Diese brachten die kräftige rote Farbe, die extreme Robustheit und die Stehohren mit ein. Aus diesen Ausgangspopulationen bildete sich um die Wende zum 20. Jh. eine rote Variante des Angler Sattelschweines heraus, die man wegen ihres Zuchtgebietes um Husum auch Rotbunte Husumer nannte. Die dänische Minderheit dieses Raumes hielt solche Tiere, da ihre rot-weiße Färbung den Nationalfarben Dänemarks entsprach und somit ein Symbol für den Nationalstolz war. Um 1916–17 wurden die Tiere als Variante der Angler Rasse verstärkt populär und man griff wieder zu Tamworth-Kreuzungen zwecks Farbverstärkung, die sich aber nicht mehr bewährten.

1954 wurde das Rotbunte Husumer Schwein als Rasse offiziell anerkannt und ein Herdbuch angelegt. Der Höhepunkt der Beliebtheit war allerdings schon überschritten und andere moderne Rassen verdrängten es. 1968 wurden letztmalig Tiere auf Ausstellungen gezeigt, das Herdbuch wurde aufgelöst. In den folgenden zwei Jahrzehnten geriet die Rasse in Vergessenheit und nur wenige Exemplare verblieben. 1984 tauchten wieder – nicht ganz reinrassige – Rotbunte auf der Grünen Woche Berlin auf und erregten öffentliches Interesse. Der Berliner Zoo kaufte einige Zuchttiere, ebenso der Betrieb von Dr. Günter SCHULZE. Beide Zuchtstätten züchteten unter gegenseitigem Blutaustausch weiter und man gründete eine Interessengemein-

*In den Farben Dänemarks gehalten*

schaft. Es fanden sich noch mehr Züchter und gemeinsam schuf man durch strenge Selektion aus den mischerbigen Tieren eine neue Population, die äußerlich den alten Husumern völlig gleicht. 1996 wurde ein Förderverein gegründet, welcher die Zucht und Vermarktung der damals rund 150 Tiere in die Hand nahm. Die Zucht wird heute finanziell gefördert, wie dies auch bei anderen seltenen Rassen der Fall ist. Das kann nicht verhindern, dass sie mit rund 100 Muttersauen in der Roten Liste als „extrem gefährdet" geführt wird.

### ► EIGENSCHAFTEN

Gleicht dem Angler Sattelschwein, jedoch ist die Vor- und Hinterhand nicht schwarz, sondern rot. Sehr robustes und weidefähiges Schwein; Stehohren kommen vor; winterhart; gute Mütter.

## SCHWÄBISCH-HÄLLISCHES SCHWEIN (D)

Die rezenten Sattelschweinrassen gehen vermutlich auf das Maskenschwein Asiens zurück. Bis ins 18. Jh. wurden in Europa nur die domestizierten Nachfahren des Wildschweines als Hausschweine gehalten. Erst die Importe von chinesischen Schweinen durch die Ostindische Handelskompagnie änderten dies und führten zu einem Aufschwung der Schweinezucht und -mast. Die chinesischen Schweine besaßen eine überlegene Mastleistung, waren gutmütig und robust und wiesen eine weit überlegene Fruchtbarkeit auf. Um 1820 erfolgten erste Importe solcher Tiere aus England nach Deutschland, die großes Interesse hervorriefen. Das Schwäbisch-Hällische Landschwein bekam seinen Namen deshalb, weil es im damaligen Württembergischen Königreich in der Region Schwäbisch Hall am weitesten verbreitet war. Bereits um 1844 konnte man lesen, dass das Hällische Land das Land der Schweine sei; hier sei die Zucht und Mast am besten entwickelt und nirgendwo sonst träfe man auf die „eigenthümliche und vorzügliche Rasse". König WILHELM I. („Der Landwirt auf dem Thron") förderte die Zucht durch Importe und Musterbetriebe auf seinen Krongütern. Das Aussehen der Tiere wird so beschrieben, wie wir sie heute noch kennen. Im späten 19. Jh. kam es durch planlose Verkreuzungen zu einem weitreichenden Niedergang der Rasse, der erst nach der Wende vom 19. zum 20. Jh. durch systematische Zuchtarbeit wieder wettgemacht werden konnte.

Bis in die 50er-Jahre des 20. Jh.s änderte sich wenig. Die Zucht wurde durch moderne Selektionsmechanismen weiter vorangetrieben und erreichte einen Hochstand, der zur weiten Verbreitung der Rasse führte. In den 1960er-Jahren erfolgte der rasche Niedergang, denn nun setzte die große Gleich-

(Foto: wikimedia.org (Fleminator))

*Gemeinsames Beisammensein unter Schwaben*

# SCHWEINE

*Fruchtbare, fürsorgliche Mütter sind rassetypisch.*

macherei ein, welche die holländischen Magerschweine auf Kosten der alten Landrassen bevorzugte. Die Zucht ging rasch zurück und 1969 wurde die Zuchtbuchführung eingestellt. Nur mehr wenige kleine Betriebe hielten an der Rasse fest, offiziell galt sie ab 1983 als ausgestorben. Ab 1984 bemühte man sich um die Wiederbelebung der geringen Restbestände (sieben Sauen) und 1986 wurde ein Verband gegründet, der schließlich die finanzielle Förderung der Rasse erreichte. Diverse Erfolge bei Landwirtschaftsschauen trugen dazu bei, dass es heute wieder rund 200 Sauen dieser Rasse gibt. Sie gilt somit „nur" als „stark gefährdet".

### ▶ EIGENSCHAFTEN

Mäßig eingedellter Kopf, große Hängeohren; Kopf und Halspartie immer schwarz, ebenso die Beckengegend und der Schwanz, sonst weiß. Langer, sehr geräumiger Rumpf mit ausgeprägtem Bauch; mindestens 14 Zitzen. Robuste Läufe, gute Schinken. Milchreiche, fürsorgliche Mütter; gutmütig. Robust, stressunempfindlich und genügsam. Beste Fleischqualität und gute Zunahme.

## TUROPOLJE-SCHWEIN (A, HR)

Die Geburtsstunde der Rasse dürfte um 1777 liegen, als unter Titular-Kaiserin MARIA THERESIA dunkle englische Schweine zwecks Veredelung nach Kroatien gebracht wurden. Es dürfte sich um Berkshire- oder gefleckte Leicester-Pigs gehandelt haben, die eine starke Pigmentierung in die örtlichen weiß-grauen Siska-Schweine einbrachten. Manche Autoren setzen diesen Vorgang auch an das Ende des 19., nicht des 18. Jh.s; über diese englischen Tiere fand auch eine Spur asiatischen Blutes Eingang, denn die britischen Hochleistungsrassen waren damals bereits teilweise mit chinesischen bzw. asiatischen Rassen und dem so genannten Neapolitaner Schwein veredelt worden.

Jedenfalls ereigneten sich weiterhin nahezu keine Einkreuzungen fremden Blutes, sodass man um 1900 gemeinhin von einer eigenen Rasse sprechen konnte, die 1914 offiziell in einer österreichischen Zeitschrift auftaucht. Zu geringen Beifügungen der Rasse Schwarze Mangalitza aus Syrmien soll es allerdings gekommen sein. Abbildungen lassen vermuten, dass eine Verwandtschaft zum Krainer Landschwein und zum ausgestorbenen Gurktaler Schwein bestanden hat. Ein geringer Einfluss von Baninka-Schweinen (Turopolje x Berkshire) könnte vor einiger Zeit erfolgt sein, was die heute sehr ausgeprägte Scheckung erklären würde; dies wäre im Sinne einer Rückkreuzung kein Fehler. Die Schweine wurden vor allem in den Save-Auen als Weideschweine gehalten, wofür man eigene Schweinehirten anstellte,

*Typischer Eber der Rasse – stark pigmentiert und speckig*

93

## Die Gattungen

*Zur extensiven Haltung bestens geeignet.*

(Foto: Haller)

welche die z. T. recht großen Herden beaufsichtigten. (Heute gibt es noch einen hauptberuflichen Hirten.) Die Tiere waren optimal an ihr Habitat angepasst und weideten in den weiten Eichenwäldern der Flussauen, wobei sie zur Nahrungssuche mitunter sogar tauchten. Ihre Nutzung bestand als spätreife Speckschweine in der extensiven Weidehaltung. Bis zum Kriegsausbruch 1991 kaufte das traditionsreiche Fleischverarbeitungsunternehmen Gavrilović in Petrinja alle erhältlichen Turopolje-Schweine zur Salamiproduktion.

Durch die Kriegswirren des serbisch-kroatischen Krieges geriet die inzwischen sehr kleine Population in akute Gefahr; die Demarkationslinie verlief ausgerechnet durch die Save-Auen. Zahlreiche Schweine wurden gewildert, von Soldaten als Zielscheiben benützt oder versprengt; der Nachkriegsbestand lag nur bei rund 30 Tieren. Eine rasche Rettungsaktion brachte einige Tiere im Hinterland in Sicherheit. Zusammen mit der im Schutzgebiet Lonjsko Polje tätigen Organisation „Euronatur", der SAVE und dem Wiener Tiergarten Schönbrunn unter der Leitung Dr. PECHLANERs wurde ein Programm begonnen, das zur Überführung eines kleinen Bestandes in den Zagreber Zoo und schließlich nach Schönbrunn führte. Die letzten Schweine im Ursprungsgebiet sind akut durch Wilderei gefährdet. Die österreichische Herde von nunmehr 250 Tieren ist auf einige Züchter verteilt und somit in sicheren Händen.

### ▶ EIGENSCHAFTEN

Mittelgroßes, rahmiges Schwein mit deutlichem Speckansatz. Langer und starker Körper auf kurzen, kräftigen Beinen. Starker Kopf mit großen Hängeohren. Helle Grundfarbe mit zahlreichen unregelmäßigen, dunklen Flecken. Nur schwach geringelter Schwanz. Extrem robust und genügsam; ideales Weideschwein, das mit geringem Zufutter gutes Fleisch und viel Speck ansetzt. Ruhig und krankheitsresistent.

## SCHAFE
(*OVINAE*)

**MÄNNLICHES TIER:** Widder, Bock
**WEIBLICHES TIER:** Schaf, Mutter (MZ: Muttern), Aue
**KASTRAT:** Hammel, Schöps
**JUNGTIER:** Lamm

## GESCHICHTE

Anders als die großen Fluchttiere Pferd und Rind, die im Wildstand eher offenes Gelände bevorzugten, waren Schafe und Ziegen Geschöpfe der Berge. Ihre Vorfahren und Verwandten waren und sind schwindelfreie Kletterer und genügsame Beweider der kargsten Vegetationen. Das Schaf knabbert von allen Weidetieren das Gras am tiefsten ab (Weidefolge: Rind – Pferd – Schaf); die Ziege wird an manchen Orten auch „Steppenmacher" genannt, weil sie mit Vorliebe Blätter, Triebe und Zweige frisst und damit die Buschvegetation vernichtet. Das Schaf ist von jeher vermutlich das geselligste Herdentier, das sich recht einfach zähmen und abhängig machen lässt. Die Vorfahren der heutigen Schafe stammen aus den asiatischen Bergregionen und unterscheiden sich recht klar vom Hausschaf, indem ihnen die Wolle fehlt, sie sind lediglich behaart; beide Geschlechter tragen Hörner, die Böcke oft recht große, gedrehte, die weiblichen Schafe einfache; die Färbung ist meist graubraun oder gelbbraun bis weiß. Alle Wildformen kreuzen sich untereinander fruchtbar, obwohl das eher selten vorkommt. Vor ca. 130.000 Jahren, so vermutet man, wanderten Wildschafe erneut in Europa und Kleinasien ein, nachdem sie hier zwischenzeitlich ausgestorben waren. Es kam zu regionalen Entwicklungen, von denen der asiatische und der europäische Mufflon von besonderem Interesse sind. Wahrscheinlich ist der Mufflon aus Anatolien und dem Iran/Irak („Fruchtbarer Halbmond") – mit einer Beimischung von Argali-Wildschaf – der Urahn aller Hausschafe. Deren enorme Vielfalt ist auf die recht große züchterische Modellierbarkeit und einfache Kreuzbarkeit der Schafe zurückzuführen; ihre Gene spalten sich in kurz- und langwollig ebenso wie kurz- und langschwänzig, in kurz bzw. lang oder sogar mehrfach gehörnt oder hornlos auf.

Kleine Wiederkäuer, also am ehesten Schaf und Ziege, waren laut herrschender Lehrmeinung unter den allerersten Nutztieren der Menschheit. Man nimmt an, dass sie ca. um 9000 v. Chr. bereits in den Hausstand überführt wurden und so den frühen sesshaften Landwirt „auf das Nutztier brachten". Zuerst als lebende Fleischreserve und eventuell als Opfertier gehalten, kam die Nutzung der Schafwolle, also des weichen Unterhaars, erst nach einigen Jahrtausenden auf. Knochenfunde deuten auf ein steinzeitliches „Torfschaf" in Zentraleuropa hin (Schweiz, Deutschland, Österreich u. a.). Frühe bildliche Darstellungen stammen aus dem Reich der Sumerer und aus Ägypten und belegen, dass um 3000 v. Chr. Schafe unterschiedlichen Typs weit verbreitet waren. Die religiöse Bedeutung der Kleinwiederkäuer erkennt man an den diversen Gottheiten, die als oder mit Widder oder Ziegenbock dargestellt wurden (z. B. Thor); auch viele Bibelstellen weisen z. B. auf das Opferlamm hin.

Extreme Fettansammlung an der Kruppe und im enorm vergrößerten Schwanz ist den langschwänzigen asiatischen Schafen eigen (Fettsteißschaf; Fettschwanzschaf), deren Herkunft man auf das Argali in Zentralasien und das Kaspische Steppenschaf oder Arkal im Iran zurückführt. Der Wollreichtum stammt ebenfalls aus Asien; es kommen Rassen mit Haarkleid, mit Mischwolle oder mit reiner Wolle vor. Durch eine systematische Entwicklung einer Erbanlage, die den feinen Unterwollen-Anteil extrem steigert, kommt es zur Vlies-Bildung. Die nordafrikanischen Mauren brachten kostbare Merines (Merinos) aus dem Atlas mit, die von Spanien ausgehend die Woll-Welt eroberten. Die Wolle war neben Leinen und Leder lange Zeit ein Hauptbestandteil der menschlichen Kleidung und ein wesentlicher Wirtschaftsfaktor; heute ist sie in Europa leider unbedeutend. Vom frühen Mittelalter bis um etwa 1900 war sie ein kostbares Handelsgut, deren Wert den des Schaffleisches deutlich übertraf.

Der große Boom setzte sich mit Robert BAKEWELL fort, der im 18. Jh. mit dem Leicester-Schaf eine Rasse mit doppeltem Nutzen schuf und moderne Zuchtmethoden einführte. Die britischen und spanischen Hochleistungsrassen mit sehr spezieller Nutzung eroberten Asien, Australien, Südamerika und Neuseeland. Von dort kommt heute der Großteil der Wolle und des Fleisches – in bester Qualität und in riesigen Mengen. Schafkäse erfreut sich als Spezialität steigender Beliebtheit und ist eine gute Einkommensquelle für Kleinbetriebe. Dennoch – in Europa spielt das genügsame und freundliche Schaf seit den 1960er-Jahren leider eher eine Nebenrolle. Lediglich in Spanien wird es zusammen mit der Ziege in ariden Gebieten noch zahlreicher gehalten; in Frankreich gewinnt man aus der Milch Käse; auf einigen Inseln (z. B. Irland, den Shetlands, Gotland, Sardinien, Korsika, griechische Inseln u. a.) stellen Schaf und Ziege ergänzende Alternativen zum Rind dar.

Man teilt die Schafrassen in Fleisch-, Woll- und Milchrassen ein, wobei meistens eine gewisse Mehrfachnutzung gegeben oder möglich ist, vor allem bei den Landrassen.

## MUFFLON (STAMMFORM)

Das asiatische Mufflon, *Ovis orientalis*, war möglicherweise der Vorfahre aller domestizierten Schafrassen und des europäischen Mufflons. Beide Mufflon-Arten stellen dunkel gefärbte, kleine Schafe dar, die lange Läufe und sehr kurze Schwänze besitzen. Die Hörner sind häufig etwas kleiner und weniger gewunden als bei anderen Wildschaf-Rassen. Sie sind mit Ringen überzogen und auswärts geschwungen; Querwülste kommen nicht vor. Nur wenige Böcke entwickeln volle Spiralen, meistens führen die Hörner in weitem Bogen vom Kopf nach außen und dann zum Hals zurück. Die Körperunterseite ist heller, ebenso die Läufe und die Innenseiten der Keulen; im Winter erscheinen die Tiere dunkler. Sie ernähren sich hauptsächlich von Kräutern und Gräsern, verursachen daher kaum Schäden an Bäumen und Feldern. Beim Weiden streifen sie in ihrem Revier umher und kehren am Abend zu ihren bevorzugten Weideplätzen zurück. Die Mütter und Lämmer leben in Rudeln, die Böcke streifen allein oder in Gruppen umher. Während der Paarungszeit im November und Dezember kämpfen sie um die Harems.

Das europäische Mufflon kam bis vor einigen Jahrzehnten wildlebend nur auf Kor-

*Mufflons leben auf einigen Mittelmeerinseln noch wild.*

### ► EIGENSCHAFTEN

**(Europäisches Mufflon):** Kleines Wildschaf von maximal rund 70 cm Größe und 45 kg oder etwas mehr Gewicht. Die schönen, gewundenen Hörner der Widder sind eine bei Jägern beliebte Trophäe; bei manchen Unterarten bleiben die Schafe hornlos. Die deutliche und typische Fellzeichnung mit heller Körperunterseite verrät die nahe Verwandtschaft zur Wildform oder ist ein Zeichen für diese. Manche Muffeln haben einen langen Halsbehang; fast alle Formen wechseln zwischen sehr glattem, kurzem Sommerfell und langem, wolligem Winterkleid. Die extrem stabilen Läufe und harten Klauen machen das Muffelwild zu guten Springern und Kletterern. Genügsames und extrem wetterhartes Schaf, dessen Wildbret vorzüglich schmeckt. In vielen Tierparks und Naturschutzgebieten heimisch, braucht eine Mufflonherde ein großes Revier mit Buschwerk und Waldanteil, wo die Tiere tagsüber ruhen können. Im Winter schließen sich die Familiengruppen zu größeren Herden zusammen.

sika und Sardinien vor, wurde aber in vielen Ländern erfolgreich ausgewildert, wo es trockene, steinige Waldgebiete bevorzugt. Seine Herkunft ist nicht genau bekannt. Man hielt es für eine echte Wildform, ein Relikt europäischer Urschafe aus dem Pleistozän, das auf den abgeschiedenen Mittelmeerinseln überlebt hatte. Das Fehlen jeglicher Fossilien von Schafen auf den Inseln und am europäischen Festland lässt jedoch eine andere Theorie wahrscheinlich klingen: Es scheint plausibler, dass das Mufflon ein Relikt der ersten domestizierten Muffeln darstellt, welche mit den frühen neolithischen Bauern im siebenten Jahrtausend v. Chr. aus Kleinasien nach Europa kamen. In anderen Regionen wurden die Schafe später züchterisch stark verändert, auf den Inseln bestand diese Stammform wildlebend weiter. Ein ähnlicher Urtyp ist das Soay-Schaf von den schottischen Hebrideninseln. Es ähnelt dem Mufflon in vieler Hinsicht stark, zeigt aber im Vlies eine stärkere Domestikation. Beide Rassen zeigen eine relativ häufige Hornlosigkeit bei den weiblichen Tieren, wie sie bei echten Wildformen nur höchst selten ist; diese kann als Domestikationserscheinung gewertet werden. Beliebtes und attraktives Parkwild, das auch gerne in Wildbahn oder Gehege bejagt wird.

*Mufflon im Wildgehege*

## BENTHEIMER LANDSCHAF (D)

Die frühen Wurzeln der Rasse gehen wohl auf das Deutsche Landschaf der Niederungsgebiete zurück. Dieses war frohwüchsiger, mastfähiger und besser in der Wolle als das Zaupelschaf. Man hielt solche Heideschafe von den Niederlanden bis Böhmen und der Schweiz und kreuzte häufig Böcke aus den hervorragenden Zuchten der Holländer ein. Somit war die eigentliche Heimat der Bentheimer Rasse – ehe sie als solche bekannt wurde – Holland, und hier wiederum die Provinz Drenthe. Von dort kamen die Schafe in die benachbarte Grafschaft Bentheim, heute Weser-Ems. Um den Niedergang der Schafzucht aufzuhalten, wurden im Zuchtgebiet zwei frühe Musterherden aufgestellt, eine in Nordfrohme, die andere in Rheitlage. Das alte Heideschaf war mit etwas Stroh und wenig Heu als Winterfutter zufrieden gewesen; nun kam der Mineraldünger auf, es gab mehr Heu und die Schafrassen konnten in der Fütterung entsprechend anspruchsvoller gestaltet werden. Das Bentheimer Landschaf war ideal für den ganzjährigen Weidegang mit winterlicher Heuzufütterung geeignet und erwies sich als gutes Zweinutzungsschaf. Die Wolle war schlicht, das Fleisch recht gut, die Menge in beiden Fällen ansehnlich. Die Rasse galt als ebenso anspruchslos wie die Heidschnucke, bei besserem Ertrag.

Ab 1934 wurde die Rasse offiziell züchterisch bearbeitet. Allerdings blieb die Verbreitung vorerst sehr gering und beschränkte sich auf das Stammgebiet im Emsland. Um 1940 war der Gesamtbestand allerdings auf rund 15.000 Tiere angestiegen, um dann erneut wieder abzusinken. Zwischenzeitlich gab es nur drei Zuchtbetriebe, Anfang der 1980er-Jahre gar nur mehr eine Herde von 600 Tieren in Hütehaltung. Inzwischen ist

### ▶ EIGENSCHAFTEN

Die Rasse gilt als die großrahmigste unter den deutschen Moor- und Heideschafen. Die Tiere sind hochbeinig und lang im Rumpf; haben eine hervorragende Marschfähigkeit, die sie mühelos 10 km und mehr pro Tag zurücklegen lässt. Schmaler, geramster Kopf, weiß mit dunklen Abzeichen um die Augen, ungehörnt. Lange Läufe, sehr harte Klauen, kaum anfällig für Moderhinke. Sehr hohe Fruchtbarkeit, häufig Zwillinge; rund 150 % Ablammergebnis. Gute, milchreiche Mütter, leicht gebärend. Robust, genügsam, ideal für die Wanderschäferei.

*Das Bentheimer Schaf stammt aus den Niederungen und ist großrahmig.*

*Die Gattungen*

der Trend wieder leicht ansteigend, man betreut heute alleine im Zuchtverband von Weser-Ems wieder rund 600; 2.000–3.000 Tiere sind im übrigen Zuchtgebiet in Gebrauchsherden zu finden. Um die Nachfrage zu steigern und einem Engpass der Blutlinien vorzubeugen, wurden vor einigen Jahren Böcke der französischen Rasse „Causses du Lot" eingekreuzt. Dadurch wurde eine Verbesserung der Schlachtkörperqualität erzielt; rund 10 % der Rasse führt heute französisches Fremdblut. Fällt in die Kategorie „gefährdet" in der Roten Liste.

## BRAUNES BERGSCHAF (D, A)

Die Rasse lässt sich auf alte Bayerische und Tiroler Steinschafe zurückführen. In diesen Rassen oder Schlägen gab es schon immer auch dunkle Tiere, die sich wegen ihrer natürlich gefärbten Wolle großer Wertschätzung erfreuten; aus der braunen Wolle konnte man die typischen Lodenjanker fertigen. Schon sehr früh – wahrscheinlich im späten 18. Jh. – erfolgte eine bedeutende Zufuhr von Bergamasker- und Paduaner Blut, das aus Oberitalien nach Österreich eingeführt wurde. Die beiden italienischen Rassen erfreuten sich wegen ihres hohen Gewichts, der guten Fruchtbarkeit und ihrer Wolle großer Beliebtheit. In Bayern fanden sie um die Mitte des 19. Jh.s Eingang in die Schafzucht. Aus der Verschmelzung der Ausgangsformen Steinschaf und Bergamasker entstand das große, fruchtbare weiße Bergschaf. Eine ähnliche Entwicklung ging auch in Süd- und Nordtirol vor sich. Die weiße Variante drängte alle braunen und schwarzen Varianten zurück, auch wenn deren pigmentierte Wolle für den Hausgebrauch sehr geschätzt war. 1939 entschied man, dass alle Bergschaftypen zusammengefasst und dem Typ des Bergamasker Schafes angeglichen werden sollten, unter der Bezeichnung „Deutsches Bergschaf". Obwohl im Zuchtziel die weiße Wolle verankert war, kamen immer wieder dunkle Tiere vor, die man duldete, allerdings gab es keine gezielte Zucht auf Pigmentierung. In Bayern wurde das braune Schaf beinahe ausgerottet. Erst 1976 kam ein Antrag der Tegernseer Schafhalter auf Rassenanerkennung ein, 1979 gab es 13 Herdbuchbetriebe mit rund 100 Muttern und 10 Böcken. Als man die guten Eigenschaften erkannte und die Ras-

*Ein typisches Bergschaf – aber mit grober, brauner Wolle*

(Foto: ProSpecieRara)

### ▶ EIGENSCHAFTEN

Mittelgroßes, ganz pigmentiertes Schaf im Typ des Deutschen Bergschafes. Ramsnasiger Kopf, unbehornt und schmal; hängende Ohren. Tiefer, breiter Rumpf, langer Rücken und stramme Lende. Kräftige Beine mit harten Klauen, sehr steigfähig und witterungsunempfindlich. Robust und leichtfuttrig. Asaisonales Brunstverhalten; Frühreife und hohe Fruchtbarkeit sind rassetypisch. Grobe, lange Wolle, die guten Wetterschutz bietet. Bei langer Sonnenbestrahlung wird die cognac- bis dunkelbraune Wolle an den Haarspitzen ganz hell.

se neu aufbaute, kam es zu Einkäufen in Südtirol und Österreich. In Südtirol wurde man dadurch auf den Mangel an solchen Schafen aufmerksam und man begann dort ebenfalls, gezielte Erhaltungsmaßnahmen zu setzen. Einige Züchter im Raum Miesbach begannen die Arbeit, die bis heute fruchtet und die Landkreise Rosenheim und Garmisch-Partenkirchen umfasst. Nach anfänglichen Schwankungen gibt es heute wieder ein rundes Dutzend Zuchtbetriebe in Bayern, einige sogar auch weiter nördlich sowie in der Schweiz. Der Bestand ist jedoch laut Roter Liste als „stark gefährdet" einzustufen.

## ENGADINER SCHAF (CH)

In der Schweiz gibt es im Engadiner Schaf eine dem Braunen Bergschaf verwandte und nahezu identische Rasse, die dieselben Wurzeln wie dieses besitzt. Im Kanton Graubünden wurden die Almen schon im 18. und 19. Jh. auch von italienischen Schäfern benützt, welche Bergamasker Schafe mitbrachten. Diese wurden in die bodenständigen Herden eingekreuzt und es entstand ein Typ, welcher sich durch Hängeohren, großen Rahmen, lange Läufe, Mischwolle und Ramskopf auszeichnete. Bei den im Unterengadin als „besch da pader" bezeichneten Schafen handelte es sich um Nachfahren der Bergamasker und Paduaner Schafe, die auch das Braune Bergschaf wesentlich beeinflussten.

Die heutige Rasse steht dem Braunen Bergschaf des Tiroler Schlages nahe. Zur Erhaltung waren Einkreuzungen aus Tiroler und bayerischen Beständen notwendig, ebenso solche des Ultner Schafes aus Südtirol. Das Engadiner Schaf ist heute über die ganze Deutschschweiz in rund 150 Betrieben verbreitet, seit 1992 gibt es einen Zuchtverein, der die Rasse durch vielfältige Aktivitäten fördert. Die Schafe weisen einen braunen Körper auf, der mit zunehmendem Alter heller wird, Kopf und Läufe bleiben dunkel.

### ▶ EIGENSCHAFTEN

Das Engadiner Schaf ist ein mittelgroßes Schaf, Widerristhöhe 65–80 cm, Gewicht 55–95 kg. Für das Engadiner Schaf typisch ist der lange Kopf mit der Ramsnase und den langen, hängenden Ohren. Engadiner Schafe sind bekannt für ihre Fruchtbarkeit, mit durchschnittlich drei Lämmern pro Jahr ist die Rasse die fruchtbarste aller Schweizer Rassen, mit ganzjähriger Paarungsbereitschaft und kurzen Zwischenlammzeiten. Bestandsentwicklung leicht steigend; Nutzung von Fleisch und Wolle.

*Auch Engadiner können etwas heller werden.*

*Dem Bergschaf in Österreich und Bayern ähnlich*

## BÜNDNER OBERLÄNDER SCHAF (CH)

Vor rund 100 Jahren stellten Wissenschaftler fest, dass die Herkunft dieser urtümlichen Rasse auf das jungsteinzeitliche Torfschaf zurückgeht. Die Bündner Landrasse setzte sich aus den ursprünglichen Schlägen von Vrin, Somvitg, Tavetsch und des Medels zusammen. Sie wurde als Tavetscher oder Nalpser Schaf bekannt und verbreitet. Tavetscher oder Nalpser Schafe besaßen eine an Ziegen erinnernde Kopfform und ein ähnliches Gehörn; allerdings gab es je nach Zuchtgebiet auch lokale Formen, die unbehornt waren. Dieser Typ des kleinen, weißen oder grauen Primitivschafes starb um die Mitte der 1950er-Jahre trotz Erhaltungsbemühungen aufgrund von Inzuchterscheinungen aus.

Im Medels und in Teilen von Vrin blieben einige sehr ursprüngliche Gruppen erhalten, da sich eine Handvoll von Züchtern der Einkreuzung anderer Rassen widersetzte. Seit 1984 baute ProSpecieRara aus diesen Tieren eine neue Herdbuchzucht auf. Man bezeichnete die Schafe als Tavetscher-ähnliche Medelser Schafe. Dank der Unterstützung des WWF konnten auch einige Vriner Schafe erworben werden, die in die Zucht eingingen. Leider waren auch die Vriner Schafe kaum mehr reinrassig vorhanden, sondern schon häufig mit Fleischrassen verkreuzt. Dennoch wurde die wiederbelebte Rasse, die sich stark von den heute üblichen weißen Alpenschafen unterscheidet, als erhaltungswürdig eingestuft. 1996 kam es zur Gründung des Vereins zur Erhaltung des Bündner Oberländer Schafes, dem seither die Führung des Herdbuches sowie die Förderung und Kontrolle der Zucht obliegt. Ziel des Vereins ist die Rassezucht und die langfristige Absicherung des Bestandes. Heute gibt es rund 50 Zuchtgruppen, die vorwiegend in der Ostschweiz beheimatet sind. Leider

*Bündner Schafe sind robust und meist gehörnt.*

stößt man auch auf Probleme, denn nicht alle Züchter sind Mitglieder des Vereins. Weiters sind die überwiegend weißen und gehörnten Tiere nicht sehr populär, obwohl sie über ausgezeichnete Eigenschaften verfügen. Allerdings ist gerade im Kanton Graubünden das Interesse an der Rasse wieder erwacht und es gibt dort eine langsam wachsende Zahl an Züchtern oder Haltern. Der Gesamtbestand liegt bei über 500 Tieren.

### ▶ EIGENSCHAFTEN

Vitales, ursprünglich wirkendes Schaf mit ausgeprägten Instinkten. Scheu und wachsam, an ein Wildtier erinnernd. Zartes Fundament mit harten Klauen, sehr geländetüchtig. Leicht und klein, die Widder dabei mit imposantem Gehörn geschmückt; die Hälfte der weiblichen Tiere trägt kleine, ziegenartige Hörner. Mittlere bis grobe Wolle, zartes Fleisch und robuste Konstitution. Langlebig, gesund und wetterfest. Hohe Fruchtbarkeit und gute Muttereigenschaften, schönes Euter. Meist weiß, aber auch grau, braun oder gefleckt; unbewollter Kopf und Läufe; langer Schwanz.

*ProSpecieRara ist an der Erhaltung der Rasse beteiligt.*

## COBURGER FUCHSSCHAF (D)

Rötlich-braune Schafe kamen mit Sicherheit in den Landschlägen seit langer Zeit immer wieder vor. Dies bestätigen alte Literaturstellen; von einem eigentlichen „Coburger Fuchsschaf" ist allerdings erst um 1877 die Rede. Als Teil der schlichtwolligen Schafpopulation der mitteldeutschen Mittelgebirge kamen rötliche Schafe vor allem in den Regionen der Alb, in Franken, der Eifel und in Hohenlohe vor, aber auch in vielen anderen Gegenden. Man kannte sie z. B. unter den lokalen Bezeichnungen Goldfüchse, Eisfelder Fuchsschafe, Eifeler und Coburger. Zu Beginn des 19. Jh.s soll der Bestand an fuchsfarbigen Schafen in diesen typischen Verbreitungsgebieten bis zu 60 % des Gesamtbestandes ausgemacht haben. Als Schläge oder Unterrassen des Deutschen Schlichtwolligen Schafes wurden sie allerdings bei Viehzählungen nicht gesondert angeführt, daher ist auch wenig über die Bestandszahlen bekannt. Man weiß allerdings, dass der Bestand bereits im späten 19. Jh. immer mehr zurückging und um 1930 vom Aussterben bedroht war.

Es ist den Bemühungen des Tuchfabrikanten Otto STRITZEL zu verdanken, dass die Coburger Rasse überlebte. Er zog sich auf einen Hof im oberfränkischen Fichtelgebirge zurück und begann dort eine Schafzucht. Anfängliche Versuche mit Kulturrassen scheiterten wegen des rauen Klimas. Deshalb begann STRITZEL, nach einer bodenständigen Landrasse zu suchen, und stieß auf das Coburger Fuchsschaf. Er kaufte alle verfügbaren Restbestände auf und begann 1943 mit einer Herde von rund 24 Tieren. Zum Zwecke der Blutauffrischung musste man auf Restbestände aus anderen Regionen zurückgreifen, etwa aus der Eifel, dem Hunsrück oder dem Westerwald; auch die Vogesen und Ardennen besaßen derartige Schafe. Die Tiere kommen braun zur Welt, hellen dann fortschreitend auf und werden rötlich-weiß, wobei Kopf und Läufe fuchsrot bleiben. 1966 wurde die Rasse anerkannt und ein Herdbuch angelegt. In den frühen 1980er-Jahren begann vor allem in Bayern eine deutliche und rasante Aufwärtsentwicklung, die bald auch die Bundesländer Hessen, Rheinland-Pfalz, Westfalen und Niedersachsen erfasste. Das Fuchsschaf ist vor allem für die Landschaftspflege und die kleinräumige Koppelhaltung geeignet, die vorzügliche und schöne Wolle wird gerne zur Hobbyverarbeitung verwendet. Die Rasse ist in der „Vorwarnstufe" eingestuft, daher nicht unmittelbar vom Aussterben bedroht.

*Das Coburger Lamm schaut neugierig in die Zukunft.*

*Coburger Fuchsschaf – der Name verrät die rötliche Färbung.*

### ▶ EIGENSCHAFTEN

Wuchtiges, großrahmiges Schaf mit gutem Fundament. Schmaler Kopf, unbewollt und hornlos, lange Ohren. Kräftiger Körper, unbewollte und rot gefärbte Läufe, harte Klauen. Robustes, fruchtbares und leichtfuttriges Landschaf. Zur extensiven Haltung, auch auf Koppeln, geeignet. Schöne, aber relativ grobe Wolle, die sich gut zum Handspinnen, Weben und Filzen eignet und ein attraktives Farbspiel aufweist.

## KÄRNTNER BRILLENSCHAF (A, SLO, I)

In früheren Zeiten gab es in Südösterreich zahlreiche lokale Rassen oder Schläge, deren Wurzeln nicht klar definierbar sind. Das Brillenschaf geht vermutlich auf das Seeländer Schaf zurück, das seinerseits auf eine Kreuzung von Kärntner Landschafen (Steinschafen, s. S. 112) und dem aus Oberitalien stammenden Padua-Schaf zurückzuführen ist. (Seeland = Region in Kärnten, die nach dem Ersten Weltkrieg zu Slowenien kam.) Das frühere Seeländer Schaf wurde so beschrieben:

*Die Nase ist stark geramst, die großen Ohren hängen schlaff herab; weiße Wolle, die Augen aber dunkel eingefasst.*

Die Schafe breiteten sich schon im 19. Jh. nach Salzburg, Tirol, Vorarlberg und Slowenien aus. Sie wurden erfolgreich mit Bergamasker Böcken veredelt, mit denen sie ja über das Padua-Schaf stammverwandt waren. Das Seeländer Schaf war besonders im Drau-, Gurk-, Lesach- und Kanaltal verbreitet und kam in zahlreichen lokalen Formen vor.

Um dieser etwas irreführenden Lage Abhilfe zu schaffen, beschloss man 1910, alle Schläge und folglich auch alle ähnlichen, verwandten Populationen „Kärntner Schaf" zu nennen. Der Import billiger Wolle aus Übersee brachte einen kurzen Niedergang in der Schafhaltung, doch diese ausgesprochen fleischbetonte Zweinutzungsrasse überlebte durch den Fleischmangel während und nach dem Ersten Weltkrieg. Dem Stein- oder Landschaf war die nunmehr konsolidierte Rasse an Wirtschaftlichkeit überlegen, zumal sie hart, genügsam und wetterfest, somit voll bergtauglich war. Die 1939 angeordnete Rassenbereinigung führte zur Zusammenlegung der so genannten Bergschafrassen und in der Folge zur weitgehenden Unterdrückung der Merkmale der Kärntner Schafe. In Bayern und einigen kleinen Zuchtinseln in Österreich und Slowenien blieben sie in geringer Zahl erhalten. Trotz der Aufhebung der Rassenbereinigung nach Kriegsende 1945 verringerte sich der Bestand laufend und erreichte

*Stets hornlos, aber mit markanter Kopfzeichnung*

mit rund 200 Tieren zu Beginn der 1980er-Jahre seinen Tiefstand. Vor rund 25 Jahren setzte durch gezielte Öffentlichkeitsarbeit (Grüne Woche Berlin) eine Wiederbelebung des Interesses ein, das zuerst Bayern, dann Österreich und Südtirol erfasste und zum Neubeginn der herdbuchmäßigen Zucht führte (A 1988, D 1989). Heute erscheint der Bestand in Bayern, Österreich, Südtirol und Slowenien als knapp gesichert. Es existiert eine Genbank in Wels, OÖ, und in Österreich ist das „Kärntner Brillenschaf" als Wortmarke patentiert. Seit

*Klar, warum ich ein Brillenschaf bin? – Nomen est omen.*

### ▶ EIGENSCHAFTEN

Großrahmiges, robustes Schaf mit schlicht gewellter, weißer Wolle. Geramster, unbewollter und schmaler Kopf mit charakteristischer dunkler Brillenzeichnung um die Augen und pigmentierten, langen Schlappohren; beide Geschlechter hornlos. Bei mittlerer Größe sehr wetterfest, robust und steigfähig; harte Klauen an recht hohen Läufen. Frühreif bei gutem Schlachtkörper und asaisonal mit einer Ablammquote von rund 150 % und mehr; häufige Zwillingsgeburten. Schafe ca. 55 kg, Böcke rund 75 kg.

## LEINESCHAF (D)

Das Leineschaf wurde aus mehreren Rassen in den Gebieten südlich von Hannover, durch welche der namensgebende Fluss Leine fließt, in der Mitte des 19. Jh.s geschaffen. Kurzzeitig waren auch die Namen Aller- oder Weserschaf gebräuchlich; das hessische, Lippesche und Paderborner Schaf waren verwandte, aber seit Langem ausgestorbene Rassen oder Schläge, welche dem Leineschaf gleichzusetzen waren oder ihm stark ähnelten. Die Ähnlichkeit mit dem alten Frankenschaf war sehr groß, wobei man die gute Futterverwertung schätzte, die eine rationelle Winterfütterung mit Stroh und in Süd-Hannover mit Rüben ermöglichte.

1983 führt Slowenien ein Herdbuch für die beinahe identischen Tiere dieses Landes, die als Jezersko-solčavska ovca bekannt sind und seit 1994 in einem Erhaltungsprogramm stehen. In Südtirol besteht im Villnösser Schaf eine ebenfalls sehr ähnliche und eng verwandte Rasse, die auch genetisch vom Brillenschaf beeinflusst ist und deren Zucht seit 1999 gefördert wird.

*Das alte Leineschaf aus dem Raum Hannover*

Schon 20 Jahre später versuchte man aufgrund sinkender Wollpreise, die Rasse durch Einkreuzungen vor allem englischer Fleischrassen wirtschaftlicher zu machen. Diese Versuche schlugen fehl bzw. wurden die Produkte in der Regel nicht zur Weiterzucht verwendet, sie wurden aber erst 1906 nach dem Eingreifen der landwirtschaftlichen Vereine beendet. Mit den noch vorhandenen reingezogenen Leineschafen versuchte man, eine einheitliche Zuchtrichtung aufzubauen. Die Tiere wurden einer Selektion auf guten Wollbesatz und ein Vlies in C-Feinheit (achte von zwölf Klassen) unterzogen. Von diesem Zeitpunkt an kann man von einer konsequenten Zucht sprechen. Man erzielte über einige Jahrzehnte hinweg zwar einen befriedigenden Zuchtfortschritt, doch um ca. 1960 war das Leineschaf wirtschaftlich den Hochleistungsrassen nicht mehr ebenbürtig. Man entschloss sich daher, großzügig Texel- und Ostfriesisches Milchschaf einzukreuzen. Der daraus entstandene neue Typ wurde dann auch als „Neues Leineschaf" bezeichnet und die alte Ausgangsrasse verschwand fast völlig; aus dem Neuen Leineschaf wurde, obwohl genetisch stark verändert, sprachlich wieder „das Leineschaf".

Heute gibt es nur noch einen kleinen Restbestand an reinrassigen Tieren im alten Typ, mit denen eine neue Population aufgebaut werden soll. Der Vergleich altes versus neues Leineschaf führt zu heftigen Diskussionen, darum sei hier das Buch „Gefährdete Nutztierrassen" von SAMBRAUS kurz zitiert:

*Einkreuzungen sind höchstens zulässig, solange eine Rasse dadurch nicht insgesamt in Frage gestellt wird. Was mit dem Leineschaf geschah, überschritt jedoch deutlich ein hinnehmbares Ausmaß.*

Das Leine-Schaf wird in der Roten Liste mit „extrem gefährdet" eingestuft.

### ▶ EIGENSCHAFTEN

Ein mittelgroßes Schaf von robuster Statur, mit schlichter, recht guter Wolle, die bis zu den Mittelfußgelenken wächst; das Gesicht und die unteren Läufe bleiben unbewollt. Schurgewichte recht niedrig; Farbe Weiß. Unbehornt, mit harten Klauen und stabilen Läufen, dabei marschfähig und futterdankbar. Größe rund 65–75 cm, Länge 80–90 cm, gut mastfähig und frühreif. Ein lukratives Schaf für Hobbyschäfer und Selbstversorger.

## MERINOSCHAF (FLEISCH-/LANGWOLLTYP) (D)

Die große wirtschaftliche Bedeutung der Wolle und ihrer Verarbeitung über Jahrhunderte wurde schon erwähnt. Daher selektierte man viele europäische Rassen auf Basis von Wollertrag und -qualität; das Fleisch war eher nebensächlich, wenn auch nicht unbedeutend. Im 19. Jh. waren die Britischen Inseln bzgl. Fleischproduktion absolute Spitzenreiter; Länder wie Spanien, Frankreich und Deutschland produzierten aber mehr Wolle. Inzwischen ist die europäische Wollproduktion eher nebensächlich und man verbessert den Fleischertrag der heimischen Schafe. Die weltweit verbreiteten Merinos stammen aus Marokko, von wo sie im Zuge der Eroberung Spaniens durch den Berberstamm der Beni-Merines um ca. 1100 über Gibraltar nach Europa kamen; ihre eigentliche Heimat ist also Nordafrika.

Merinos gelangten im 18. Jh. nach Süddeutschland – besonders Württemberg – und verbreiteten sich von dort aus als Merino-Landschaf in die ländlichen Zuchten. Der Fleischtyp gehört zu den Kammwollschafen mit guter Mastfähigkeit und wurde um 1870 entwickelt. Er führt das Blut französischer und britischer Leistungsrassen und war bis in die 1950er-Jahre der häufigste Typ. Er ist heute allerdings sehr selten, da seine Wolle aufgrund des Preisverfalls kein Geld mehr einbringt und seine Mastfähigkeit hinter jener der reinen Fleischrassen bleibt. Der gesamtdeutsche Bestand wird in der Literatur auf rund 3.000 Zuchttiere geschätzt, mit einem Schwerpunkt in Niedersachsen. Als „stark gefährdet" eingestuft.

Das Merino-Langwollschaf ist eine relativ junge Entwicklung der Rasse, die in der ehemaligen DDR entstand. Man kreuzte Merino-Landschafe mit kaukasischen, amerikanischen, britischen und australischen Rassen, um Wollertrag und Mastfähigkeit zu steigern. Durch moderne Zuchtmethoden erreichte man um 1985 das Zuchtziel und schwenkte auf Reinzucht um. Die Qualitätsbewertung erfolgte in der Reihenfolge Wollertrag, Wollqualität, Schlachtgewicht und Schlachtkörper.

### ► EIGENSCHAFTEN

Merinoschafe haben den höchsten Wollertrag und die beste Qualität aller Rassen; daneben sind das Merino-Landschaf und das Merino-Fleischschaf auch robuste und mastfähige Tiere, allerdings nicht so leistungsbetont wie andere. Sie sind etwas spätreif; rund 150–200 % Ablammquote; Wollertrag ca. 5–7 kg von bester Qualität (Grannenhaar und Wollhaar identisch); beim Langwolltyp auch mehr, dafür etwas gröber, bei rund 20 cm Stapellänge. Leichtfuttrige und robuste Schafe mit dichtem, weißem Vlies und harten Klauen. Mittelgroß und kompakt gebaut; hornlos.

*Merino-Landschafe sind vielseitige Alleskönner.*

## OSTFRIESISCHES MILCHSCHAF (D)

Der Ursprung des Milchschafes liegt im Nordwesten Ostfrieslands, nördlich der Stadt Emden, hoch im Norden Niedersachsens an der Nordsee bzw. Deutschen Bucht. Dort schuf man um 1850 aus den zwei dort beheimateten Schlägen des Marschschafes (Groninger- und Friesenschaf) einen einheitlichen Typ. Dieses Schaf war aufgrund der Einkreuzung englischer Cotswold- und Leicesterschafe höchst leistungsfähig, aber sehr haltungsintensiv; es war dem heutigen Milchschaf an Körper- und Vliesgewicht sogar überlegen – nicht jedoch in der Milchleistung. Das moderne Milchschaf ist allerdings auch robuster und fruchtbarer als das alte Marschschaf.

*Ertragreich, aber haltungsintensiv*

Über Jahrhunderte hatte man in Friesland solche Schafe kultiviert; es gab schwarze und weiße Tiere, die weitreichend exportiert wurden. Schwarze Milchschafe sind heute sehr selten. Nahezu alle internationalen Milchschaf-Rassen führen das Blut der bewährten Friesen-Schafe. Hierin liegt eine Analogie zur Friesen-Kuh, deren Eigenschaften jenen des Schafes gleichen: enorm ergiebig bei guter Fleisch- und Milchqualität, aber haltungsintensiv – und international begehrt.

Der erste Zuchtverband wurde 1892 gegründet; seit 1908 gibt es eine geordnete Herdbuchzucht; vor ca. 50 Jahren verlegte sich der Zuchtschwerpunkt aus Friesland in das Rheinland, nach Westfalen und in das Weser-Ems-Gebiet. 1979 wollte man den Namen auf Deutsches Milchschaf umstellen; dies misslang und mit 1985 kehrte man wieder zum alten Namen zurück. Als Zuchtziel werden leichte Melkbarkeit, gute Euterform und lange, ausgeglichene Laktationen angestrebt.

Hobbyschafhalter und Selbstversorger schätzen diese Rasse aufgrund ihrer möglichen Mehrfachnutzung von Milch, Wolle und Fleisch. Die Rasse wurde von der Zentralen Dokumentation Tiergenetischer Ressourcen in Deutschland in der Kategorie „zur Beobachtung" eingestuft. Der Bestand in Deutschland im Jahr 2008 lag bei rund 2.500 Muttertieren und 200 Böcken, Tendenz fallend. (Quelle: Bundesanstalt für Landwirtschaft und Ernährung).

### ▶ EIGENSCHAFTEN

Ein großrahmiges, widerstandsfähiges Schaf mit hoher Fruchtbarkeit, das ein asaisonales Brunstverhalten hat und deshalb ganzjährig belegt werden kann. Gute Milch- und Wollleistung sowie gute Schlachtkörperqualität, auch bei höherem Schlachtgewicht. Leicht geramster, hornloser Kopf mit edlem Ausdruck, Ohren lang und fein, Rumpf breit, gut geschlossen; Rücken lang, fest und gerade. Gliedmaßen gut bemuskelt bei korrekter Stellung, Schwanz dünn, lang und unbewollt. Euter groß, gut aufgehängt. Wolle einfarbig, weiß bzw. schwarzbraun, lang (bis ca. 20 cm) und dicht. Hohe Milchleistung von ca. 400–600 kg Milch und mehr bei etwa 6 % Fett und 4–5 % Eiweiß; gute Fruchtbarkeit von 200–300 % (häufige Mehrlingsgeburten). Gewicht: ausgewachsene Widder 110–130 kg, Mutterschafe ca. 70– 90 kg.

## RAUWOLLIGES POMMERSCHES LANDSCHAF (D)

Nach SAMBRAUS soll es bereits im 13. Jh. rauwollige Landschafe in Schlesien gegeben haben. Von dort haben sie sich nach Polen, Ost- und Westpreußen verbreitet und waren bald die häufigsten Schafe dieser klimatisch wenig begünstigten Regionen. Seit 200 Jahren versuchte man, durch gezielte Einkreuzungen die Fleisch- und Wollqualitäten dieser mischwolligen Schläge zu verbessern.

### ▶ EIGENSCHAFTEN

Mittelgroßes Schaf mit schmalem Körper; hoher Rist, leicht überbaut und manchmal senkrückig. Schmaler Kopf, lebhafter Ausdruck, lange, leicht hängende Ohren. Zarte, aber stabile Läufe, gute Klauen. Dichte, grobe und lange Mischwolle mit dunklen Grannenhaaren. Gute Spinnfähigkeit, strapazierfähig, geeignet für wetterfeste Pullover. Gutes Fleisch mit wildbretartigem Geschmack. Sehr robust und leichtfuttrig, kann in Kleinstgruppen oder alleine gehalten und sogar getüdert werden.

Zugleich wurden die Herden der begüterten Gutsherren entweder mit schlichtwolligen Schafen verkreuzt oder durch solche ersetzt. Im nördlichen Verbreitungsgebiet blieb der robuste Rauwolltyp vor allem in den kleinen Beständen und der Einzeltierhaltung erhalten. Erst im 19. Jh. begann erneut ein Umzüchtungsprozess, diesmal mit Merinoschafen. Minderwertige, grobe Wolle brachte nur ein Viertel des Erlöses von feiner Merinowolle. Daher traten Merinos oder Merinokreuzungen einen Siegeszug durch Mecklenburg und Vorpommern an. Nur die kleinbäuerlichen Schafhalter der abgelegenen, küstennahen Ostseeregionen hielten am originalen Typ fest, der sich neben optimaler Klimaanpassung auch besonders für die Haltung in kleinen Gruppen oder die Einzelhaltung eignete.

Später erfolgten Einkreuzungen englischer Fleischrassen zwecks Verbesserung der Schlachtkörper und des Fleisches. Alle diese Verbesserungsversuche schlugen jedoch fehl, da die extreme Umwelt und die

*Ein robustes, einfaches Landschaf mit grober Wolle*

Robusthaltung die empfindlicheren Kreuzungsprodukte rasch wieder ausmerzten; die Rasse blieb relativ rein erhalten. In den frühen Jahren der Zwischenkriegszeit gab es noch zahlreiche so genannte Pommersche Rauhwoller, allerdings war ihr Stern schon im Sinken begriffen. Durch die Kriegs- und Nachkriegswirren gingen viele Tiere verloren, dann erlebte die Rasse jedoch noch einmal einen Höhepunkt, als man erneut robuste, vielseitige Landrassen förderte. Dieser Trend war aber kurzlebig, denn bald verdrängten spezialisierte Hochleistungsrassen die alten Landschläge. Nach 1956 wurde die Rasse nicht mehr in nennenswertem Umfang gezüchtet. Allein auf Rügen bestand sie in kleiner Zahl fort; in Süddeutschland existierte eine weitere Herde. Die als staatliche Genreserve gedachte Rügener Population wurde mit besonders typvollen Zuchttieren – 46 Muttern und sieben Böcken – ab 1982 aufgebaut. Nach langer Pause begann man in den 1980er-Jahren zaghaft, außerhalb Rügens kleine Herden aufzubauen. Zwar steigt der Bestand seither leicht an, die Rasse gilt aber laut Roter Liste noch immer als gefährdet, ihr Bestand dürfte bei ca. 600 Tieren liegen.

## RHÖNSCHAF (D)

Es ist erwiesen, dass seit dem 16. Jh. in der Rhön, dem Stammzuchtgebiet, eine typische Lokalform nahezu reinrassig erhalten wurde. Die Rasse war schon lange vor dem Einsetzen einer modernen Zucht in vielen Regionen Deutschlands bekannt und begehrt. Die erste schriftliche Erwähnung stammt aus dem Jahre 1846, das erste Portrait von 1859. Das schon damals unter seinem heutigen Namen bekannte Schaf war eine aufgrund von Selektion und Reinzucht deutlich von den übrigen abgrenzbare Variante des deutschen Landschafes. Es war im ganzen Zuchtgebiet von Thüringen bis zum Harz und dem Quellgebiet der Werra zahlreich verbreitet und wurde eifrig exportiert. Vor allem Frankreich bezog jährlich bis zu 80.000 Tiere, deren Fleisch (mouton de la Reine) als Delikatesse galt. Veredelungsversuche in der zweiten Hälfte des 19. Jh.s

*Nicht extrem selten: das Rhönschaf*

*Schwarzköpfige Alleskönner aus Thüringen*

(Foto: wikimedia.org)

mit Merinos und englischen Fleischrassen schlugen fehl, da die wertvollen Eigenschaften der Landrasse damit verlorengingen. Im letzten Viertel des 19. Jh.s trat ein Rückgang in der deutschen Schafzucht ein, der besonders auch das Rhönschaf erfasste. Die wenig wertvolle Wolle verlor durch Importe an Bedeutung, die französischen Importe waren aufgrund einer Einfuhrbeschränkung stark rückläufig. Als nach der Wende zum 20. Jh. die Planzucht aufkam, widmeten sich einige große Zuchtbetriebe der Rasse und man schuf ein bis heute gültiges Zuchtziel. Bedeutende Züchter waren die Gutsbetriebe Rangen-Laar (Kassel), Roßrieth und Völkershausen (Rhön) und Gerstungen (Thüringen). 1921 wurde der Zuchtverband gegründet – um diese Zeit war auch der Bestand erneut stark im Wachstum begriffen. 1933 erfolgte die Gründung des Herdbuches, das Zentrum der Zucht lag eindeutig in Thüringen, wo auch sämtliche Bockmärkte stattfanden. Die Züchter der anderen beiden Regionen, Hessen und Bayern, bezogen ihre Zuchttiere vornehmlich dort. Der Bestand blieb bis etwa 1950 ziemlich konstant, dann setzte ein starker Rückgang ein. Die Kriegsauswirkungen hatten zur Teilung des Stammzuchtgebietes geführt, allerdings konnte sich die Rasse in Thüringen weiterhin recht gut behaupten.

Der Bestand stieg dort vorübergehend stark an, 1953 zählte man rund 35.000 Tiere, dann begann die systematische Verdrängung der Rasse, welche zu einem Tiefstand von nur noch 100 Tieren im Jahre 1975 führte.

### ▶ EIGENSCHAFTEN
Gut mittelgroßes bis großes Landschaf von typischem Exterieur. Dank langer Läufe sehr gut marschfähig, aber auch für die Koppelhaltung geeignet. Sehr robuste und enorm wetterfeste Rasse mit schlichter, weißer Wolle. Nur der bis hinter die Ohren unbewollte Ramskopf ist schwarz, Körper und Beine sind weiß. Sehr gute Mastfähigkeit bei ausgeprägter Leichtfuttrigkeit; langes, breites Schaf von guter Fleischigkeit. Lämmer betont frohwüchsig, da die Muttertiere bis zu sechs Monate nach dem Ablammen eine gute Milchleistung aufweisen.

1980 begann erneut ein Umdenken und in ganz Deutschland setzte eine durch Förderungen unterstützte Erhaltungsarbeit ein. Der Erfolg wird in der Einstufung „Vorwarnstufe" der Roten Liste sichtbar.

## SAASER MUTTEN (CH)

Das Oberwallis gehörte zu den nördlichen Ausläufern des Verbreitungsgebiets der Bergamasker Schafe. Während die Bergamasker Schafe in weiten Teilen des Wallis von anderen Schafrassen verdrängt wurden, entwickelten sie sich im Gebiet im und um das Saas- und Simplontal zu einem Lokalschlag – den heutigen Saaser Mutten. Die Schäferei mit diesen Schafen hat im Saastal Tradition und der lokale Bergamasker Typ ist im Saastal das vorherrschende Schaf. Dass es sich um einen lokal angepassten Ökotyp handelt, bestätigen Aussagen heutiger Züchter, die berichten, dass nur wenige Zuchttiere von auswärts an der Saaser Schafzucht beteiligt waren. Zudem weisen die Saaser Mutten – verglichen mit den traditionell weißen Bergamasker Schafen im benachbarten Italien – einen Anteil von ca. einem Drittel an farbigen Tieren auf.

Bis auf wenige Ausnahmen werden Saaser Mutten vor allem im Walliser Saastal gehalten.

Der Großteil der Saaser Mutten ist weiß. Es kommen aber auch unifarbige oder ge-

*Ganz im Typ des alten Bergamasker Schafes*

*Meist weiß mit Schlappohren*

scheckt gezeichnete Tiere vor. Sowohl die weiblichen Schafe als auch die Widder sind hornlos, liefern eine eher feine Wolle und werden hauptsächlich zur Fleischproduktion gehalten. Auffälligste Merkmale dieser Rasse sind die langen Hängeohren und eine stark gewölbte Profillinie des Kopfes und der Nase (Ramsnase). Die Mutterschafe bringen nicht selten Zwillinge zur Welt und setzen ihre Lämmer asaisonal. Saaser Mutten zählen zu den größten Schweizer Schafen und gelten als ruhig und sehr zutraulich. Man sagt ihnen nach, dass sie enge Beziehungen zu ihren Betreuungspersonen aufbauen.

Der Bestand ist stark rückgängig.

### ▶ EIGENSCHAFTEN

Die Widerristhöhe der Schafe beträgt ca. 80 cm bei einem Gewicht von 80 kg, bei Widdern 85 cm und einem Gewicht von 100 kg. Die Nutzung liegt vor allem im Fleisch, aber auch die Wolle findet Verwendung.

## SKUDDE (D)

Skudden gehören zu den mischwolligen, kurzschwänzigen Heideschafen Nord- und Nordwesteuropas, denen auch die Heidschnucken angehören. Das Wort „Skudde" geht entweder auf die litauische Stadt Skuoda oder auf den litauischen Lockruf für Schafe, „skud", zurück. Man führt die Herkunft der Rasse einerseits auf die primitiven Schafe der Wikinger zurück, andererseits auf das steinzeitliche Torfschaf, genau ist die Frage jedoch nicht geklärt. Tatsache ist, dass die Rasse von jeher das Landschaf Ostpreußens, besonders Masurens, war und sich bestens zur Haltung auf mageren Weideflächen eignete. Ihre Erscheinung war im 19. Jh. dieselbe wie heute; 1873 zählte man in Preußen noch rund 77.000 Skudden, die vornehmlich in kleinbäuerlichen Betrieben oder in extensiver Haltung auf großen Gütern vorkamen. Schon zu Beginn des 20. Jh.s war der Bestand wesentlich zurückgegangen, was vor allem auf die Verdrängungskreuzung mit württembergischen Landschafen zurückzuführen war. Die echte Skudde hielt sich am längsten in den bäuerlichen Betrieben Masurens und der Kurischen Nehrung, vor dem Zweiten Weltkrieg war sie in Ostpreußen sehr selten geworden, kam aber in Litauen noch vor. 1945 sollen noch rund 1.000 Tiere existiert haben, wobei die Kriegs- und Nachkriegswirren im Zuchtgebiet zur Dezimierung beitrugen. Bald danach galt sie als ausge-

### ▶ EIGENSCHAFTEN

Kleines, robustes Landschaf, weiß, braun oder schwarz; langes, derbes Vlies, Böcke mit Mähne. Muttern hornlos oder mit Hornstummeln, Böcke mit großen, schraubenförmigen Hörnern. Leichtes, stabiles Fundament mit harten Klauen. Sehr vital, schnell und springfreudig; scheu und flüchtig. Starker Sozialtrieb, gute Muttereigenschaften. Asaisonal, Ablammergebnis rund 130 %. Sehr gutes, wildbretartiges Fleisch; geringe Zunahme, aber extrem leichtfuttrig. Wetterunempfindlich, krankheitsresistent und intelligent. Ideal für extensive Haltung auf Standweiden.

*Skudden sind robuste, einfache Landschafe.*

storben. Glücklicherweise hatte der Tierpark Hellabrunn in München schon 1941 eine kleine Zuchtherde aufgestellt, die im folgenden Jahr nach Leipzig übersiedelte. Von dort gingen einige Nachzuchttiere allmählich wieder in private Züchterhände über, sodass allmählich ein kleiner Bestand neu aufgebaut werden konnte. Aktuelle Bestandszahlen sind nicht bekannt, da nicht alle Züchter erfasst sind und eine überregionale Koordination bislang schwierig war. Man geht von rund 1.000 Skudden oder etwas mehr aus, von denen rund 700 herdbuchmäßig erfasst sind. Wegen der Inzucht ist der kleine Bestand etwas verkreuzt worden, sodass über die Reinrassigkeit mancher Tiere Zweifel bestehen.

Die robusten und primitiv anmutenden Schafe sind ideal für die Landschaftspflege geeignet. In ihrem fluchtbereiten Verhalten erinnern sie stark an Wildtiere. Da sie sehr standorttreu sind, sind sie zur Koppel- oder Standweidehaltung geeignet. Ideal für Hobbyschafhalter.

*Starkes Gehörn eines Skudden-Bockes, das an Mufflons erinnert.*

## SPIEGELSCHAF (CH)

Diese alte Schweizer Landschafrasse war beinahe ausgestorben, ehe man sie vor rund 15 Jahren wiederentdeckte. Die genaue Herkunft liegt im Dunkeln, allerdings gab es schon früher mündliche Überlieferungen aus dem Prättigau, der Bündner Herrschaft und den angrenzenden Gebieten im Rheintal. Selbst im Engadin und in Kärnten war die Rasse bekannt, wenn man auch keine enge Verwandtschaft der dortigen Tiere mit jenen des Stammzuchtgebietes vermutet. Das Spiegelschaf soll von alten Bündner Schafen, wie beispielsweise der Prättigauer Rasse, abstammen. Einflüsse des Seidenschafes und des Luzeiner Schafes werden angenommen. Aufgrund der Wanderschäferei im 17. und 18. Jh. vermutet man auch solche der Vorarlberger Montafoner Schafe und der Kärntner Brillenschafe. ProSpecieRara suchte lange Zeit nach den letzten Schafen dieser Rasse, welche durch moderne Rassen völlig verdrängt worden war. Man hatte die Hoffnung auf einen Fund aufgegeben, als sich 1985 ein Züchter aus Graubünden meldete, der noch einige Tiere besaß. Der Versuch, neue Linien aufzufinden, blieb erfolglos, allerdings konnte die Stammzucht seither auf eine breitere Basis gestellt werden. Heute gibt es im Prättigau und im übrigen Rheintal, aber auch in der gesamten Deutschschweiz rund 90 Züchter dieser Rasse.

Der Zuchtverein wurde 1997 gegründet, er organisiert das Herdbuch, betreut die Züchter und kontrolliert die Zucht. Der enge Verwandtschaftsgrad innerhalb der Population führt zu Problemen, da man keine neuen Bestände ausfindig machen kann. Mit rund 550 Tieren ist der Bestand relativ klein.

### ▶ EIGENSCHAFTEN

Mittelgroßes, oft hochbeiniges Landschaf. Schöne, feine Wolle; Kopf, Läufe und Bauch unbewollt. Gerader, schmaler Kopf mit typischer Brille um die Augen; hornlos. Früher gab es Tiere mit oder ohne Augenflecken, heute sind diese ein Charakteristikum der Rasse. Je älter die Tiere werden, desto mehr verblasst die Zeichnung. Gut gezeichnete Tiere sind als Lämmer am ganzen Körper gefleckt, nach der ersten Schur bleibt die Wolle allerdings auch über den Flecken weiß. Die Rasse ist auch nur mit Grundfutter gut mastfähig, die Lämmer nehmen schnell zu. Der Körper ist harmonisch und tief. Starke Keulen, kräftige, lange Läufe, raumgreifender Gang, harte Klauen.

*Zarter Kopf mit typischer schwarzer „Brille"*

## STEINSCHAFE (A, D, SLO)

Die unter diesem Überbegriff stehenden Schläge oder Unterrassen gehen alle auf das uralte Zaupelschaf zurück. Dieses stammte vom jungsteinzeitlichen Torfschaf ab und gelangte mit indogermanischen Stämmen in den Ostalpenraum. Sein weites Verbreitungsgebiet umfasste Süddeutschland, Österreich, Böhmen, Mähren, Schlesien, Krain sowie auch die Schweiz. Im Mittelalter zählte es mit dem eng verwandten Waldschaf zu den verbreitetsten mischwolligen Landschafen. Das kleinrahmige, unveredelte Schaf war für den Kleinbauern in Extremlagen eine geeignete Rasse, die wenige Ansprüche an Haltung und Zucht stellte. Solche Landschafe waren aufgrund ihrer Widerstandsfähigkeit, Anspruchslosigkeit und hohen Fruchtbarkeit sehr beliebt und wurden dreifach genutzt: Milch, Wolle und Fleisch. Wahrscheinlich hatte jede lokale Ausformung ihren eigenen Namen; gegenüber den mittelgroßen, mischwolligen (z. B. Rhönschaf) und den kleinen, kurzschwänzigen Schafrassen (z. B. Heidschnucke) waren sie klar abgrenzbar. Originale Bestände von ähnlicher genetischer Struktur existieren noch in Ungarn, wo es noch heute als Zaupel- oder Ciktaschaf bezeichnet wird.

### ▶ EIGENSCHAFTEN

Kleines bis mittelgroßes, hageres Schaf mit schmalem Kopf. Gesicht unbewollt; gehörnt oder ungehörnt. Wenig fleischig, aber sehr schmackhaftes, mageres Fleisch. Gewicht je nach Rasse oder Schlag von 35–60 kg bei Mutterschafen und 55–90 kg bei Böcken. Weiß, grau oder schwarz, bewollter, langer Schwanz. Extrem fruchtbar, oft Zwillinge, leicht gebärend. Hervorragende Robustheit bei ausgezeichneter Bergtauglichkeit; leichtfuttrig.

Als älteste Schafrasse des Ostalpenraumes stellt das „Original Steinschaf" einen wertvollen Genbestand dar. Der Zusatz „Original" hat sich zwecks Abgrenzung gegenüber den Schlägen Bayerisches, Krainer, Montafoner und Tiroler Steinschaf eingebürgert. Eine gezielte Erhaltung des Originaltyps wurde erst 1999 in Österreich beschlossen.

### ALPINES STEINSCHAF

Im Februar 2000 wurde diese einheitliche Bezeichnung sowohl für das Original als auch für das Bayerische Steinschaf festgelegt. Einfaches, robustes Bergschaf von oft

*Alpines Steinschaf*

*Unbewollte Köpfe, dichte Wolle*

grauer Farbe, aber auch alle anderen Farben kommen vor; rauwollig. Frühreif und sehr fruchtbar; häufig Mehrlingsgeburten. Zuchtgebiete in Bayern und Österreich.

### BAYERISCHES STEINSCHAF

Sehr selten gewordener Schlag, der sich seit dem Ersten Weltkrieg im weiteren Verlauf zunehmend verringerte und durch Kreuzungen verdrängt wurde. Früher zwei Typen, ein größerer im Chiemgau und ein kleinerer um Berchtesgaden. Kürzlich Bestrebungen zur Zuchtbelebung.

### ORIGINAL STEINSCHAF

Direkter Nachfahre des Zaupelschafes. Kleines, sehr widerstandsfähiges und fruchtbares Gebirgsschaf, das seinen Namen von der Region Steiner Alpen zwischen Kärnten und Slowenien erhielt und von dort auch nach Salzburg und Bayern gelangte. Nach dem Ersten Weltkrieg in den Gebieten von Salzburg, Tirol, Kärnten und Steiermark verbreitet.

### KRAINER STEINSCHAF

Ein asaisonales Milchschaf vom Typ des Steinschafs, das noch Merkmale des Zaupelschafes trägt und erst seit relativ kurzer

*Krainer Steinschaf*

# SCHAFE

*Krainer Steinschaf – Bock*

*Tiroler Steinschafe in verschiedenen Farben*

zögerliche Importe nach Österreich und in die BRD.

## MONTAFONER STEINSCHAF

Mit dem Schweizer Bündnerschaf verwandt und wie dieses ein echter Nachkomme des Torfschafes aus der Pfahlbauzeit. Die Restbestände der uralten autochthonen Montafoner Rasse liegen derzeit bei nur rund 60 Tieren. Besonders seidige Wolle, manchmal gehörnt; extrem widerstandsfähig.

## TIROLER STEINSCHAF

Älteste Tiroler Schafrasse; heute bedeutend größer als früher. Ursprünglich in den alpinen Regionen Österreichs, Süddeutschlands und Italiens bekannt. Seit 1970 erfuhr die Rasse durch die Bemühungen des Schafzuchtverbandes und einiger Zillertaler Züchter einen Aufschwung und einen bedeutenden Qualitätsanstieg.

Zeit wieder in Österreich und Deutschland eingeführt ist. Seit 1986, als man auf den Bestand in Slowenien aufmerksam wurde,

## WALACHENSCHAF (VALASKA) (D, A, H, SK)

Diese westlichste aller alten Zackelschaf-Rassen soll auf Tiere zurückgehen, die mit rumänischen Hirten aus den Karpaten in die Slowakei kamen. Diese „Walachen-Kolonisation" dauerte ca. vom 13. bis zum 16. Jh. Das Walachenschaf konnte sich in der Hohen Tatra und in den Beskiden ohne weitere Verkreuzung zu einer Rasse entwickeln. Es ist in der ehemaligen Tschechoslowakei und in Südpolen heimisch; vermutlich auch in Schlesien, wie man aus Krippenschnitzereien von 1900 aus dem Dorf Gruhlich im Eulengebirge erkennen kann. Ganz ähnliche oder identische Schläge kamen als „langschwänzige Zackelschafe" im Osten angeblich bis in die Türkei, die Moldau und nach Griechenland und Siebenbürgen vor. Der Milchreichtum der Rasse ist bzw. war berühmt; man macht(e) aus der würzigen Milch guten Käse, allerdings ist die Produktion in Kleinbetrieben oder Wanderschäfereien gering – und außerdem gibt es nur mehr ganz wenige solcher Tiere. Der „Brinsa" oder „Brimsen" war wichtiges Handelsgut der Bergvölker des Balkans und unteren Donauraums. In ihren alten Heimatländern sind kaum reinrassige Bestände vorhanden; die letzten reinen Walachenschafe findet man in Deutschland. Die veredelnde Kreuzungszucht hat diese einfachen Landschafe

### ▶ EIGENSCHAFTEN

Ein mittelgroßes Schaf mit grober, langer Mischwolle, deren Stapellänge mit 25–30 cm angegeben wird; Farben Weiß, Grau, Braun mit Pigmentflecken. Die Böcke haben prächtige, spiralförmig gewundene Hörner, auch die Muttern sind oft gehörnt. Edler, gerader Kopf mit kleinen Ohren und oft einer Stirnlocke (Schaupe, Schippel). Recht langer Schwanz, extrem harte Klauen. Ein lebhaftes, flinkes und sehr robustes Schaf, scheu und wachsam. Saisonal brünstig, spätreif, häufig Zwillingsgeburten. Sehr seltene Rasse, die akut bedroht ist, nur wenige Dutzend Tiere in der BRD; angestrengte Rettungsversuche diverser Organisationen in Deutschland und der Schweiz. Schafe ca. 40–50 kg, Widder ca. 60–75 kg.

*Unter verschiedenen Namen weit verbreitet und dennoch selten geworden.*

obsolet gemacht und verdrängt. Wanderschäferei oder Transhumanz in bergigen Regionen ist heute aus vielen Gründen beinahe unmöglich geworden. Damit gehen aber auch die typischen Rassen verloren – analog etwa das Bergamasker Schaf Oberitaliens. Wie alle Zackelschafe sind Walachenschafe temperamentvoll und gut marschfähig und waren damit bestens für die Wanderschäferei geeignet. Gute Mutterschafe der Rasse gaben/geben futterabhängig ca. 300 kg Milch pro Laktation und etwas mehr.

## WALDSCHAF (A, D)

Ebenso wie das Steinschaf ist auch das Waldschaf ein direkter Nachkomme des alten Zaupelschafes. Letzteres war bis etwa 1600 das einzige mitteleuropäische Schaf und stellte einen bedeutenden Wirtschaftsfaktor dar, denn es war der alleinige Wolllieferant. Das kleine, schlichtwollige Tier besaß keinerlei hervorstechende Eigenschaften, außer seiner Robustheit und Fruchtbarkeit, die es für die extensive Haltung prädestinierten. Der Bestand an Zaupeln ging mit dem Import der frühen Merinos und englischen Fleischrassen stetig zurück. Sie wurden in entlegene, klimatisch ungünstige Rückzugsgebiete abgedrängt, wo sie bis zum 19. Jh. weiter existierten. Im Bayerischen Wald, im Böhmerwald und in Nordösterreich konnten sich mehr oder weniger große Bestände lange halten, ehe auch sie auf Reste zusammenschrumpften. In Südungarn wurden Zaupelschafe durch schwäbische Siedler um 1720 heimisch und dienten dort lange Zeit der Wollgewinnung. Sie sind unter dem alten Namen Ciktaschafe bis heute dort anzutreffen und werden im Rahmen eines Generhaltungsprogrammes bewahrt. Ähnliches trifft für die böhmischen Sumavka-Schafe zu, die staatlich gefördert werden und von denen rund 1.500 Tiere existieren.

Sie alle gehörten derselben Gruppe an und sind ebenfalls direkte Zaupel-Nachfahren, wie Stein- und Waldschaf. Genetische Untersuchungen ergaben eine enge Verwandtschaft dieser Rassen.

Bis zur Wende zum 20. Jh. hielten die bäuerlichen Kleinbetriebe der Berg- und Waldregionen Schafe in kleinen Herden, um den eigenen Wollbedarf zu decken. Die schlichte Wolle ließ sich relativ leicht von Hand verspinnen; erst mit der rapide ansteigenden Verfügbarkeit von industriell hergestellten Textilien wurde auch das unrentabel. Binnen weniger Jahrzehnte ging der Bestand an Waldschafen weiter zurück, sodass nach dem Zweiten Weltkrieg nur mehr wenige Tiere vorhanden waren. Als man sich in den 1980er-Jahren entschloss, die Bestände zu konservieren, gab es einen kleinen Aufschwung; heute kann Bayern auf rund 250 Muttern verweisen; Österreich hat rund 200 Tiere. Die Schafe sind aufgrund ihrer Robustheit und Genügsamkeit bestens für kleine Hobbybetriebe geeignet. Sie stellen eine interessante historische Variante dar, ihre Wirtschaftlichkeit ist allerdings gering.

*Waldschafe sind robust und genügsam.*

*Zahmer Waldschaf-Hammel im Besitz des Autors*

### ▶ EIGENSCHAFTEN

Kleines bis mittelgroßes Schaf mit unbewolltem Gesicht und Beinen. Die Wolle ist schlicht und glänzend, der Ertrag relativ gering. Die Qualität ist recht gut, da sich die Wolle nicht verfärbt und sehr haltbar ist. Das Fleisch ist überaus wohlschmeckend, die Mastleistung allerdings gering. Die Tiere sind in großem Maße wetterhart und kaum krankheitsanfällig, daher ideal für die Robusthaltung in extensiven Betriebsformen. Hohe Fruchtbarkeit mit asaisonaler Fortpflanzung. Böcke gehörnt; meist weiß, aber auch braun oder schwarz.

## WALLISER LANDSCHAF (CH)

Diese auch Roux du Valais genannte Rasse stammt aus dem Wallis, wo sie vermutlich aus dem Vispertaler Schaf entstand, das heute ausgestorben ist. Das verwandte Walliser Schwarznasenschaf ist ihm ähnlich, besitzt aber weiße Wolle. SAMBRAUS vermutet frühe Einkreuzungen von Bergamaskern, denen später, etwa um 1875, auch Cotswold-Böcke aus England und Deutschland folgten. Viele Merkmale weisen auf alte italienische Rassen hin.

Als im 20. Jh. viele der alten Schweizer Rassen ausstarben, überlebte das rote Landschaf. Die Rasse war wegen ihrer groben, rötlichen Wolle geschätzt, die man nicht einfärben musste. Dennoch war das Roux du Pays nicht sehr verbreitet und in den 1980er-Jahren fand sich nur mehr eine Handvoll Züchter, die hartnäckig an ihren Tieren festhielten. Der Verein für das Walliser Landschaf wurde 1994 gegründet und betreut die Rasse und ihre Zucht in Zusammenarbeit mit ProSpecieRara. Man führt das Herdbuch, organisiert die Zuchtschauen und kümmert sich um die genetische Variabilität, um die gesunde Zukunft der Rasse abzusichern. Damit die Seitenlinien nicht verlorengehen, werden Tiere mit seltenem Erbgut regelmäßig verlautbart. Die meisten Züchter befinden sich im westlichen Mittelland, im Jura, den Berner Alpen und im Welschland. Im Wallis stieg das Interesse an der Herdbuchzucht bedeutend an, dort wird auch eine regionale Schau abgehalten.

Die leichte, mittelgroße Rasse ist nicht stark fleischbetont. Als typische Landschafe einer bergigen Region sind die Tiere gute Steiger und hervorragend an das Hochgebirge angepasst. Die Rasse ist extrem robust, sehr anspruchslos und nützt auch steinigste Weidegründe in steilsten Lagen. Die große Standorttreue macht eine dauernde Hütung überflüssig, zudem sind die Tiere sehr ruhig. Als Nachteil wird angeführt, dass die Rasse so stark an magere Standorte und weite Weideflächen angepasst ist, dass es bei intensiver (Koppel-)Haltung in tiefen Lagen zu starker Verwurmung und Stoffwechselerkrankungen kommen kann.

### ▶ EIGENSCHAFTEN

Bei hohem Wuchs sind die Tiere harmonisch gebaut. Die Läufe sind, anders als bei der Walliser Schwarznase, unbewollt. Das Vlies ist rotbraun, rotgrau oder schwarz, das geramste Gesicht schwarz; oft mit weißem Stern am Schädel. Die lange, wenig gekrauste Wolle kann im Alter ergrauen, sie ist grob und schnellwachsend. Die stark geschraubten Hörner stehen seitlich ab; beide Geschlechter sind gehörnt. Lange, stabile Läufe mit sehr harten Klauen. Der Gang ist extrem trittsicher und raumgreifend.

*Typische Hörner des Walliser Landschafes*

*Der Kanton Wallis ist eine schafreiche Region.*

## WEISSE HEIDSCHNUCKE (D; GEHÖRNT UND HORNLOS)

Die Rassen Graue Gehörnte Heidschnucke, Weiße Gehörnte Heidschnucke und Weiße Hornlose Heidschnucke bilden zusammen die Rassengruppe der Schnucken. Als solche bezeichnet man kleine, leichte Landschafe, welche besonders gut an das Leben in Heide und Moor angepasst sind. Sie zählen zu den ältesten Schafrassen Europas und sind in ihrem Verhalten und Aussehen wildartig primitiv. Ihr Hauptzuchtgebiet waren und sind die feuchten Niederungsgebiete Norddeutschlands und die Lüneburger Heide. Bis etwa 1900 kamen vor allem graue Tiere vor, aber es gab wohl schon früher auch weiße und sogar hornlose. Diese Formen, die heute als eigenständige Rassen gelten, wurden erst ab der zweiten Hälfte des 19. Jh.s züchterisch gesondert bearbeitet. 1905 richtete die Landwirtschaftskammer Hannover Eliteherden für graue und weiße Schnucken ein. Wenig später wurde die hornlose Variante als eigene Abteilung innerhalb des Schafzuchtverbandes von Stade geführt.

1949 gründete man den Verband Lüneburger Heidschnuckenzüchter, der um 1950 rund 31.000 Tiere betreute. Ab dann galt die Weiße Gehörnte Heidschnucke als eigene Rasse, wobei ihr Zuchtgebiet im ganzen Weser-Ems-Gebiet lag, mit dem Zentrum in Cloppenburg. Die Weiße Hornlose Heidschnucke war hauptsächlich in den Gebieten um Bremervörde, Diepholz, Sulingen und Rotenburg verbreitet. Heute ist die gehörnte Variante recht selten, trotz ihrer Vorteile,

*In der weißen, gehörnten Variante sehr selten*

wie schmackhaftes Fleisch, gute Eignung zur Landschaftspflege und robuste Konstitution. Die Zucht ist durch das Fehlen zahlreicher Linien bedroht und weist gewisse Inzuchtschäden auf. Der Bestand von rund 1.000 Muttern ist eher rückläufig; die Einstufung

### ● EIGENSCHAFTEN

Kleines, mischwolliges Schaf. Unbewollter Kopf mit kleinen Ohren. Dichtes weißes Vlies mit grobem Deckhaar und feiner Unterwolle; Kopf, Beine und Schwanzspitze unbewollt. Zartes, aber robustes Fundament mit hellen, harten Klauen, sehr gute Marschfähigkeit, besonders auf moorigem Boden. Spätreif, streng saisonal brünstig, meist nur ein Lamm, gute Muttereigenschaften. Sehr genügsam, ernährt sich von Pflanzen der Moorgebiete und hält die Verbuschung zurück. Hervorragendes Fleisch mit starkem Wildbretgeschmack; langsame Zunahme. Für Koppel- und Stallhaltung wenig geeignet. Extrem wetterhart, aktiv und robust.

*Heidschnucken sind überwiegend grau oder graubraun.*

lautet „extrem gefährdet". Dagegen erfreut sich die hornlose Variante einer recht großen Popularität, man zählt einige Tausend Tiere, vor allem im Landkreis Diepholz. Die Rasse wird vornehmlich zur Landschaftspflege eingesetzt. Wie alle Schnucken, so sind auch diese extrem leichtfuttrig und gedeihen von der spärlichen Vegetation der Feuchtgebiete sehr gut, sogar im Winterhalbjahr. Sie bieten gegenüber anderen Schafrassen gewisse Vorteile, wie große Genügsamkeit (daher starker Verbiss der Heide), harte Klauen, langsames Wachstum, enormes Pansenvolumen und hervorragenden Fleischgeschmack. All dies macht sie zu idealen Weideschafen für die Hütehaltung in moorigen Gebieten und sandigen Heidelandschaften, die auf fetten Weiden oder in intensiver Haltung nicht gedeihen. Schnucken sind auch ein historischer, touristisch geschätzter Bestandteil dieser Regionen.

## WEISSKÖPFIGES FLEISCHSCHAF (D)

Das Weißköpfige Fleischschaf ist – wie das Ostfriesische Milchschaf – im 19. Jh. aus dem bodenständigen Marschschaf der Nordseeküste hervorgegangen. Bei ihm wurde durch Einkreuzung verschiedener englischer Fleischschafrassen, wie Cotswold und Leicester, die Mastleistung verbessert. In den 1870er-Jahren wurde es zudem mit Texelschafen verbessert, die jedoch nur in Schleswig-Holstein eingekreuzt wurden und weder in Stade noch Weser-Ems zugelassen waren. Französische Berrichone du Cher sind in allen drei Zuchtgebieten eingekreuzt worden. Es ist in den Marschen der Nordsee, der Weser- und Elbmarschen und in den angrenzenden Geestbezirken Oldenburgs und Stades sowie im Osten Schleswig-Holsteins verbreitet. Bestand 2007 bundesweit ca. 1.750 Tiere, bei rückläufiger Tendenz. Gedeiht nach NEYEs Tierzuchtlehre von 1913 nur in feuchtem Küstenklima optimal und lässt sich nur mit geringem Erfolg in trockene Habitate verpflanzen. NEYE war übrigens der Ansicht, dass diese

*Frühreif und fleischbetont*

Rasse mit dem Marschschaf identisch gewesen sei bzw. dessen veredelte Variante war. Es wurde auch als Fleischwollschaf bezeichnet, dessen Wolle bei Feinheitsgrad B geschätzt war. Die Einstufung auf der Roten Liste lautet „gefährdet".

### ▶ EIGENSCHAFTEN

Das Weißköpfige Fleischschaf ist ein mittel- bis großrahmiges, gut bemuskeltes Fleischschaf. Unbewolltes Gesicht, mittelgroße Ohren; Stirn mit Wollschopf. Unter dem Vorderfußwurzelgelenk und Sprunggelenk unbewollt. Die Rasse ist anpassungsfähig, für Herden- und Koppelhaltung gleich gut geeignet; hohe Krankheitsresistenz. Frohwüchsig und fruchtbar. Schon mit ca. sieben bis acht Monaten erste Bedeckung möglich, sodass die Muttern mit 12–13 Monaten setzen; Ablammergebnis von 170–210 %. Beste Schlachtkörperqualität und lange Brunstsaison; ca. 48 % Schlachtausbeute, Vliesgewicht zwischen 5 und 8 kg. Ausgewachsene Böcke erreichen ein Gewicht von ca. 125–150 kg, Muttertiere von ca. 75–90 kg.

## ZACKELSCHAF (A, H)

Diese sehr urtümliche altungarische Rasse wird auf die Zeit der Landnahme im Karpatenbecken durch die Magyaren zurückgeführt. Die finnougrischen Scharen siedelten ursprünglich in den Steppen zwischen Wolga und Ural und gingen um etwa 500 n. Chr. auf Wanderschaft. Sie zogen an die nördlichen Ausläufer des Kaukasus und von dort in die Ukraine. Nach glücklosen Kriegen wandten sie sich gegen Mitteleuropa und gelangten nach der Überquerung der Karpaten in die ungarische Tiefebene. Dort ließen sie sich 896 unter ihrem berühmten Führer ARPAD nieder und begannen eine Reihe von Raubzügen, die sie bis Konstantinopel und Frankreich führten (soweit die Sage). Auf ihren Wanderzügen brachten sie Pferde, Rinder und Schafe aus den östlichen

## Die Gattungen

*Typisch für Zackel: die gedrehten Hörner*

Steppengebieten mit, die in Ungarn bestens gediehen. Die rastlosen Magyaren wurden nach der Niederlage in der Schlacht am Lechfeld 955 zu sesshaften Viehzüchtern.

Während des gesamten Mittelalters und bis etwa um 1800 war das Zackelschaf die häufigste pannonische Rasse, die relativ unveredelt und daher auch nahezu reinrassig vermehrt wurde. Ähnliche der Gruppe der Zackelschafe zugerechnete Populationen gibt es im gesamten Raum östlich von Ungarn, von der Türkei bis zu den Karpaten. Die kleinen, extrem zähen Tiere werden in Herden auf der offenen Steppe gehalten und von Hirten mit Hunden betreut. Ihre besondere Wetterunempfindlichkeit und vor allem die Hitzeresistenz machen sie für die Region ideal geeignet; Veredelungskreuzungen konnten sich nicht durchsetzen. Somit kann das Zackelschaf als eine der ältesten indogermanischen Rassen gelten. Die charakteristische Hornform wurde den Tieren durch den Menschen angezüchtet. Jedes einzelne Horn gleicht einer extrem langen Schraube, die beiden Hörner bilden ein „V". Zackelschafe sind zwar weder besonders wirtschaftlich noch leicht zu halten, da sie sehr fluchtbereit sind, stellen aber eine interessante Genreserve und attraktive Parktiere dar, die in Ungarn in keinem Tierpark oder Freilichtmuseum fehlen. Dort sind geschätzte 4.500 dieser Schafe vorhanden, davon rund 1.000 reinrassige Herdbuchtiere. In den Nachfolgeländern Österreich-Ungarns inzwischen wieder recht beliebt und bekannt, aber aufgrund der geringen Wirtschaftlichkeit selten; kleine Bestände in ganz Österreich.

### ▶ EIGENSCHAFTEN

Knapp mittelgroßes, primitives Schaf mit langen, geraden und schraubenartig gedrehten Hörnern (beide Geschlechter). Mischwollig mit langer, derber Grannendecke, daher extrem beständig gegen Hitze, Sonne, Regen, Schnee sowie Sandstürme. Meist grau, braun oder mischfarbig; auch gelblich, rotbraun oder schwarz. Wohlschmeckendes Fleisch. Unbewolltes Gesicht mit Stirnlocke, unbewollte, sehr stabile Läufe. Kleine, seitlich stehende Ohren. Ausgesprochen robust, aber zu nervöser Fluchtbereitschaft neigend. Sehr ausdauernd und marschfähig; harte Klauen. Gewicht rund 35–40 kg beim Schaf, rund 60–75 kg beim Bock.

*Zackelschafe in bunter Mischung auf einem Hof in der Puszta*

(Foto: ProSpecieRara)

## ZIEGEN
*(CAPRINAE)*

**MÄNNLICHES TIER:** Bock
**WEIBLICHES TIER:** Ziege, Geiß
**KASTRAT:** Mönch
**JUNGTIER:** Kitz, Zickerl, Zicklein

## GESCHICHTE

Die alten Römer sagten „*Pecunia non olet*", was übersetzt „Geld stinkt nicht" bedeutet. Das lateinische Wort *pecunia* kommt von *pecus/pecunia* und meinte ursprünglich „Kleinvieh" – vor allem Schafe und Ziegen, die ein frühes Währungsmittel darstellten. Bei der Ziege irrten die Römer, denn der Geißbock stinkt in der Brunstzeit wahrlich zum Himmel, sein geschlechtypischer Geruch ist weittragend und unverwechselbar. Dennoch ist die Nützlichkeit der Ziege seit Jahrtausenden bekannt und unbestritten; sie ernährt Millionen Menschen der Dritten Welt. Etwa 95 % des Ziegenweltbestandes werden in den Entwicklungsländern gehalten.

Die asiatische Wildziege oder Bezoarziege (*Capra aegagrus*) gilt allgemein als Vorfahre unserer domestizierten Ziegen. Der Zeitpunkt der Haustierwerdung wird mit dem 9. Jahrtausend v. Chr. angenommen, etwa gleichzeitig mit dem Schaf. Die Ziege bewohnt eine weite Palette von Landschaftsformen, vor allem steppenartige Trockengebiete und Bergregionen. Sie kann sehr gut von den verschiedensten Pflanzen leben und nimmt gerne Blätter, Laub, Rinde von Bäumen und Sträuchern an. Ihre Zähmung wird mit der beginnenden bzw. zunehmenden Versteppung des Mittelmeerraumes und mancher heutiger Wüstengebiete (Sahara, Mittlerer Osten) in Zusammenhang gebracht; auch die Rodung größerer Flächen war möglicherweise für die frühen Tierzüchter mithilfe der Ziegen einfacher, nachdem man eine erste Brandrodung durchgeführt hatte. Ziegen lassen sich auch gut gemeinsam mit Schafen halten, denn sie sind keine echten Nahrungskonkurrenten und lassen sich leichter ortstreu machen.

Ziegen haben sich jedoch von jeher eine gewisse Keckheit und Selbstständigkeit bewahrt, mit der manche Menschen recht gut zurechtkommen, die von anderen jedoch als Dummheit und Sturheit empfunden wird. Wer Ziegen mag, vergibt ihnen die kapriziöse Art (da steckt auch das griechische Wort *capra* für Ziege drin), stets neugierig und auch etwas egoistisch.

Ziegen wurden und werden vor allem in Afrika, dem Mittelmeerraum und am Balkan sowie in ganz Asien wegen ihrer Milch, des Fleisches und des Leders, aber auch, im Falle der Angora- und Kaschmirziegen, wegen ihrer „Wolle" gehalten. Allerdings fanden sie früher nördlich der Alpen keine idealen Lebensbedingungen vor. Kälte macht Ziegen zwar nicht viel aus, solange sie genug Futter finden, Nässe ist ihnen jedoch verhasst. Zudem sind sie gesellige Herdentiere und sehr selektive Fresser. Gras allein genügt der Ziege nicht, sie will sich Blätter und Kräuter suchen, an Zweigen und Sträuchern knabbern und von Knospe zu Blüte wandern.

Früher galt die Ziege, am Wegesrand getüdert oder im muffigen Stall angebunden, als „Kuh des kleinen Mannes" oder „Eisenbahnerkuh", weil die Bahnwärter gerne ihre Ziegen am Bahndamm fressen ließen, anstatt ihn zu mähen. In den deutschen Bergbaugebieten war sie als „Bergmannskuh" in den Hinterhöfen der Arbeitersiedlungen eine unersetzliche Milchquelle. Bis tief in das 19. Jh. hinein wurden Ziegen in unseren Breiten unsachgemäß gehalten und waren keinerlei geordneter, planmäßiger Zucht unterworfen. Doch als man die hervorragenden Schweizer Rassen kennenlernte und begriff, welchen Nutzen man aus gut gezüchteten und gehaltenen Ziegen ziehen kann, besserte sich die Lage der ausgemergelten Eisenbahner- oder Bergmannskuh allmählich. Inzwischen sind einige Rassen, wie die Saanenziege und die Edelziege, durch konsequente Selektion wahre Milchraketen geworden. Heute haben Ziegen der verschiedensten Rassen eine kleine, aber begeisterte Anhängerschaft. Viele Aussteiger, Landwirte auf der Suche nach alternativen Produkten und Hobbybauern mit städtischem Hintergrund hegen für die meckernden Hausgenossen große Sympathien.

## BEZOARZIEGE (STAMMFORM)

Die Bezoarziege ist ein kräftiges und großes Tier, das ganz typische Hörner besitzt. Diese sind lang und besitzen die Form eines Krummsäbels. Ihre Vorderkante ist relativ scharf, das Horn ist seitlich abgeflacht. Wie bei allen Wildziegen besitzt der Bock deutlich größere Hörner als die Geiß und einen büschelförmigen Bart am Unterkiefer.

Die Bezoarziege kommt in nahezu denselben Verbreitungsgebieten vor wie der asiatische Mufflon, also in den Bergen Kleinasiens und des Mittleren Ostens; ihre Heimat ist der Kaukasus, Süd-Anatolien, Iran, Belutschistan und Pakistan. Man findet sie auch auf einigen Ägäischen Inseln und auf Kreta, doch ist dies wahrscheinlich auf frühe Importe domestizierter Tiere zurückzuführen. Das Wort Bezoar scheint auf eine Verballhornung des persischen Wortes *pâd-zahr* zurückzugehen, was so viel wie „Gegengift" bedeutet. Dies deshalb, weil man im Verdauungstrakt von Wildziegen öfter eine Art von Magenstein finden kann, der im Orient als entgiftend gilt. Aus dem ursprünglichen Verbreitungs-

Die Gattungen

*Bezoar-Kitz*

*Die säbelig geschwungenen Hörner der Bezoar-Ziege*

und Domestikationsgebiet der Bezoarziege fanden die neolithischen, domestizierten Ziegen ihren Weg nach Europa, wo keine eigenständige Domestikation stattgefunden hatte; hier gab es den Steinbock, der sich dafür nicht eignet. Als so genannte Torfziegen genossen sie bereits in den Pfahlbausiedlungen der Jungsteinzeit weite Verbreitung, analog zu den Torfschafen, Torfrindern, Torfschweinen etc.

### ▶ EIGENSCHAFTEN

Lange Hörner, die sich in sanfter Kurve auf einer Ebene nach hinten schwingen. Beidseitig abgeflacht, bildet das Horn mit seiner Vorderkante einen „Kiel", der einige flache Querwülste aufweist. Die Ziege ist mit bis zu 95 cm Höhe sehr groß, wobei die Geißen in Horn- und Körpergröße hinter den Böcken zurückstehen. An Hals und Schultern wird das Fell im Winter lang und dicht. Die Farbe ist rotbraun im Sommer, im Winter graubraun. Die Unterseite des Körpers inklusive innere Schenkel und Knie ist hell gefärbt. Ein schwarzbrauner Streifen zieht sich vom Kopf bis zum Schwanz und als Brustfleck bis hinab zu den Läufen, deren Vorderseiten ebenfalls dunkel geschient sind.

## APPENZELLER ZIEGE (CH)

SAMBRAUS gibt an, dass es sich bei dieser Rasse um einen Typ der alemannischen Ziege handelt, wie aus einer alten Beschreibung (ANDEREGG, 1889) hervorgeht. Tatsache ist, dass es schon vor geraumer Zeit im hügeligen Gebiet von Appenzell-Ausserrhoden und Appenzell-Innerrhoden gute Milchziegen gab, die sich nur wenig von den Saanenziegen unterschieden. Schon in der zweiten Hälfte des 19. Jh.s kam es zu zahlreichen Exporten, vor allem nach Preußen und in andere Schweizer Kantone. Diese Exporte hielten noch geraume Zeit an, bis etwa 1920. Danach gingen sie zurück, weil man mittlerweile eine kurzfellige Ziege bevorzugte und in der Saanenziege den Idealtyp gefunden hatte. Verschiedentlich wurde versucht, die Merkmale durch Einkreuzungen an den Markt anzupassen. Allerdings hielten manche Züchter an der alten Rasse fest; 1903 kam es zur Gründung einer Zuchtgenossenschaft, welche die Reinrassigkeit zu bewahren suchte. Seither kann von einer geregelten Zucht gesprochen werden. Obwohl man bis in das beginnende 20. Jh. keine deutlichen Unterschiede zwischen Appenzeller- und Saanenziege machte, wurde ab da eine Typerhaltungszucht betrieben. Dies stand im Widerspruch zu den damals noch praktizierten Einkreuzungen von Saanenziegen, vor allem im Kanton Zürich, welche allerdings keinen allzu großen Typverlust brachten. Obwohl die Rasse nur einen geringen Prozentsatz unter den Schweizer Ziegen ausmachte, erfolgten fallweise große Exporte nach Israel, Italien, Amerika und Deutschland. In ihrer Heimat wurde die Rasse systematisch verbessert (Milchleistungsprüfungen) und vermehrt, stellte aber stets nur eine lokale Minderheit dar. Der große Einbruch erfolgte, wie bei allen Ziegenrassen, nach dem Zweiten Weltkrieg. 1977 zählte man nur mehr rund 800 Tiere. Man musste auf Einkreuzungen der Weißen Deutschen Edelziege zurückgreifen, an deren Entstehung die Rasse einige Zeit zuvor beteiligt gewesen war. Im Rahmen der beiden kantonalen Ziegenschauen im September (Ausserrhoden) und Oktober (Innerrhoden) werden die Tiere bewertet, die Zuchtböcke ausgesucht und typvolle Tiere ohne Abstammungsnachweis in das offene Herdbuch aufgenommen.

### ► EIGENSCHAFTEN

Reinweiße, mittelgroße Ziege von sehr kompaktem Körperbau. Das Fell ist mittellang, an der Hinterhand sogar lang. Der stets hornlose Kopf ist relativ kurz und flach. Hinterhand und Euter sind besser geformt als bei der Saanenziege; gute Milchleistung. Die Tiere sind sehr robust und wetterfest; bestens für die Alpung geeignet, lebhaft und trittsicher.

*Appenzeller sind attraktive Milchziegen.*

## BLOBE (BLAUE) ZIEGE (A)

Der seltsame Name dieser Tiroler Ziegenrasse stammt von der mundartlichen Bezeichnung für Blau, was aus ihrer charakteristischen blaugrauen Fellfarbe – gelegentlich mit dunkler Schulterpartie – zu erklären ist. Es ist eine schöne und genügsame Rasse, deren Ursprung vermutlich jenem der Grauen Bergziege des Schweizer Kantons Graubünden gleichzusetzen ist. Ihr ursprüngliches Verbreitungsgebiet erstreckte sich über den gesamten Nord- und Südtiroler Alpenhauptkamm. Heute findet man sie noch in kleinsten Restbeständen im Ötztal sowie im oberen Inntal. Da nie eine intensive Zuchtarbeit stattfand und die leistungsfähigeren Intensivrassen populärer wurden, kam es zu einer sukzessiven Verdrängung der Blobe Ziege – analog zum Schweizer Gegenstück (siehe Capra Grigia, S. 127). In Österreich und Südtirol stand die Population kurz vor der Auslöschung, ehe sich ARCHE Austria und der Verein „Blobe Goaß" dieser alten Tiroler Gebirgsziegenrasse annahmen und zusammen mit dem Tiroler Ziegenzuchtverband eine Aktion zu ihrer Erhaltung ins Leben riefen. Diese Zusammenarbeit erbrachte eine planmäßige Erhaltungszucht im Rahmen des Projektes „Gefährdete Nutztierrassen als Schwerpunkt im Naturpark Ötztal". 2008 wurde die Zusammenarbeit von ARCHE Austria, dem Verein Blobe Goaß, der Abteilung Umweltschutz der Tiroler Landesregierung und dem Naturpark Ötztal begonnen. Der Nutzen dieser Rasse, die mit ihrer Gebirgstauglichkeit zur Offenhaltung von Bergwiesen und somit zur Erhaltung des traditionellen Landschaftsbildes im Ötztal beitragen kann, ist unbestritten. 2007 wur-

(Foto: Tiroler Schaf-, Ziegen- und Norikerzuchtverband)

*Typisch und nahmensgebend: das bläuliche Fell*

de mit dem Zuchtprogramm begonnen, an dem sich heute rund 15 Züchter in Tirol, Südtirol, Salzburg, Vorarlberg und Oberösterreich beteiligen. Die Rasse wurde 2009 von der Österreichischen Vereinigung für Genreserven (ÖNGENE) offiziell anerkannt, da eine molekulargenetische Untersuchung ihre Besonderheit erwies. Die Blobe Ziege ist im ÖPUL 2007 des Agrarumweltprogramms als „hoch gefährdete" Rasse eingestuft. 2009 betrug der Bestand 57 Herdbuchtiere und dürfte heute etwas höher liegen.

### ● EIGENSCHAFTEN

Kräftiger Körperbau mit guter Bemuskelung. Typisch sind der breite Rücken, die tiefe Brust und das breite Becken. Ideale Mehrnutzungsrasse; überdurchschnittliche Fleischigkeit und gute Zunahme. Die Milchleistung wird kontrolliert und beträgt etwa 2 l täglich. Harte Klauen, stabile Beine und hoch angesetztes Euter. Das mittellange Fell mit dichter Unterwolle macht sie wetterunempfindlich (in Tirol von April bis Ende November im Freien gehalten). Dunkler Aalstrich am Rücken und dunkle „Stiefel" unterhalb des Knie- bzw. Sprunggelenkes. Ein Farbschlag ist die grau-weiß gezeichnete „Blob Ganserte", bei der die vordere Körperhälfte lichtgrau und die hintere Körperhälfte dunkelgrau (bläulich, daher „blob") ist. Über Jahrhunderte Selektion auf gute Futterverwertung und robuste Gesundheit; keine ausgeprägte Saisonalität.

## BÜNDNER STRAHLENZIEGE (CH)

Die Bündner Strahlenziege ist zwar die jüngste offizielle Schweizer Rasse, der Form nach aber schon recht alt. Sie wurde 1913 als Schwarze Gebirgsziege beschrieben und zusammen mit der Gämsfarbigen Gebirgsziege und der Grau-schwarzen Gebirgsziege (Pfauenziege) genannt. Man darf vermuten, dass sie durch Selektion aus den lokalen Schlägen der – meist gämsfarbigen – Bergziegen entstand. Da sie in dieser Form ausschließlich im Bündnerland vorkam, erhielt sie anfänglich den Namen Bündner Ziege und später Bündner Strahlenziege. Sie war im Kanton Graubünden recht stark vertreten, man kann also von einem lokalen Farbschlag sprechen. Das Wort „Strahlen" rührt von den beiden weißen Gesichtsstreifen her, die bei dieser Rasse von den Hornwurzeln über die Augen bis zum ebenfalls weißen Maul verlaufen.

Noch 1938 gab es keine offizielle Rassezucht oder Zuchtgenossenschaft für Strahlenziegen, die Tiere wurden als Schlag der Schweizerischen Gebirgsziege aufgefasst. Während des Zweiten Weltkrieges stieg die Zahl der Herdbuchtiere stark an, ging aber in den 1950er-Jahren wieder rapide zurück, ebenso die Zahl der Züchter. Mit dem Ansteigen des Lebensstandards der Arbeiter- und Bauernfamilien wurde die Ziege als Milchtier überflüssig. Der Trend hielt an und die Strahlenziege war vom Rückgang der Jahre von 1970–1990 sehr stark betroffen, da ihre Milchleistung nicht entsprach; sie erreichte nicht einmal den Schweizer Durchschnitt. Eine zunehmende Inzucht verstärkte den Leistungsabfall, daher wurde eine Blutauffrischung notwendig. Man ent-

*Typvolle Geiß mit klarer Zeichnung*

*In den Bergen daheim – im Bündner Land*

### ● EIGENSCHAFTEN

Mittelgroße, stabile Ziege im Gebirgstyp. Kräftige Beine mit harten Klauen, wenig ausgeprägter Milchtyp. Gehörnt oder ungehörnt, mit charakteristischer Kopfzeichnung: weiße Streifen von der Hornbasis bis zum Maul; auch weiße Ohrränder und Beine, weißer Spiegel; Grundfarbe stets Schwarz. Sehr robust und berggängig, lebhaft und ortstreu. Bindet sich relativ eng an den Menschen. Milchleistung ca. 500 kg pro Laktation.

schied sich für die englische Rasse British Alpine, welche im Erscheinungsbild stark den Strahlenziegen gleicht, diese aber in der Milchleistung weit übertrifft. Anfang der 1980er-Jahre führte man drei Böcke aus England ein, deren Nachzucht sich gut bewährte. Zu Beginn der 1990er-Jahre kamen zwei französische Poitevine-Böcke zum Einsatz. 1992 fiel die Zahl der Herdbuchziegen im Kanton unter 300 Tiere, es wurden noch sechs Böcke prämiiert. Daraufhin ergriff man Werbemaßnahmen und gründete zu deren Erhaltung eine IG Bündner Strahlenziege. Die IG importierte 1994 erneut Böcke und Ziegen aus England und dieser Veredelungsversuch ist noch immer erfolgreich im Gang. Seit 1994 nimmt der Herdbuchbestand wieder deutlich zu.

## ERZGEBIRGSZIEGE (D)

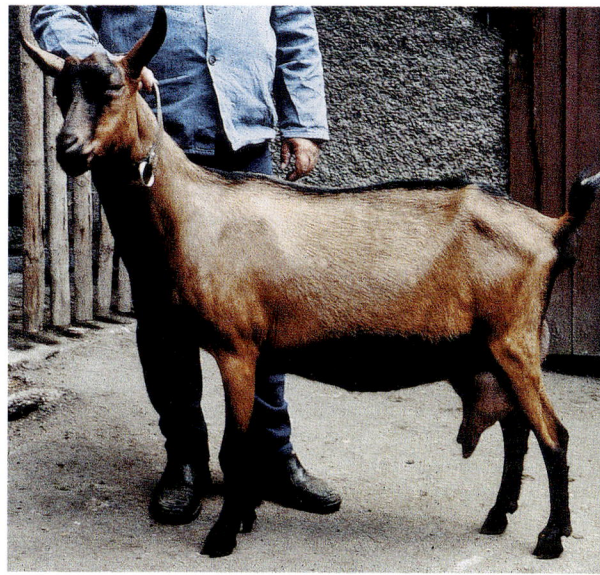

In schöner, rotbrauner Jacke stets milchergiebig.

Man weiß über die Anfänge dieser Rasse kaum etwas, außer, dass es schon sehr früh braune Ziegen in der Region zwischen Sachsen und Böhmen gab. Zum Ende des 19. Jh.s wurden erste Importe von ähnlich gefärbten Böcken aus der Schweiz unternommen, die sich bestens bewährten. Bereits 1895 wurde ein Verband für „rehbarbene Erzgebirgsziegen" gegründet, der sich bald zahlreicher Mitglieder in einem weiten Gebiet erfreuen konnte. Man kannte einige regionale Schläge, die sich aber nur unwesentlich voneinander unterschieden (z. B. die Müglitztaler Ziege bei Dresden). Allen war bereits damals die braune Grundfarbe mit schwarzen Beinen und Bauch sowie Aalstrich eigen. Nur in jenen Gebieten, wo man Harzer Böcke einkreuzte, kamen auch andere Farben vor. Selbst rehfarbene Saanen-Böcke, die heute nicht mehr anzutreffen sind, wurden verwendet. Die Erzgebirgsziege stellte neben der weißen Saanenziege eines von zwei Zuchtzielen in Sachsen dar und war weit verbreitet. Der Verband der Ziegenzuchtvereine der Region wurde 1909 nach dem Anschluss weiterer Genossenschaften zum „Herdbuchverein der Züchter erzgebirgischer rehfarbener hornloser Ziegen im Bezirke des Landwirtschaftlichen Kreisvereins im Erzgebirge". Staatlicherseits wurde die Zucht gefördert, doch konnte man einen gewissen Missbrauch bei privaten Böcken nicht verhindern, weshalb man seitens der Züchter 1916 ein Körgesetz forderte. Neben dem Haupttyp gab es den so genannten Müglitztaler Schlag, eine etwas uneinheitliche Population, die nicht nur in der typischen rehbraunen Farbe, sondern auch in Grau, Schwarz oder Gescheckt vorkam und oft einen hellen Bauch hatte. Im Zuge der Vereinheitlichung aller Ziegenrassen wurde ab 1928 nur mehr von einer Weißen und einer Bunten Deutschen Edelziege gesprochen; unter letztere fiel nun auch die Erzgebirgsziege und hörte damit de facto als Rasse auf zu existieren. Doch die Züchter hielten an ihren Populationen fest, zumal eine Vermischung unwirtschaftlich gewesen wäre. Somit galt diese Ziege nach dem Krieg in der damaligen DDR wieder als eigene Rasse. Aufgrund der Nähe und Ähnlichkeit zur Frankenziege wird von Experten befürchtet, dass sich eine nachhaltige Vermischung ergeben könnte, die zur Verdrängung der reinen Erzgebirgsziege führen würde. Es sind keine genauen Bestandszahlen bekannt, daher ist der Gefährdungsgrad unsicher. Einige Quellen geben ca. 300 Tiere als Zuchtbestand an.

### ► EIGENSCHAFTEN

Knapp mittelgroße Ziege mit keilförmigem, breitem Kopf; viel Bart; hornlos. Kurzhaarig, feine Haut. Breiter, tiefer Rumpf, gut bemuskelter Körper und stabile Beine. Die Zeichnung ist typisch und umfasst einen schwarzen Bauch, ebensolche Läufe und einen Aalstrich; das Gesicht ist etwas dunkler getönt als der kräftig rotbraune Rumpf. Sehr gute Euterform; die Milchleistung ist hervorragend und liegt bei bis zu 1.000 l pro Laktation und einem Fettgehalt von 3,8 %. Robuste, wirtschaftliche und attraktive Ziegenrasse.

## FRANKENZIEGE (D)

Ursprünglich reichte das Verbreitungsgebiet der Frankenziege vom Fichtelgebirge bis zum Spessart und von der Rhön und dem Frankenwald bis zum Steigerwald und Jura, über die bayerischen Bezirke Ober- und Unterfranken. Im gesamten Gebiet gab es um die Wende zum 20. Jh. Ziegen der verschiedensten Farben und Formen, die keine einheitliche Population darstellten. In diesem Zeitraum erfolgten Einkreuzungen von Saanen- und in verstärktem Ausmaß auch von Rhönziegen. Valerie PORTER weist in ihrem Buch „Goats of the World" auch auf einen starken Einfluss von Gämsfarbigen Gebirgsziegen aus der Schweiz hin. Dies ist aufgrund der rassetypischen Zeichnung nicht auszuschließen. Ziegen der gämsfarbigen Alpenrasse, wie sie früher genannt wurde, kommen in der Schweiz, aber auch in Österreich vor und können aufgrund der zahlreichen frühen Exporte sicher auch nach Franken gelangt sein. Auf diese Phase der Einkreuzungen folgte eine Konsolidierungsphase, in der die Ziegen ohne weiteres Fremdblut rein weitergezüchtet wurden. Als Zuchtziel wird eine rehbraune, kurzhaarige und hornlose Ziege mit schwarzer Körpereinfassung und schwarzen Beinen beschrieben. Die Rasse zählt heute zur Gruppe der Bunten Deutschen Edelziegen; auch PORTER und SAMBRAUS teilen diese Meinung und erwähnen sie nicht mehr gesondert. Im Jahre 1928 fasste der Reichsverband Deutscher Ziegenzuchtvereine alle farbigen (nicht weißen) Ziegenrassen unter diesem Sammelbegriff zusammen. Die einzelnen, oftmals recht kleinen Zuchtgebiete praktizierten aber keinen weitreichenden Austausch von Zuchtmaterial, sodass sich einige Rassen und Schläge durchaus rein erhalten konnten. Die Frankenziege gehört, ebenso wie die ähnliche Erzgebirgsziege und die hellbauchige Schwarzwaldziege, zu diesen. Heute ist die rehfarbige Frankenziege mit dunklem Bauch hauptsächlich in Bayern beheimatet; nur selten trifft man auf Tiere einer helleren Farbvariante. Es sind keine genauen Bestandszahlen bekannt. Bis vor wenigen Jahrzehnten fast durchwegs hornlos, finden sich heute auch immer wieder gehörnte Tiere. Die rahmigen Ziegen bringen kräftige, frohwüchsige Kitze, die sich gut zur Mast eignen. Die Milchleistung ist beachtlich.

### ▶ EIGENSCHAFTEN

Kräftige und robuste Ziege von mittlerer Größe. Stabiler Körperbau, langer Hals und schöner Kopf mit Stehohren, meist hornlos. Die Grundfarbe des kurzhaarigen Fells ist ein sattes Rehbraun, rund um den Körper verläuft ein deutlicher schwarzer Streifen, der sich am Bauch verbreitert. Die Beine sind ebenfalls schwarz. Die Milchleistung ist mit 800–1.000 kg pro Laktation sehr gut, ebenso die Mastleistung der Kitze. Die Tiere sind bestens für alle Haltungsformen geeignet, auch für extensive Systeme.

*Heute trägt die Frankenziege oft Hörner.*

## GÄMSFARBIGE GEBIRGSZIEGE (A, CH)

In West-Österreich und der Schweiz beheimatet, steht diese Rasse im Exterieur der Pinzgauer Ziege und der Bunten Edelziege nahe. Ambros AICHHORN sieht jedoch keine direkte Verwandtschaft zwischen den äußerlich ähnlichen und geografisch benachbarten Rassen. Er führt die Gämsfarbige Gebirgsziege auf die steinzeitliche Torfziege zurück, die keinen starken Bezoar-Anteil hatte. Sie wird in Österreich als eigene Rasse vermehrt und herdbuchmäßig betreut, wobei derzeit rund 1.500 reinrassige Tiere verzeichnet sind. Die robuste und milchreiche Ziege ist mittelgroß und kann gehörnt oder ungehörnt sein. Ihren Namen hat die Rasse von der tiefrotbraunen Farbe, die durch einen schwarzen Aalstrich und schwarze Läufe sowie ein Schulterkreuz ergänzt wird. Die Stirn und der Bauch weisen ebenfalls dunkle/schwarze Platten oder Streifen auf; so ergibt sich eine gewisse Ähnlichkeit zum namengebenden Farbmuster der Gämse. Eine Verwandtschaft mit den Frankenziegen und manchen Schweizer

ZIEGEN

Schlägen ist anzunehmen, aber Österreich sieht in seinen Beständen in Tirol, Vorarlberg und Oberösterreich einen eigenen Typ, der durch Selektion, Leistungsprüfung und gezielte Anpaarung verbessert wird. Von seltenen Böcken werden Samenkonserven angelegt und hervorragende Mutterziegen als Bockmütter ausgewählt. Derzeitige Einstufung nach 20-jähriger, bemühter Zuchtarbeit: „gefährdet".

*Muntere Kitze der „Gämsfarbigen"*

### ▶ EIGENSCHAFTEN

Ziegen rund 65 cm hoch und 55–75 kg schwer; Böcke rund 80 cm und bis zu 90 kg schwer. Schönes, kastanienbraunes Fell; typische Zeichnung. Harte Klauen und sehr stabile Beine tragen zur Gebirgstauglichkeit bei. Gute, straffe Euter und eine Durchschnittsleistung von 780 kg Milch pro Laktation. Befriedigende Schlachtausbeute und gute Lederqualität. Trittsicher, fruchtbar, genügsam.

## GRAUE BERGZIEGE (AUCH: CAVRA DEL SASS/STEINZIEGE/CAPRA GRIGIA; CH)

Die Graue Bergziege oder Capra Grigia stammt aus den Tälern des Tessins und Graubündens (Grigioni; Grischun), etwa südlich des Quellgebiets des Rheins. Ihre Existenz ist seit über 100 Jahren dokumentiert, meist als „Cavra del sass" (Steinziege), wie sie im zentralen Val Calanca genannt wird. Sie fällt mit ihrer steingrauen Fellfarbe auf, die mit der von gebrochenem Calanca-Granit verglichen wird; der Farbton kann von silber- bis dunkelgrau variieren. Laut historischen Aufzeichnungen aus dem Jahr 1897 umfassten diese alten Tessiner Ziegenschläge die Liviner Ziege, Blenio-Valmaggia-Ziege und Riviera-Ziege, die heute alle unter der Rassenbezeichnung Capra Grigia vereint sind.

Der allgemeine Rückgang der Bestände im „Ziegenland Schweiz", die Nichtanerkennung der Capra Grigia während der Ziegenrassen-Bereinigung von 1938 und das CAE-Virus haben dazu beigetragen, dass diese Rasse extrem selten wurde. Seit den 1950er-Jahren wurde sie nicht mehr gefördert, im Gegensatz zur ihr ähnlichen Nera-Verzasca-Rasse. Nur in den steilsten Hanglagen, wo sie ihre Trittsicherheit ausspielen konnte, überdauerte sie. Die Stiftung ProSpecieRara fand Ende der 1990er-Jahre noch eine Handvoll Tiere vor, die als direkte Nachfahren der historischen Tessiner Ziegen erkennbar waren. Im Frühjahr 2006 erwirkte ProSpecieRara für die Capra Grigia beim Schweizer Bundesamt für Landwirtschaft die Anerkennung als offizielle Rasse – ein wichtiger Schritt auf dem Weg zu ihrer Bewahrung. Dennoch ist sie bis heute mit nur rund 50 Tieren vom Aussterben bedroht. Um diese alte Rasse als Kulturgut der Region zu erhalten, wurde der Verein „Capra Grigia Svizzera" (CGS) 2011 im Calanca-Tal gegründet. Die enge genetische Basis verlangt züchterische Toleranz: Zum Beispiel können Tiere mit weißen Flecken oder zu dunkler oder heller Körperfarbe trotz Abweichung vom Standard nicht vom Zuchtprogramm ausgeschlossen werden. Das Erhaltungszuchtprojekt für die Capra Grigia befindet sich in der Aufbauphase. Die

*Schon in der Jugend grau ...*

*Typische Färbung: Steingrau*

127

*Die Gattungen*

Ziege ist fast ausschließlich auf der Alpensüdseite anzutreffen, insbesondere im Misox und im Calanca-Tal; drei Zuchtgruppen befinden sich in der Westschweiz. Diese Ziege wird meist extensiv gehalten, bewegt sich sicher im unwegsamen Gelände und ist sehr alptüchtig. Auch in anderen Alpenländern, wie in Tirol (Österreich) oder im Trentino (Italien), hat sich diese Rasse in nahezu identischer Form bis heute gehalten; aber auch dort ist sie vom Aussterben bedroht.

### ▶ EIGENSCHAFTEN

Ihre kräftigen, nach hinten gebogenen Hörner weisen auf Widerstandskraft und Ursprünglichkeit hin. Dank der ausgeprägten Muskulatur, der harten Klauen und der hohen Trittsicherheit sind die schönen Ziegen optimal an steile Lagen angepasst. Dank ihrer Robustheit und des dichten Haarkleides mittlerer Länge erträgt sie das raue Klima in den Bergen problemlos; daher ausgezeichnete Alpfähigkeit. Als klassische Zweinutzungsziege kann sie in der Muttergeißen-Haltung und als Milchziege mit respektabler Leistung eingesetzt werden. Die Widerristhöhen liegen bei den Geißen bei 70–80 cm, bei den Böcken um 75–85 cm. Die Gewichte liegen bei den Geißen zwischen 45 und 55 kg, bei den Böcken zwischen 65 und 80 kg.

## HARZ(ER)ZIEGE (D)

Gehörte ursprünglich zur Gruppe der hornlosen, bunten Ziegen und stammte aus dem Gebiet nördlich und westlich des Harzgebirges in Braunschweig und Hannover. Wird als rehbraun mit entweder weißem oder schwarzem Bauch und schwarzen oder gefleckten/geschienten Beinen beschrieben.

Eine Zuchtgenossenschaft bestand laut MANGOLD (Neuzeitliche Landwirtschaft) in Hildesheim. Eine sehr attraktive Rasse, die mit rehbraunem Fell und dunkler Maske sowie dunklem Aalstrich auftritt. Glattes Fell, harte Klauen, beste Euter. Sehr robust und leichtfuttrig, mit einer Milchleistung von ca. 600 kg pro Laktation. MANGOLD nennt sie mittelgroß; SAMBRAUS großrahmig. Der Bestand in Niedersachsen und Sachsen-Anhalt dürfte sehr klein sein; genaue Zahlen konnten nicht gefunden werden. Der Gefährdungsgrad ist daher unbestimmt. Vermutlich rund 400 Tiere.

## PFAUENZIEGE (CH, A, I)

Der Name hat nichts mit dem Pfauenvogel zu tun, sondern leitet sich von den typischen, dunklen Gesichtsstreifen ab. Diese wurden früher als „Pfaven" bezeichnet, was auf Rätoromanisch Flecken heißt. Durch einen Abschreibfehler wurde angeblich aus der „Pfavenziege" der heutige Name.

Wie bei vielen Ziegenrassen ist die genaue Herkunft unbekannt. Um 1887 wurde sie als Prättigauer Ziege beschrieben, sie war auch als schwarz-weiße Gebirgsziege bekannt. Die Namen Razza naz oder Colomba (im Tessin) waren ebenfalls üblich; in den italienischen Alpen kam eine braunschwarze Variante als Camosciata delle Alpi oder Capra di montagna di Passiria vor. Das Verbreitungsgebiet lag also nicht nur in den Schweizer Regionen Mittelbünden, Tessin

*Wunderschöne Färbung der seltenen „Pfauenziege"*

und Prättigau, sondern erstreckte sich über weite Teile der Alpen. In Österreich kam sie häufig in Tirol vor und wurde dort unter dem Namen Stubaier Ziege als bodenstän-

### ▶ EIGENSCHAFTEN

Mittelgroße Ziege mit kräftigem Fundament und muskulösem Körper. Attraktive, typische Fellzeichnung mit dunklen Gesichtsstreifen von den Ohren zum Maul und heller vorderer Körperhälfte. Dunkle Beine und hintere Körperhälfte, allerdings helle, verlaufende Flecken oder Partien an den Flanken und Unterschenkeln. Edler Kopf mit kräftigem Gehörn; harte Klauen; feste Euter. Robust und bergfähig, gute Fleisch- und Milchleistung von rund 500 kg im Jahr, auch bei knapper Fütterung.

dig betrachtet. Auch in Salzburg und der Steiermark kamen autochthone Bestände vor, von denen heute jedoch nur mehr wenig übrig ist.

Ab 1923 wurde die Rasse zu den Gämsfarbigen Gebirgsziegen gezählt, mit der Rassenbereinigung von 1938 fiel sie jedoch als Farbvariante an die Bündner Strahlenziegen, was den zahlenmäßigen Rückgang beschleunigte. Wie Blutanalysen jedoch ergaben, handelt es sich um eine genetisch eigenständige Rasse, wenn auch eine gewisse Verwandtschaft zur Bündner Strahlenziege und zur Nera Verzasca besteht.

In Österreich kommen die „Mantele" (Mäntelchen) genannten Tiere vor allem in den Hohen Tauern und im Gebiet um den Mondsee (OÖ + Sbg.), in Wildschönau (T) und im Pinzgau (Sbg.) vor. Sie stellen einen seltenen, aber, wie Abbildungen beweisen, durchaus alten Farbschlag dar. Solche Tiere wurden übrigens auch in Savoyen gezüchtet, von wo sie nach Amerika exportiert wurden und dort als French Alpine bezeichnet werden.

Seit den späten 1980er-Jahren werden in der Schweiz durch diverse Körperschaften Anstrengungen unternommen, die Rasse planmäßig und herdbuchmäßig zu vermehren. Der Schweizer Bestand liegt bei rund 300 Tieren; in Österreich gibt es nur rund 50 Tiere.

*In Österreich als „Mantele" bekannt*

## PINZGAUER ZIEGE (A)

Manche Experten führen die Abstammung dieser Rasse unmittelbar auf die wilde Stammform, die Bezoarziege Asiens, zurück. Die Hornform lässt diese Theorie nicht ganz unwahrscheinlich klingen. Jedenfalls behauptet Prof. AICHHORN, dass es zwischen der von der Torfziege abstammenden Gämsfarbigen Gebirgsziege und der Pinzgauer Ziege deutliche Unterschiede gibt, die eine enge Verwandtschaft unwahrscheinlich machen. Er führt die typische säbelförmige Hornform und die Färbung als Beweis an, dass die Pinzgauer Ziegen – zusammen mit den Schweizer Alpenziegen und den Thüringer Landziegen – auf alte Hausziegen mit starken Merkmalen der Bezoarziegen zurückgehen. Aus ihnen sollen später auch die hornlosen, braunen Schweizer Ziegen und die Deutsche Bunte Edelziege hervorgegangen sein. Die Hörner der Pinzgauer Ziege sind ähnlich denen der Bezoarziege kräftig und säbelförmig geschwungen, mit einem scharfen Grat an der Vorderseite, und kaum nach außen geschwungen. Die Rasse weist noch einige urtümliche Verhaltensweisen auf, wie z. B. das Verstecken der Kitze und tageszeitliche Wanderungen.

Die Rasse stammt aus den Gebieten des Pinzgaus, Pongaus, Lungaus und aus Osttirol. Dort gab es früher bedeutende Bestände an Ziegen, deren Milch, mit entrahmter Kuhmilch vermischt, den schmackhaften Pinzgauer Almkäse ergab. Die Tiere waren und sind besonders alpfähig und robust und

*Wetterhart und bergtauglich*

*Ihre tollen Hörner weisen auf die Bezoar-Ziege hin.*

konnten über Monate auf den Almen im Gebirge gehalten werden. Hin und wieder kam es vor, dass Ziegen den herbstlichen Abtrieb versäumten, als Folge sogar am Berg überwinterten und sich im Frühjahr wieder zur Herde gesellten. Die Alpung ist heute unüblich geworden, da Ziegen diverse Probleme in Bezug auf Jagd, Umwelt und Aufwand verursachen. Seit den 1960er-Jahren wurden die heimischen Ziegenrassen zunehmend durch ausländische Importe verdrängt bzw. ging die Zucht allgemein stark zurück. Ende der 1970er-Jahre wurde ein kleiner Bestand von Ambros AICHHORN gesammelt und diverse Tierparks sowie einige Private nahmen die Zuchtarbeit wieder auf; heute gibt es rund 400 Tiere.

### ● EIGENSCHAFTEN

Braun, Farbverteilung ähnlich wie bei gämsfarbigen Ziegen; jedoch jedes Haar dreifarbig, an der Wurzel fahl, in der Mitte braun, an der Spitze schwarz. Kräftige, säbelförmige Hörner. Mittelgroße, rahmige Ziege mit stabilen Beinen und harten Klauen. Gutes Euter und beachtliche Milchleistung von rund 600 l bei guter Fütterung. Bergtüchtige, robuste und intelligente Rasse, ideal für Hobbyzüchter.

## STEIRISCHE SCHECKENZIEGE (A)

Über die Herkunft ist wenig bekannt. Sie ist eine typische Bergrasse, die offenbar seit geraumer Zeit in der Steiermark heimisch ist und Einflüssen anderer alpiner Rassen sowie solchen aus dem angrenzenden Slowenien ausgesetzt war. Um die Wende zum 20. Jh. sollen Scheckziegen aus der Steiermark nach Salzburg exportiert worden sein – und umgekehrt. Typisch ist die zweifarbige schwarz-weiße oder dreifarbige schwarz-braun-weiße Scheckung; manche Tiere zeigen einen breiten weißen Brustgurt, unter solchen finden sich auch hornlose. Nahezu immer schwarz oder weiß gestiefelt; häufig durchgehende weiße Blesse. Man verweist auf die Existenz von zwei Schlägen, einen leichteren, kurzfelligen, oft hornlosen in der Weststeiermark sowie einen sehr schweren, gehörnten, mitunter langfelligen in der Untersteiermark. Man schätzt den Bestand auf ca. 300 Tiere. Streng kontrollierte Erhaltungszucht, bei der aber z. T. Tiere ohne gesicherte Abstammung, aber in gutem Typ eingesetzt werden mussten. Kleine Samenbank.

### ● EIGENSCHAFTEN

Die knapp mittelgroßen Tiere sind robust und wetterhart. Bei manchmal eher schlechter Euterform mit langen Strichen ist die Milchleistung dennoch überdurchschnittlich gut. 700 kg pro Laktation können durchaus erzielt werden. Die hübschen und bergfähigen Tiere sind gut für extensive Haltungsformen geeignet. Die Fruchtbarkeit ist gut; züchterisch wird auf die Eutermerkmale geachtet, da schlechte Euter das Säugen der Kitze erschweren können.

*Typische Scheckenziegen*

## SCHWARZWALDZIEGE (D)

Von ihrem ursprünglichen Zuchtgebiet, dem Schwarzwald, breitete sich die Rasse über ganz Württemberg aus. Schon früh legte man das Zuchtziel auf einen rehbraunen Milchtyp aus, der in der Region bald überwog. Auf die damals häufigen Einkreuzungen von Schweizer Ziegenrassen wurde weitgehend verzichtet, da eine genügend große und qualitätsvolle Population an Landziegen vorhanden war. Aus dieser konnte durch Selektion der gewünschte Typ ohne Fremdblut geschaffen werden. Als sämtliche dunklen deutschen Ziegenschläge zur Bunten Deutschen Edelziege zusammengefasst wurden, erhielt sich im

Schwarzwald der alte Typ, da nur wenig Blutaustausch mit anderen Zuchtgebieten erfolgte. Noch heute findet man in Württemberg hellbauchige Tiere des rehbraunen Schlages und die dort vorkommenden Bunten Edelziegen tragen vermehrt die Merkmale der Schwarzwaldziege. Aufgrund der fehlenden Aufzeichnungen kann kein genauer Bestand ermittelt werden; der Gefährdungsgrad ist daher unsicher.

### ▶ EIGENSCHAFTEN

Die Rasse zeichnete sich durch einen kräftigen, aber schlanken Körperbau aus, war stets hornlos und mit einem hellen Bauch versehen. Die Läufe waren dunkel gestiefelt, das Fell rehbraun oder dachsgrau. Heute ist die Rasse weitgehend einheitlich rotbraun mit dünnem, schwarzem Aalstrich, hellen Gesichtsstreifen, hellem Bauch und schwarzen Beinschienen; es kommen seit einigen Jahrzehnten immer wieder gehörnte Tiere vor, die seit rund 20 Jahren auch zur Zucht zugelassen sind. Die sehr gute Milchleistung von rund 800–1.000 kg und die hohe Fruchtbarkeit sind typisch. Die Ziegen sind ausgezeichnete Mütter und gute Melker. Robust, frühreif und widerstandsfähig und auch für extensive Haltungsformen geeignet.

*Die robuste Schwarzwälderin*

## STIEFELGEISS (CH)

Der Ursprung dieser Rasse ist nicht bekannt. Es dürfte sich um eine lokale Variante der Schweizer Gebirgsrassen gehandelt haben, die von den Züchtern der Region Sarganserland-Walensee und dem Bündner Bezirk Imboden herausgezüchtet wurde. Da sich dieses Gebiet weitgehend mit dem St. Galler Oberland deckt, sprach man früher auch von der Oberländer Ziege. Erstmals 1909 auf der Berner Landwirtschaftsausstellung als Rasse vorgestellt, muss deren Zucht also schon viel weiter zurückreichen. Aus der Zeit nach der Wende zum 20. Jh. sind einige schriftliche Quellen und Beschreibungen erhalten, die auf einen dunklen und einen helleren Schlag hinweisen. Die in dieser Region vorkommenden Ziegen wurden damals als wenig produktiv, aber als gut an den Standort angepasst bezeichnet. Zahlreiche Veredelungsversuche mit Toggenburgern, Gämsfarbigen Gebirgsziegen und Strahlenziegen im Sarganserland schlugen fehl, hinterließen aber ihre Spuren. Ein immer wieder erwähnter Einfluss des Steinbocks ist nicht glaubhaft. Nach der Rassenbereinigung von 1938 wurde die Rasse nicht mehr gesondert erwähnt, sondern den Gämsfarbigen Gebirgsziegen oder den übrigen Rassen zugeschlagen. Nach dem Krieg verschwand das alte System der Hirtschaften, bei dem Schulbuben im Sommer die Geißen weideten. Um 1950 galt die Rasse als nahezu ausgestorben, nur mehr in entlegenen Bergdörfern gab es einzelne Tiere. Anfang der 1980er-Jahre erfuhr man bei der neu gegründeten Organisation ProSpecieRara von der Rasse und entschloss sich zu einer Rettungsaktion. Nur mehr im Dorf Quinten, das nur per Schiff über den Walensee erreichbar ist, fand sich eine weitgehend reinrassige Herde. Aus dieser wurden in letzter Sekunde 14 Tiere ausgewählt, um die Zucht neu aufzubauen. Dazu kamen noch einige typische Ziegen aus anderen, ebenfalls sehr unzugänglichen Gebieten. Ab 1984 wurden die Tiere in vier Herden gehalten und ein eigenes Zuchtsystem zur Erhaltung und zum Aufbau einer Nukleusherde geschaffen. Anfang der 1990er-Jahre erwachte das Interesse an der Stiefelgeiß

*Dunkle Beine ergaben den Namen.*

im St. Galler Oberland wieder und heute sind die Zentren wieder im Sarganserland und im Weißtannental, aber es gibt in der ganzen Schweiz (Ausnahme Tessin) wieder Züchter. Der Zuchtverein wurde 1993 gegründet und hat inzwischen die Agenden von PSR übernommen.

Die Rasse ist noch immer von Inzuchterscheinungen und Selektionsproblemen bedroht. Der heutige Bestand geht genetisch auf nur 27 Geißen und sieben Böcke zurück. In den ersten zehn Jahren der Herdbuchzucht bis 1993 gab es eine positive Entwicklung, denn nicht weniger als 55 Halter besaßen 250 Ziegen und Böcke. Den größten Zuwachs sah man zwischen 1993 und 2000; auch seither wächst der Bestand wie auch die Zahl der Züchter stetig. 2012 wurden im Zuchtbuch 822 Stiefelgeißen und -böcke geführt, welche im Besitz von 108 Züchtern standen.

### ▶ EIGENSCHAFTEN

Robuste, lebhafte und genügsame Ziege, bestens an extreme Lebensräume im Gebirge angepasst. Sehr berggängig, völlig wetterfest; dicke Haut. Gerade ausreichende Milchleistung bei karger Fütterung. Stabile Läufe, sehr harte Klauen, harmonischer Körperbau. Edler Kopf, beide Geschlechter gehörnt; Bart. Kopf, Rücken, Bauch und Beine dunkelbraun oder schwarz gefärbt, bei graubrauner oder rotbrauner Grundfarbe. Lange, mehr oder weniger dichte Grannenhaare am Rücken und an der Hinterhand, die ein „Mänteli" und „Hösli" bilden und typisch für die Rasse sind. Gut geformte Euter, schmackhaftes Fleisch.

## TAUERNSCHECKE (A)

Die Rasse, über deren Ursprung wenig bekannt ist, wird als Verwandte der Pinzgauer Ziege angesehen. Man könnte auch von einem Farbschlag derselben sprechen. SAMBRAUS sieht ihre Heimat im Krumltal und im Rauris; man darf die Hohen Tauern als Heimat ansprechen – daher auch der Name. Man war lange Zeit der Meinung, dass es nur eine typisch österreichische Rasse gäbe, die Pinzgauer Ziege; zwar wurde eine Scheckziege schon im frühen 19. Jh. bildlich dargestellt und 1921 in der Literatur erwähnt, sie war aber in der Praxis nicht oder kaum mehr anzutreffen. Man schätzte an diesen Tieren die auffälligen Farben, denn so waren sie im Gelände aus der Ferne gut zu sehen. In den 1960er-Jahren begann Johann WALLNER aus Maishofen, alle so genannten Tauernschecken zu sammeln, die er finden konnte. Mit ihnen begann er planmäßig zu züchten; ein Zuchtbuch existiert seit 1967. Sitz der Züchtergemeinschaft ist Salzburg; das Zuchtprogramm sieht eine möglichst breite Blutführung vor. Eine Samenbank wird in Wels aufbewahrt und laufend ergänzt. Heute gibt es rund 800 eingetragene Tiere in ca. 30 Zuchtbetrieben, einige auch im Tierpark Schönbrunn in Wien und in dessen Außenstelle, dem Tiergehege Schloss Hof im Marchfeld. Die Rasse stellt sich als attraktiv gescheckte Variante der Pinzgauer Ziege dar; sehr gute Milchleistung und große Härte, welche die Nutzung im rauen Tauerngebirge ermöglicht.

*Ein buntes Bild – Tauernschecken*

*Eine typvolle Jungziege*

### ▶ EIGENSCHAFTEN

Robust und trittsicher, mit sehr guter Milchleistung und schmackhaftem Fleisch. Gewicht ca. 60 kg bei der Ziege und bis zu 85 kg beim Bock. Leder, Felle und die starken Hörner werden gerne folkloristisch genützt – für Masken bei Perchtenläufen etc.

## THÜRINGERWALD-ZIEGE (D)

Im Gebiet von Thüringen und besonders im Kreis Erfurt gab es von jeher eine intensive Ziegenzucht. Die dort wie überall sonst in Deutschland vorherrschende Landrasse war recht uneinheitlich und wies alle Farben auf. Man glaubt jedoch, dass eine graue oder braune Farbe mit Aalstrich am häufigsten war. Erst spät im 19. Jh. begann man, die Ziegenzucht systematisch anzuheben und gründete dazu ab 1877 erste Vereine und Verbände. Durch die ersten Importe von Schweizer Ziegen konnte eine rasche Qualitätsanhebung in manchen heimischen Beständen erzielt werden. So auch in Thüringen, wo man ab 1897 Böcke der Toggenburger Rasse aufstellte. Die Toggenburger waren und sind eine milchreiche, robuste Rasse aus der Zentralschweiz. Sie

### ► EIGENSCHAFTEN

Mittelgroße, kompakte Ziege mit guter Bemuskelung. Meist hornlos; mit gut geformtem Euter ausgestattet; sehr guter Milchertrag von bis zu 1.000 l jährlich. Typische Zeichnung, ähnlich der Toggenburger Ziege, aber dabei kurzhaarig. Weiße Maske in zwei Streifen, die Ohren und Maul einschließt; weiße Beine und helles Euter; weißer Spiegel. Rahmiges Tier auf knapp mittlerem Fundament; robust und widerstandsfähig.

bewährte sich in der Einkreuzung in die Thüringer Ziegen so gut, dass man künftig eine Verdrängungskreuzung propagierte, deren Produkte schließlich Erfurter Toggenburger genannt wurden. Nach einer gewissen Konsolidierungsphase konnte man von der Thüringer Toggenburger sprechen. Damit wurde auch die typische Zeichnung der Toggenburger, mit heller Maske und hellen Beinen, immer beliebter. Da man Toggenburger als ausländische Rasse bezeichnete, durften sie 1934 nicht an der Reichsnährstandsschau teilnehmen. Hier kam den Thüringer Züchtern der Umstand entgegen, dass ihre Ziegen im Gegensatz zu den Schweizer Toggenburgern ein kurzes Fell hatten. Aufgrund dessen konnte man die Verantwortlichen davon überzeugen, dass es sich um eine eigene Rasse handelte und 1935 wurde sie in Thüringerwald-Ziege umbenannt. Im Jahr darauf war sie ausstellungsfähig und konnte sogar Preise erringen. Die Rasse war weit verbreitet, allerdings kamen nur in Thüringen, Preußen und Bayern große Bestände vor. Selten traten schwarze Exemplare auf, die nicht sehr geschätzt waren.

Nach dem Krieg ging die Zahl der Züchter und Tiere rasch zurück, mit der Modernisierung der Landwirtschaft verloren die Ziegen auch in der damaligen DDR

*Thüringer-Ziegen – den Toggenburgern verwandt*

an Bedeutung; 1957 gab es nur noch 167 Herdbuchgeißen. 1981 wurde ein Zuchtverein gegründet, der die Erhaltung erfolgreich vorantrieb – nicht zuletzt wegen der finanziellen Unterstützung. Heute gibt es geschätzt einige Hundert weibliche Tiere, verstreut in kleinen Beständen. Die Rasse ist laut Roter Liste stark bedroht.

## WALLISER ZIEGE (CH)

Auch gerne als „Gletschergeiß" bezeichnet, ist diese alte Walliser Rasse mit ihrem langen, oft typisch zweifarbigen Haarkleid unter verschiedenen Bezeichnungen bekannt. Sie umfasst einige Farbschläge, deren bekanntester jedoch die Schwarzhalsziege ist, die als eigene Rasse geführt wird. Aber auch die anderen Farbschläge bzw. Lokalrassen sind wunderschöne, interessante Tiere von originellem Äußeren.

*Die Gattungen*

## SCHWARZHALSZIEGE

Namensgebend ist die vordere Körperhälfte schwarz und immer durch eine scharfe Linie von der weißen Hinterhand getrennt. Die Farbteilung ist auch bei den Klauen zu finden (vorne pigmentiert, hinten hell). Das Ursprungsgebiet dieser ungewöhnlichen Ziegen war laut SAMBRAUS zuerst das Unterwallis, liegt aber seit langer Zeit im Oberwallis, in der Region Vispertal/Zermatt. Dieser Autor nennt auch Synonyme: Sattelziege, Vispertalerziege, Halsene oder Race de Viége.

Die Rasse soll durch afrikanische Einwanderer um 900 n. Chr. dorthin gelangt sein, doch wird unter den Vorfahren der Schwarzhalsziege in der Literatur immer auch die italienische Kupferziege erwähnt. Schon immer eine der kleinsten Populationen unter den Schweizer Ziegen, sank der Bestand um 1970 auf unter 500 Tiere. Der lokale Tourismus erkannte schließlich den touristischen Wert der ungewöhnlichen und schönen Tiere und förderte deren Zucht. Nicht zuletzt wegen ihrer guten Eigenschaften integrierte man die attraktiven Tiere wieder vermehrt in das Lokalkolorit. Heute werden die bunten Ziegen nicht nur im Heimatgebiet, sondern auch in vielen anderen Regionen der Schweiz und im Ausland gehalten, vor allem in Zoos und Tierparks.

*Ob diese Ziegen aus Afrika stammen?*

*Vorne schwarz, hinten weiß*

Das Hauptzuchtgebiet ist jedoch noch immer das Oberwallis, wo wieder rund 8,5 % aller Schweizer Ziegen leben (laut SAMBRAUS).

## KUPFERHALSZIEGE

Die alte italienische Kupferziege stand vermutlich Patin für die Walliser Rassen, die neben der schwarzhalsigen Variante auch den so genannten kupferhalsigen Schlag umfassen. Aus dem Werk „Das Tierleben der Alpenwelt" (1809) von Dr. Friedrich VON TSCHUDI:

„...am Rhône-Gletscher trafen wir ein starke Truppe großer, prächtiger Tiere, auf der vorderen Körperhälfte braun, auf der hinteren milchweiß, und im Nikolaithale halbschwarze und halbweiße Prachttiere mit fußlangem Haarbehang ..." (Quelle: ProSpecieRara)

Es gab also schon vor über 100 Jahren Tiere, die den heutigen Kupferhalsziegen glichen und unter den Schwarzhalsziegen lebten. Nachforschungen in der Region ergaben, dass 1968 noch einige Kupferhalsziegen lebten. ProSpecieRara startete im Frühjahr 2007 das erste Erhaltungsprojekt. Seit Beginn der Maßnahmen 2006 konnte man Zuchtgruppen in verschiedenen Regionen begründen. Da die Tiere nicht in den offiziellen Rassestandard fallen, werden sie im Herdbuch des Schweizerischen Ziegenzuchtverbandes nicht aufgenommen.

*Vorne rot, hinten weiß: die seltenen Kupferhälse*

## CAPRA SEMPIONE

Die Simplon-Ziege teilt ihre Geschichte mit den anderen Walliser Ziegenschlägen, fiel aber bei der Rassenbereinigung 1938 durch die Maschen des Gesetzes und galt seither als inoffizielle Population. Im Rahmen des Kupferhalsziegen-Projekts von ProSpecieRara fand man noch einige wenige Tiere im Wallis und anderen Regionen in der Schweiz und in Süddeutschland. Das ursprüngliche Verbreitungsgebiet des Schlages war die engere Simplon-Region, sowohl auf Schweizer wie auch auf italienischer Seite, bis in den nördlichen Teil des Piemonts hinein. ProSpecieRara führt seit 2013 alle bekannten Tiere in der Schweiz und in Deutschland gleichwertig im Zuchtbuch der Walliser Ziegen.

*Gehört auch zur Walliser Rassengruppe.*

## GRÜENOCHTE GEISS

Mit der Bezeichnung „Grüenochte Geiß" oder „Grüenochti" (Grauhalsziege; Graunacken) wird im Walliser Dialekt die vorne grau gezeichnete Walliser Ziege bezeichnet. Sie gehört zusammen mit den Schwarzhalsziegen, den Kupferhalsziegen und der Capra Sempione in die Gruppe der Walliser Ziegen.

Auch sie trägt das für die Rasse typische lange Fell und kräftige Hörner. Auch der Grüenochte Geiß erging es bei der Rassenbereinigung 1938 trotz langer Tradition gleich wie der Capra Sempione und der Kupferhalsziege: Sie wurde damals nicht in den Kreis der offiziellen Rassen aufgenommen und zur unerwünschten Rasse erklärt. Wie die völlig weißen Simplon-Ziegen wurde sie von ProSpecieRara in das Rettungsprojekt aufgenommen und ist eine der seltensten Ziegen der Schweiz. Die Kitze der Grüenochti sind meist heller gefärbt als die adulten Tiere. Manchmal ist die graue Partie vorne aufgehellt. Die beiden Farbbereiche sollen klar getrennt sein.

### ► EIGENSCHAFTEN

Eine kräftige, langhaarige Gebirgsziege. Beide Geschlechter tragen kräftige Hörner und dichte Bärte. Man achtet bei der Selektion auf Schönheit und Robustheit; es wird vor allem Mutterziegenhaltung praktiziert und nur selten gemolken. Alle Schläge der Rasse besitzen ein langes Haarkleid, wobei in den mehrfarbigen Schlägen die vordere Körperhälfte durch eine scharfe Linie von der weißen Hinterhand getrennt ist. Die Kupferhalsziegen und Grüenochti fallen durch ihre attraktive, glänzende Kupferfarbe bzw. das aparte Blaugrau auf, welches genetisch verankert ist (keine Ausbleichung schwarzgehalster Tiere). Die Größen liegen für Geißen bei 75 cm, für Böcke bei 85 cm; die Gewichte liegen bei 55 kg bzw. 75 kg. Historische Fotos aus dem frühen 20. Jh. zeigen Ziegen mit kürzerem Fell, besonders am Bauch; heute weisen viele Tiere fast bodenlange Haare auf, die eine intensive Fellpflege benötigen.

### HUNDE
**(CANINAE)**

**MÄNNLICHES TIER:** Rüde
**WEIBLICHES TIER:** Hündin
**JUNGTIER:** Welpe, Junghund

## GESCHICHTE

Trotz aller unübersehbaren körperlichen Unterschiede sind Wölfe und Hunde beinahe identische Tiere. Man könnte sagen, dass unsere zahmen Hunde früher Wölfe waren, die vor Jahrtausenden ein Gegengeschäft mit dem Menschen eingegangen sind. Es ist schwierig, eine taxonomische oder archäologische Unterscheidung zwischen Wolf und frühem Haushund zu treffen. Alle heutigen Unterschiede in Verhalten und Aussehen sind nur die Folgen der Zähmung des Wolfes. 1758 ordnete der schwedische Biologe Karl LINNAEUS in seinem bis heute verwendeten System den Hund als *Canis familiaris* und den Wolf als *Canis lupus* ein. Beide gehören zur großen Gruppe der Canidae, zu der wiederum die Wölfe, Hunde, Füchse, Schakale und Kojoten als große Familie gehören. Ihre allgemeinen Kennzeichen sind kräftige Schädel mit großen Zähnen und meist lange Beine für schnellen und ausdauernden Lauf. Die Datierung der ersten bzw. frühen Domestikation ist etwas unsicher bezüglich des Zeitraums. Man geht davon aus, dass erste Zähmungen mindestens zwischen 10.000 und 20.000 Jahre zurückliegen. Es gibt Hinweise der Domestikation in China, dem Nahen Osten, Europa und Nordamerika (Grabungsfunde, Abfallgruben, Gräber, Grabbeigaben …), wobei nicht ein einziger Ort als Zentrum feststeht. Haushunde als ständige Begleiter und Helfer dürften vor etwa 10.000 Jahren bereits verbreitet gewesen sein. Einige interessante Funde stammen aus Nordamerika/Alaska und könnten sogar deutlich älter sein, andere stammen aus den USA und deuten auf Hunde der frühen Indianer hin, die vor ungefähr 10.000 Jahren dort lebten. Im Nahen Osten, im heutigen Israel, sind Gräber einer frühen Bauernkultur aufgetaucht, die etwa 12.000 Jahre alt sind und in denen Hundeknochen gefunden worden sind. Auch in Nordengland kam es zu ähnlichen Funden aus der Steinzeit, die auf eine Arbeitsgemeinschaft von Jägern, Siedlern und ihren Hunden hinweisen. Der Beginn einer systematischen Zucht, die letztlich zu den zahlreichen Rassen und Formen der Gegenwart führte, wird mit dem Reich der Zehnten Dynastie im alten Ägypten angenommen. Über 2.000 Jahre vor Christus gab es dort schon Jagdhunde verschiedenen Typs und kräftige Kampfhunde. Hunde hatten auch eine große religiöse Bedeutung und wurden in verschiedenen Formen sorgfältig gezüchtet und verehrt, auch dargestellt und mumifiziert. Die alten Griechen schätzten Hunde wegen ihrer Intelligenz und ihres guten Erinnerungsvermögens. Auch sie verwendeten unterschiedliche Hunde zur Jagd und im Kampf und eine besonders berührende Schilderung ist jene von ODYSSEUS, der nach jahrelangen Irrfahrten nach Hause kommt und in seiner Verkleidung als Bettler nur von seinem treuen Hund Argos wiedererkannt wird. Die berühmten Molosser-Hunde aus der Region Epiros (Nordgriechenland) waren als große und wilde Kampfhunde überall gefürchtet. Auch das Römische Reich kannte und verwendete die verschiedensten Hunderassen. Der berühmte Spruch „Cave Canem" – Achtung vor dem Hund – fand sich als Mosaiktafel auf vielen römischen Gebäuden. Im Mittelalter war der Hund in vielen Aufgaben und Funktionen bereits ein Teil der gesamten menschlichen Kultur. Neben seiner Nützlichkeit als Hütehund, Jagdhund und Beschützer kann ihm vor allem auch eine besondere religiöse oder symbolische Bedeutung zu. Die moderne Hundezucht begann in größerem Umfang im 17. und 18. Jh. und erreichte im 19. Jh. mit der aufkommenden Industrialisierung und der Modernisierung der Landwirtschaft und der Jagdmethoden einen Höhepunkt; es begann eine systematische Selektion nicht nur auf Verwendungsmöglichkeiten, sondern auch auf bestimmte (äußere) Merkmale. Die Rassen wurden differenzierter und zugleich einheitlicher, die rassenreine Zucht wurde in Pedigrees (Ahnenreihen) dokumentiert und das Ausstellungs- bzw. Prüfungswesen begann. Damit entstanden die heute bekannten Rassen mit ihren seither immer gefestigteren – man kann auch sagen extremeren – Merkmalen. Eine Liste der international anerkannten Hunderassen wird von der Fédération Cynologique Internationale (FCI) geführt; derzeit sind ca. 343 Rassen anerkannt (Stand: Februar 2012; mittlerweile vermutlich einige mehr). Haushunde gibt es buchstäblich weltweit, zählt man die Schlittenhunde mit, sogar in Arktis und Antarktis, wo keine anderen domestizierten Tiere gehalten werden.

## WOLF (STAMMFORM)

Es gilt als gesichert, dass alle heutigen Hunderassen einem gemeinsamen Genpool entstammen – dem des Wolfs. Die früher ebenfalls in Betracht gezogenen Schakale/Goldschakale und Kojoten sind derzeit nicht nachweisbar. Wölfe sind weit verbreitet, sie kommen in zahlreichen Arten in ganz Eurasien und Amerika vor, während sie in Australien und Ozeanien fehlen; dorthin gelangte erst der Haushund. Der mächtige, weiße Polarwolf der Arktis, der dunkle, kräftige Timberwolf Nordamerikas, der schlanke, ausdauernde eurasische Wolf oder die zarten orientalischen-asiatischen Formen – sie alle sind selten geworden. Krankheiten – vor allem

## Die Gattungen

*Wachsam und scheu*

durch Haushunde übertragen –, sinnlose Jagd durch skrupellose Wilderer, Verlust des Lebensraums und der Beute bzw. Vergrämung durch menschliche Eingriffe und auch die Verkreuzung mit Hunden bedrohen ihren Fortbestand. Der Wolf besitzt keinen Wert oder Nutzen mehr für menschliche Jäger, deshalb wird er aus uraltem Hass und Vorurteilen gnadenlos verfolgt; er symbolisiert wie kein anderes Tier die dunklen Kräfte einer „feindlichen Natur". Letzte kleine Rückzugsgebiete in Europa sind daher die Abruzzen, Karpaten, Pyrenäen und Teile der Alpen sowie Polen,

### ▶ EIGENSCHAFTEN

Zäher, schlanker Wildhund von stark variierender Größe; 55–85 cm Höhe; Gewicht von ca. 30–70 kg. Graubraunes oder rötliches Fell in der typischen Wolfsfarbe, bei arktischen Formen auch hellgrau bzw. weiß. Stehohren, gelbliche Augen, sehr kräftiges Gebiss in langer Schnauze. Hervorragende Sinnesleistungen, enorme Schnelligkeit und Ausdauer. Schmaler, tiefer Rumpf, lange Läufe, buschige Rute. Intelligent, mit ausgeprägtem Sozialverhalten; Menschen gegenüber extrem scheu. Rudeljäger, die in Verbänden von zwei bis ca. zehn Tieren leben, angeführt von einem Leitwolf. Nachkommen nur von den ranghöchsten Tieren im Rudel, ca. fünf bis acht Welpen nach ca. neunwöchiger Tragezeit, einmal jährlich.

### ▶ WOLFSBESTAND IN EUROPA

Der Bestand nimmt seit Anfang des 21. Jh.s in vielen europäischen Ländern wieder leicht zu. Nach Erhebungen von 2009–2013 geht man von etwa 12.000–18.000 Wölfen in Europa ohne die Bestände in Russland und der Ukraine aus. Der Wolf wurde im Alpenraum komplett und in Italien weitgehend ausgerottet. Ein Restbestand von rund 100 Wölfen überlebte in den italienischen Bergen (Appenin, Abruzzen), der seit Mitte der 1970er-Jahre unter Schutz steht. Heute leben dort wieder rund 800–1.000 Wölfe mit leicht steigender Tendenz. In die Schweizer Alpen kehrten die ersten Wölfe 1995 zurück. Erhebungen im Winter 2010–2011 ergaben, dass damals im südwestlichen Alpenraum insgesamt 37 Wolfsrudel lebten, davon 16 in Frankreich, 14 in Italien und sieben grenzüberschreitende; insgesamt geht man von 250–300 Wölfen in den Alpen aus.

Der WWF schätzt, dass sich in Österreich drei bis fünf Tiere in den östlichen Bundesländern aufhalten. Seit 2009 wurden zudem in Tirol mindestens drei unterschiedliche Wölfe nachgewiesen. Seit 1970 konnte ein Anstieg der Sichtungen im Grenzgebiet Österreich – Tschechische Republik (Böhmerwald) beobachtet werden. Vor 1989 hatte man in Oberösterreich nur einen Wolf im Bezirk Rohrbach gesichtet. Zwischen 1990 und 2004 waren dort bereits zehn Tiere nachweisbar. Bemerkenswert ist, dass diese Wölfe aus drei verschiedenen Populationen stamm(t)en: Aus den Westalpen, vom Balkan und aus den Karpaten.

Der Bestand in den Karpaten gilt mit ca. 3.000 Tieren als stabil, eine genaue Zählung ist jedoch schwierig. Man schätzt 200–400 Wölfe in der Slowakei; in Rumänien leben 2.300–2.700 Wölfe; die Tschechische Republik gibt nur einen Wolf an, auch in Ungarn geht man nur von Einzeltieren aus. Am Balkan ist die Lage unklar; angegeben werden ca. 40 Tiere in Slowenien, ca. 200 Tiere in Kroatien, 650 in Bosnien, etwa 1.000–2.000 in Bulgarien, 250 in Mazedonien, um die 800 in Serbien, mindestens 700 in Griechenland und 200–250 in Albanien. Die Gesamtzahl der iberischen Population wird mit etwa 2.400 Tieren angegeben, ca. 2.000 in Spanien und 400 in Portugal. Nach Deutschland wanderten seit dem Zweiten Weltkrieg immer wieder Wölfe ein; bis 1990 wurden mindestens 21 Tiere geschossen oder mit Fallen gefangen. Auch nach 1990 sind immer wieder Wölfe aus dem Osten eingewandert; ab 2000 haben sich der Bestand und das Verbreitungsgebiet beständig vergrößert.

Spanien/Portugal, Teile des Balkans, des Baltikums und Skandinaviens. In den weiter östlichen Gebieten sind Wölfe noch etwas häufiger anzutreffen; in Nordamerika ebenfalls.

Sämtliche Arten sind extrem klug und vorsichtig, ausdauernd und robust, kräftig und genügsam. Diese Eigenschaften macht man sich in der Zucht von Hybriden mit Haushunden als besonders ursprüngliche Diensthunde zunutze. Solche „Wolfshunde" sind dann der Stammform recht ähnlich, aber keine einfachen Familienhunde, sodass sie in die Hand verantwortungsvoller Profis gehören.

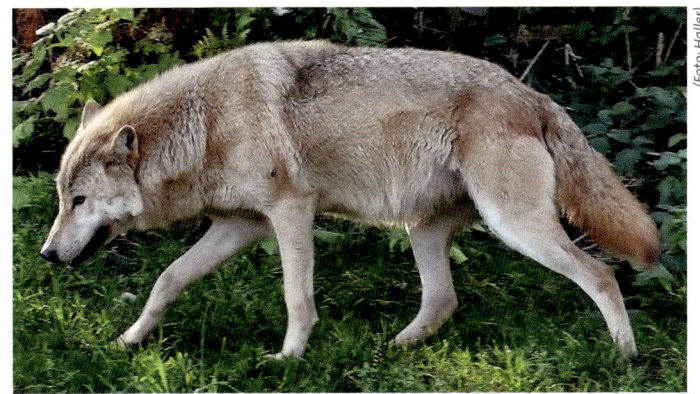

*Ein ausdauernder, schneller Rudeljäger*

## ALTDEUTSCHE HÜTEHUNDE (D)

Die Anfänge der Altdeutschen Hütehunde liegen im Mittelalter, als man die umherziehenden Herden vor Raubtieren schützen musste. Daher waren die alten Herdenhunde eher Schutz- denn Treibhunde und wurden Hirtenhunde (auch Schafrüden) genannt. Bei Ludwig BECKMANN, Geschichte und Beschreibung der Rassen des Hundes, 1895, liest man:

*„Die Hirtenhunde umfassen eine große Zahl verschiedener Typen und Rassen. Sie dienten zum Schutz der Herden, nicht zum eigentlichen Hüten derselben und wurden vom Schäfer am Strick geführt. Der Übergang von den starken Hetzhunden oder Schafrüden zu den kleineren, beweglicheren und intelligenteren Schäferhunden vollzog sich in den kultivierten Ländern des Kontinents später und ungleichmäßiger als in England. Der Schäfer steht behaglich auf seinen Stab gelehnt und beschränkt sich darauf, seinem allzeit aufmerksamen, flüchtigen Hunde durch Zuruf, Pfiff oder Wink die nötigen Befehle zu erteilen … Eine gewisse Gleichmässigkeit der Schäferhunde aller Kulturländer ist nicht zu verkennen, obwohl früher nirgendwo eine rationelle Rassenzüchtung stattfand. Man wählte für die veränderte Dienstleistung überall solche Exemplare aus, deren Erscheinung eine besondere Befähigung in Aussicht stellte. Es waren dies ausschließlich jene spitzohrigen und spitzschnauzigen Hundeformen, welche durch ihr ganzes Äußeres, ihre Intelligenz, stete Aufmerksamkeit und ihren eigentümlichen Dauerlauf an die Wildhunde erinnern."* (Gekürzt)

Es entwickelten sich also zahlreiche regionale Schläge und Formen, welche als typische so genannte Schäferhunde oder Pudel beschrieben werden. Erst im späten 19. Jh. – als man die große Gleichmacherei in der systematischen Tierzucht mit aller Kraft vorantrieb – wurde ein erster Zuchtverein namens „Phylax" (der Schäfer) gegründet. In dessen Gründungsjahr 1891 wurde damit begonnen, den Deutschen Schäferhund zu definieren. Dieser umfasste damals noch eine unvorstellbare Bandbreite an Typen und Formen; die Farben gingen von Weiß über Gefleckt bis Gelb und Rot; man tolerierte jede Art von Zeichnung und stock-, glatt- und langhaarige Hunde. In Österreich war die Vielfalt, wenn möglich, sogar noch größer, weil es da zusätzlich ungarische Einflüsse gab. Ihnen allen ist starker Hütetrieb, hohe Intelligenz und leichte Führbarkeit eigen.

Die frühen Ausstellungen des Vereins umfassten auch Arbeitsklassen, denn die meisten Zuchttiere standen in praktischer Verwendung. Die geografische Verteilung sah ein Überwiegen der stockhaarigen Typen in Mittel- und Norddeutschland, die rauhaarigen waren am Unterrhein und im Bergischen daheim und die langhaarigen in Braunschweig häufig anzutreffen.

Heute gibt es ein erneutes Interesse an solchen inzwischen sehr seltenen Hunden, die als Altdeutsche Hütehunde nicht offiziell von der FCI als Rassen anerkannt werden. 1989 wurde jedoch die „Arbeitsgemeinschaft zur Zucht Altdeutscher Hütehunde" (AAH) gegründet, welche sich ihrer annimmt. Ihr Gefährdungsstatus liegt je nach Schlag zwischen „gefährdet" und „extrem gefährdet".

Auf der Homepage der AAH liest man: „Die Arbeitsgemeinschaft zur Zucht Altdeutscher Hütehunde (AAH) ist ein Zusammenschluss von Schäfern, Schafhaltern und Privatleuten, welche die Zucht und Haltung der Großteils vom Aussterben bedrohten Hütehund-Schläge fördern." Vereinsziel ist es laut AAH, die „Altdeutschen" in ihrer

Vielfalt zu erhalten, was sich sowohl auf das Aussehen als auch die Hüteeigenschaften bezieht. Das noch offene Zuchtbuch der AAH wird seit 1990 vom TG-Verlag des Genetikers BEUING in Gießen geführt. Die Zuchtzulassung für einen Altdeutschen erteilt die Landesgruppe nach bestandener Zuchttauglichkeitsprüfung an der Herde oder einer Herdengebrauchshundeprüfung. Privatleute haben die Möglichkeit, ihre Hunde bei Schäfern der AAH vorzustellen und auszubilden. Die Schläge der Altdeutschen Hütehunde haben keine „Anerkennung als eigenständige Rassen, diese wird auch nicht angestrebt. Man sollte diese Hunde jedoch nur nach den Regeln der AAH züchten, damit ihre typischen Eigenschaften nicht verschwinden". (Gekürzt.)

## MITTEL-/OSTDEUTSCHE GELBBACKEN

Die Gelbbacke ist ein recht weit verbreiteter Arbeitshund in den neuen Bundesländern, die auch sein Herkunftsgebiet sind. Es handelt sich um kräftige Hunde mit schwarzem Langstockhaar und deutlichen roten, gelben oder braunen Flecken über den Augen, um den Fang und an den Läufen; jene über den Augen brachten ihnen auch den Spitznamen „Vierauge" ein. Diese Hunde sind sehr gelehrig und gut abzurichten, dabei robust und hart. Die drei Farbschläge der Mitteldeutschen Hütehunde (Schwarzer, Gelbbacke und Fuchs) dürfen untereinander verpaart werden und können gemeinsam innerhalb eines Wurfes auftreten.

(Foto: Arbeitsgemeinschaft zur Zucht Altdeutscher Hütehunde, A. A. H.)

*Die namengebende Zeichnung am Kopf*

(Foto: Haller)

*Intelligent, aufmerksam und ausdauernd*

### ▶ EIGENSCHAFTEN

Schlanke, gut proportionierte Hunde mit muskulösem Körperbau, etwa zwischen 50 und 60 cm hoch. Ausdauernd, mit guten Arbeitseigenschaften, Körperbau feiner als bei den süddeutschen Schlägen. Kopf trocken, mit gut entwickeltem Stopp, meist mittelgroße Stehohren, Kippohren möglich. Der Ausdruck soll sehr aufmerksam sein. Die Vorder- und Hinterläufe sind gut gewinkelt, möglichst ohne Fehlstellungen, welche den ausdauernden Lauf beeinträchtigen würden. Die Pfoten sind fest und rund, das Fundament ist stabil. Der Rücken ist gerade, der Brustkorb aufgezogen, bei mäßiger Rippenwölbung. Die Rute ist lang, leicht geschwungen und dicht und lang behaart. Doppeltes Haarkleid mit weicher Unterwolle, im Hals- und Brustbereich sowie rückwärts an den Läufen besonders dicht und lang.

## SÜDDEUTSCHE GELBBACKEN

Generell werden im Süden Deutschlands solche Hunde mit „Gelbbacke" beschrieben, die von dunkler, schwarzer oder brauner Färbung sind und im Bereich von Kopf und Brust helle, gelbe oder braune Abzeichen aufweisen. Doch sind diese Hunde in allen Spielarten in diesem Landesteil sogar noch uneinheitlicher als anderswo. So gibt es in Baden-Württemberg einen Schlag, der den ostdeutschen Gelbbacken bis aufs Haar gleicht, aber Kippohren wie ein Collie hat. Im Raum Zolleralp arbeiten langstockhaarige Gelbbacken, die einem zarten Hovawart ähneln. Westfälische Schäfer arbeiten wiederum manchmal mit Hunden, die stockhaarig sind und eher wie untersetzte Deutsche Schäferhunde wirken. Außerdem gibt es im süddeutschen Raum Gelbbacken, die zugleich dem rauhaarigen Strobelschlag zuzuordnen sind.

*Wenig einheitliche, robuste Arbeitshunde*

## MITTEL-/OSTDEUTSCHER FUCHS

Unter Fuchs versteht man jeden Altdeutschen Hütehund, unabhängig von Rasse oder Typ, der ein rotes oder rotbraunes Fell hat. Schwarze Maske, Brustfleck oder Decke kommen ebenso vor wie weiße Abzeichen auf Brust und Pfoten. Körperbau und Fellbeschaffenheit sind gut an die Landschaft und die Erfordernisse der Arbeitsweise des Herkunftsgebietes angepasst. Füchse sind harte Hunde, flink, von schneller Auffassungsgabe und wacher Intelligenz. Die Fellfarbe variiert von Falb- bis Dunkelrot; die drei Farbschläge der Mitteldeutschen Hütehunde (Schwarzer, Gelbbacke und Fuchs) dürfen untereinander verpaart werden und können dann gemeinsam innerhalb eines Wurfes auftreten.

*Die Fellfarbe ist namensgebend.*

## HARZER FUCHS

Der Harzer Fuchs ist dank der Bemühungen einiger privater Züchter wieder zu größerer Bekanntheit gelangt. Diese ursprünglichen, robusten Hütehunde der Harzer Rotviehzüchter sind inzwischen wieder relativ verbreitet. Für den praktisch arbeitenden Schäfer oder Rinderhirten war und ist es ziemlich unerheblich, ob man der Bezeichnung Fuchs auch noch das Präfix „Harzer" beifügt. Darum zählt man der Einfachheit wegen alle jene Exemplare, die im Harz eingesetzt werden, dort leben oder deren Vorfahren aus diesem Gebiet stammen, zu den Harzer Füchsen; die übrigen werden einfach als Füchse bzw. Altdeutsche Füchse bezeichnet. In jedem Fall ein Hinweis auf die rötliche Färbung und das Aussehen; flinke, mittelgroße Arbeitshunde.

*Besonders flink und wendig*

## SÜDDEUTSCHE SCHWARZE

Die schwarzen „Altdeutschen Hunde" in Süddeutschland unterscheiden sich deutlich von den Ostdeutschen Schwarzen. Dieser Schlag kommt heute fast nur noch in Württemberg und Franken vor. Es sind große Hütehunde mit einer Widerristhöhe von 65 cm und mehr. Das Format ist leicht rechteckig, der Knochenbau kräftig, die Erscheinung sehr ausgewogen. Es sind energische Arbeitshunde, die mit Rippen- oder Nackengriff die Weidetiere antreiben bzw. unter Kontrolle halten. Bei Gefahr für Herde oder Gehöft nimmt dieser intelligente, doch etwas scharfe Hund das Gesetz des Handelns in die Hand und agiert durchaus eigenständig.

### ▶ EIGENSCHAFTEN

Der Kopf ist insgesamt trocken und kräftig, der Schädel eher schmal als breit, mit gut entwickeltem Stopp; meist mittelgroße Kipp- oder Schlappohren. Die Augen sind bernsteinfarben und von wachem Ausdruck. Die Läufe sind gerade, die Pfoten fest und rund. Stockhaar, Langstockhaar, Kraus- und Rauhaar sind möglich. Sein Temperament macht diesen Hund nicht nur als Hütehund, sondern auch als Wächter und Beschützer für Hof, Schäfer und Herde geeignet.

*Tolle Hüte- und Wachhunde*

## MITTEL-/OSTDEUTSCHE SCHWARZE

Dieser Typ ist kleiner und verschieden zum Süddeutschen Schwarzen, ein drahtiger und kompakter Hund von großer Ausdauer, vor allem im Trab. Kopf trocken, wache Augen, nicht zu breiter Schädel, mittelgroße, dreieckige Ohren (meist Stehohren, Kippohren kommen vor). Der Ausdruck zeugt von Aufmerksamkeit und Intelligenz. Die Läufe und Gelenke sind korrekt geformt, dabei etwas feiner als bei den südlichen Varianten, die Pfoten sind robust, gut geschlossen und rund. Die Rute ist lang und leicht geschwungen, dabei dicht und lang behaart. Doppeltes Haarkleid mit weicher Unterwolle; die Fellfärbung ist stets schwarz, kleine weiße Abzeichen an Brust und Läufen sind möglich. Die drei Farbschläge der Mitteldeutschen Hütehunde (Schwarzer, Gelbbacke und Fuchs) dürfen untereinander verpaart werden und können gemeinsam innerhalb eines Wurfes auftreten.

*(Foto: Arbeitsgemeinschaft zur Zucht Altdeutscher Hütehunde, A. A. H.)*

*Intelligenz ist Zeichen guter Arbeitshunde.*

*(Foto: Arbeitsgemeinschaft zur Zucht Altdeutscher Hütehunde, A. A. H.)*

*Typische Hüte- bzw. Herdenhunde*

## WESTERWÄLDER/SIEGERLÄNDER KUHHUNDE

Bodenständiger Hundeschlag, schon im Jahr 1465 als verlässlicher, intelligenter Bewacher von Rinderherden erwähnt. Rote Hunde haben im Siegerland bis ca. 1968 als Siegerländer und im Westerwald bis ca. 1980 als Westerwälder Kuhhunde Herden von bis zu 500 Rindern und mehr ohne Zaun gehütet. Die uralte Reinzucht begründete sich darin, dass Kreuzungstiere sich kaum zum Hüten von Großvieh eigneten. Die Siegerländer wurden hauptsächlich in den Haubergen, einem alten Eichenniederwald, verwendet. Die Westerwälder waren für den Süden Deutschlands typisch.

*(Foto: Arbeitsgemeinschaft zur Zucht Altdeutscher Hütehunde, A. A. H.)*

*Etwas einheitlicher im Typ*

### ▶ EIGENSCHAFTEN

Der quadratisch gebaute, wendige Hund hat eine Höhe von ca. 45–55 cm; sandfarben bis rötlich-braun, dunkle Maske erlaubt; weiße Abzeichen an Kopf, Rumpf und Beinen kommen vor. Kipp-, Steh- oder Hängeohren; der Kopf ist gedrungen und kurz, mit mittlerem Stopp, glatt und kurz behaart. Der Körper und die Rute sind länger und stärker behaart. Wie bei den übrigen altdeutschen Rassen kommen auch hier Tiere mit kurzen Ruten, so genannte Stumper, vor.

## SCHAFPUDEL

Auch Hütepudel genannt, sind diese zottelhaarige Herdenhunde mittlerer Größe. Am häufigsten sind sie heute noch in den östlichen Bundesländern Deutschlands zu finden, vereinzelt auch im übrigen Bundesgebiet. Vor 1750 Budel genannt, sind dies enge Verwandte der Hirtenhunde bzw. selbst Allzweckhunde mit besonderer Hüteeignung und waren seit Jahrtausenden als zottige Steppenhunde treue Begleiter der Jäger und Hirtenvölker. In heißen Klimaten veränderte sich das feine Langhaar zu teils spiraligen Locken oder Strähnen, wie sie schon im 15. Jh. auf italienischen Gemälden zu sehen sind. Diese wurden ab ca. 1850 länger gezüchtet, es entstand der so genannte Schnürenpudel, der sich in manchen ungarischen Rassen niederschlug. BECKMANN führt Hirtenhunde und Pudel in einem Kapitel und lobt ihre Vielseitigkeit und Intelligenz.

*Pudel können auch arbeiten.*

*Intelligent und hoftreu*

### ▶ EIGENSCHAFTEN

Recht elegante Hunde, fleißig und aufmerksam, mit raumgreifenden, elastischen Bewegungen. Format rechteckig; der Rumpf ist eher schmal und tief, Rücken und Läufe sind gerade. Die Rute ist lang und geschwungen oder selten genetisch verkümmert (Stumper). Der Kopf kann durch die Behaarung, welche über die Augen reicht, groß wirken. Er ist jedoch ausgewogen und schmal, mit ausgeprägtem Stopp; Hänge- oder Kippohren. Die Augen sind groß und dunkel, mit freundlichem, pfiffigem Ausdruck. Das Fell ist lang, mit feiner Unterwolle; Neigung zum Verfilzen. Farben: von Schwarz, Blaugrau, Grau, Hellweizenfarben bis Weiß; vereinzelt auch lohfarbene Hunde mit dunkler Maske und dunklen Ohren.

## STROBEL

Sie sind bzw. waren die typischen Arbeitshunde der Schäfer und Hirten in Baden-Württemberg und Bayern. Einige Linien neigen zu angeborener Schärfe. Es sind sehr selbstständig arbeitende Hütehunde, in Körperbau und Fellstruktur optimal an raue Landschaft und unwirtliches Klima auf der Schwäbischen Alb oder im Bayerischen Wald angepasst. Ihr dichtes Fell ist ein idealer Wetterschutz.

*Strobel sind sehr selbstständige Herdenhunde.*

### ▶ EIGENSCHAFTEN

Größe um 60 cm, mit schwarzem, leicht gelocktem Fell; Gelbbacken und Tiger kommen vor. Im Rechteckformat stehend, solides Knochengerüst, fester gerader Rücken. Korrekte Läufe, gute Gelenke und geschlossene Pfoten. Der Nasenschwamm ist schwarz, die Augen sind rundlich, hell oder dunkel, mit sehr wachem Blick. Die mittelgroßen Hängeohren sind seitlich angesetzt. Ausdauernd, wetterhart und robust.

## STUMPER

So werden jene Altdeutschen Hütehunde bezeichnet, die ohne oder mit verkürzter Rute geboren werden. Sie können in allen Formen und Farben vorkommen. Die Verkürzung/das Fehlen des Schwanzes beruht auf einem genetischen Defekt. Bei diesen Hunden sind die letzten Schwanzwirbel nicht ausgebildet, sondern nicht oder nur als Stummel vorhanden; abgesehen davon sind Stumper vollwertige, gesunde Hunde. Bei der Anpaarung ist jedoch darauf zu achten, dass mindestens ein Elterntier eine lange, voll ausgebildete Rute hat, da sonst weitere Genschäden bei den Welpen zu erwarten sind, z. B. ein Letalfaktor, der bewirkt, dass die Welpen entweder tot geboren werden oder schwerst geschädigt und nicht lebensfähig sind (z. B. offener Bauch, offene Wirbelsäule oder Deformationen des Körpers und Kopfes)! Die Paarung Stumper mit Stumper ist nach dem Tierschutzgesetz verboten und fällt unter den Tatbestand der Qualzucht!

*Die Zucht von Stumpern erfordert Kenntnisse in der Genetik.*

## TIGER

So genannte „getigerte" Hunde mit gescheicktem, getupftem, gestromtem oder gepunktetem Fell sind hauptsächlich im süddeutschen Raum daheim. Die häufigen Farbvarianten nennt man Grautiger (grauschwarz), Rottiger (rotschwarz), Weißtiger (weißschwarz) oder dreifarbiger Tiger (schwarzgrau mit braunen Abzeichen); weiße Abzeichen sind erlaubt und häufig. Es gibt eine Vielzahl an Fellvarianten (z. B.

*Die Augen sind etwas heller.*

langstockhaarig, stockhaarig, rau-, gewellt- oder zottelhaarig); auch die Form der Ohren ist uneinheitlich. Ca. 50–65 cm Schulterhöhe. Die Augenfarbe ist meist braun, doch helle, so genannte Glasaugen sind möglich. Die besondere Fellzeichnung und helle Augenfarbe der Tiger entsteht durch den so

*Die Fellvarianten der Tiger sind vielfältig.*

genannten Merle-Faktor, den es auch bei den Collie-Rassen gibt. Tiger werden nicht miteinander verpaart, um das Auftreten gefährlicher Genschäden durch das doppelte Merle-Gen zu vermeiden. Sie sind in der Regel arbeitseifrige Hütehunde mit ausgeprägtem Hütetrieb, sodass dieser Schlag in Süddeutschland noch öfter zum Hüten eingesetzt wird.

## APPENZELLER SENNENHUND (CH)

Der Appenzeller Sennenhund geht auf Tiere der Bergbauern in den Schweizer Alpen zurück, besonders im Kanton Appenzell, wo sie als Treib-, Last- und Hütehunde eingesetzt wurden. Ein Vorfahre des heutigen Appenzeller Sennenhundes wurde erstmals 1853 als „hell bellender, vielfarbiger Sennenhund" beschrieben, der teils „zum Zusammentreiben der Herden (Hütehund) und teils zur Hut der Hütte (Wachhund)"

### ▶ EIGENSCHAFTEN

Muskulöser Hund in leicht rechteckigem Format; schwarze oder braune Grundfarbe mit braun-weißen Abzeichen sowie seitlich über den Rücken gerollter Rute. Die Widerristhöhe liegt bei Hündinnen etwa zwischen 50 und 54 cm, bei Rüden zwischen 52 und 56 cm; Gewicht bei ca. 22 kg und etwas mehr. Die harten Lebensbedingungen haben ihn wetterfest, leichtfuttrig und robust gemacht. Temperamentvoller Helfer beim Hüten und Treiben von Großvieh; braucht ein ausreichendes Bewegungsangebot und eine konsequente Behandlung; neigt zum Kläffen. Charakteristisch ist sein Biss in die Köten der Rinder, den man auch bei den britischen „Heelern" findet.

verwendet worden sei. Ein anderer alter Name ist „Blessi", wegen der typischen Gesichtszeichnung. Da man immer die Gebrauchstüchtigkeit höher schätzte als das Aussehen, wurde der Appenzeller in seinem Interieur besser konsolidiert als im etwas uneinheitlichen Erscheinungsbild. Ab 1898 wurde die Zucht des Arbeitshundes gezielter betrieben, 1906 der Club für Appenzeller Sennenhunde gegründet sowie das Appenzeller Hundestammbuch eröffnet. 1914 wurde der bis heute gültige Rassestandard aufgestellt. Ab da war auch der Name „Appenzeller Sennenhund" bekannt und die

*Stets hell wachsam – der Appenzeller*

Rasse von den übrigen Schweizer Sennenhund-Rassen (Berner, Entlebucher, Großer Schweizer) eindeutig unterscheidbar. Die kleine Zuchtbasis bereitet aufgrund der Inzuchterscheinungen ein Problem. Auch als Agility-, Lawinen-, Schutz- oder einfach als Familienhund einsetzbar. Informationen: Club für Appenzeller Sennenhunde (SCAS); www.appenzeller-sennenhunde-club.com.

*Etwas agiler als die übrigen Swyzer*

## ÖSTERREICHISCHER LANDPINSCHER (A), DEUTSCHER PINSCHER (D)

Der Pinscher ist dem ihm ähnlichen Schnauzer verwandt und historisch verbunden. Heute jedoch ist er eine extrem seltene Variante des alten, vielseitigen Hofhundes, während man Schnauzer als Rassehunde in drei Größen noch öfter antrifft. Die alte Literatur führt beide Schläge als kurz- bzw. rauhaarige Variante des so genannten Ratt(l)ers oder Pin(s)chers, in Österreich-Ungarn auch oft Pintscher. Der Name dürfte vom Englischen *to pinch* oder Französischen *pincer* herrühren, was Zwicken oder Beißen bedeutet. Damit wird klar auf seine Aufgabe hingewiesen, die Ratten zu vertilgen, was der knapp mittelgroße, enorm wendige und recht scharfe Hund mitunter besser als eine Katze erledigt. Als Ahnen dürfen wir u. a. diverse britische Terrier (Manchester-, Fox- und Black-and-tan-Terrier) vermuten. Die größte Pinscher-Rasse ist übrigens der bekannte Dobermann …

Erst um 1882 trennten sich mit der Gründung der eigentlichen Schnauzerzucht die beiden Schläge und der Pinscher geriet immer mehr ins Hintertreffen. 1914 wurde der erste österreichische Pinscher-Klub gegründet; 1928 wurde der Österreichische Pinscher als Rasse mit Standard anerkannt und mit einem Zuchtbuch versehen. Er wurde jedoch nie zum Modehund, sondern blieb eine unscheinbare Landrasse. Auf den Bauernhöfen Süddeutschlands, Österreichs und der östlichen Nachbarn wurde er – als Gebrauchshund unbekannter Herkunft – in kleiner Zahl erhalten, die Rassezucht ignorierte ihn weitgehend. Er wurde als Promenadenmischung (sprichwörtlich: Pinschpudeldackel) und Kläffer abgetan. In Deutschland wurde 1956 der Pinscher- und Schnauzer-Klub gegründet und man bemühte sich seither um die Erhaltung des kleinen Bestandes. In den 1970er-Jahren war aufgrund geringer Wurfgrößen und steigender Inzucht nur ein einziger fruchtbarer Pinscher in der Zucht. Frau Therese WOCHIAN, Fam. MANGOLD und einigen anderen gelang es, den Österreichischen Pinscher vor dem Aussterben zu bewahren. Langsam begannen sich auch Züchter aus dem Ausland für den Österreicher zu interessieren; der Bestand stieg langsam an. Heute liegt er in Österreich vermutlich bei rund zehn Zuchttieren mit jährlichen ca. 40 Nachkommen und gesamt rund 300 Hunden; in Europa ist die Rasse auf neun Länder verteilt und mit rund 500 Tieren vertreten. Das Zuchtbuch ist offen, noch immer können Hunde ohne sichere Abstammung, aber von gutem Typ zur Zucht verwendet werden.

*Der Terrier hat ein Wörtchen mitgeredet.*

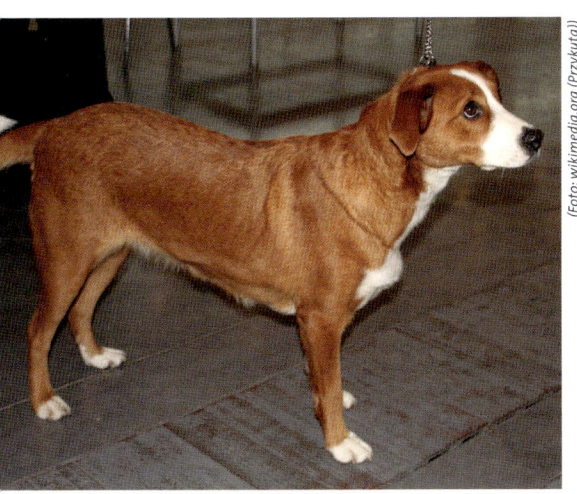

*Der typische ländliche Allround-Hund*

### ▶ EIGENSCHAFTEN

Uneinheitliche Rasse von rund 45–50 cm Größe und ca. 14–18 kg Gewicht. Steh-, Kipp- oder Hängeohren, kräftiger, rundlicher Schädel mit gutem Stopp. Das Fell ist glatt oder stockhaarig; geht von gelb über rehbraun bis hirschrot und schwarz; manchmal gefleckt. Die Rute wird hoch und oft geringelt getragen. Gerade Läufe mittlerer Länge, gut geschlossene Pfoten; schneller Läufer. Pinscher sind intelligent, wachsam und selbstbewusst; sie brauchen eine konsequente, verständige Führung und viel Beschäftigung. Sie treiben Vieh, bewachen den Hof, halten Ungeziefer kurz und sind ideale Gefährten für alle Arten des Hundesports. Der Deutsche Pinscher ist das Gegenstück zum österreichischen Landhund und bei ähnlichen Eigenschaften etwas homogener. Glatthaarig und rot, schwarz oder schwarz-rot verbrämt, ähnelt er mehr einem kleinen Dobermann.

## SPITZE

Es wird eine Herkunft aus Skandinavien vermutet und damit eine frühe Verbreitung durch die Seefahrer (Wikinger; Islandspitz) abgeleitet. Jahrhundertelang wurden überall in Europa Spitz-ähnliche Hunde gezüchtet. Kleine Spitze – im Englischen Pomeranians, also Pommernhunde, genannt – waren die Lieblinge von Queen Victoria (sie besaß aber auch viele andere Rassen), und einer wurde von Wilhelm Busch in „Max und Moritz" verewigt. Sie waren typische Bauernhunde, oftmals sogar die einzigen vom adeligen Grundherrn erlaubten, denn sie jagen nicht. Sie verbreiteten sich von Mitteleuropa aus auch auf andere Kontinente, wie z. B. Amerika. Im Jahr 2003 wurden der Groß- und Mittelspitz zusammen mit dem Deutschen Pinscher von der GEH (Gesellschaft zur Erhaltung alter und gefährdeter Haustierrassen) zur vom Aussterben bedrohten, gefährdeten Haustierrasse erklärt. Der Großspitz wurde dabei als „extrem gefährdet" eingestuft. Spitze sind ausgesprochene Haus-, Familien- und Wachhunde, die

*Der große Spitz ist ein idealer Hofhund.*

*Intelligent und temperamentvoll*

früher auch als Mistkläffer, Fuhrmanns-, Schiffer- oder Weinberghunde bekannt waren. Sie binden sich eng an den Menschen und sein Gut; dementsprechend sind sie wachsam, familienbezogen und hoftreu; Fremden gegenüber sind sie misstrauisch und melden eifrig, was ihnen den Ruf der Kläffer einbrachte.

### ▶ EIGENSCHAFTEN

Heute gibt es deutsche Spitze in verschiedenen Größen, von ca. 25–55 cm Schulterhöhe, sowie in zahlreichen Farben des langen und dichten Fells. Der seltene Groß- oder Wolfsspitz erreicht eine Größe von rund 50 cm und ist graugewolkt, d. h. silbergrau mit schwärzlichen Haarspitzen. Ein unbestechlicher Hüter von Hof, Vieh und Familie, dabei ohne Jagdtrieb oder Hang zum Streunen.

**KANINCHEN**
*(ORYCTOLAGINAE)*

**MÄNNLICHES TIER:** Rammler, Bock
**WEIBLICHES TIER:** Häsin, Feh

## GESCHICHTE

Die Hasentiere (Lagomorpha) teilen sich in die Familien der echten Hasen und Kaninchen (Leporidae) und die der Pfeifhasen; aus den ersten beiden leiten sich jeweils Feldhase und Wildkaninchen ab. Zwischen diesen besteht – entgegen landläufiger Vermutung – aber keine nahe Verwandtschaft, da sie sich nicht kreuzen lassen. Unsere zahmen Hauskaninchen stammen vom Wildkaninchen (*Oryctolagus cuniculus*) ab und haben dessen Eigenschaften weitgehend bewahrt. Im antiken Rom und Griechenland kannte man es als nützliches Fleischtier in Gehegehaltung. Es war in Zeiten strikter Jagdverbote oft ein jagdbares Niederwild, das auch von Unfreien bejagt und verzehrt werden durfte (z. B. in Baujagd mit Kleinhunden oder Frettchen). Weite Verbreitung fand das Kaninchen in seiner unverfälschten Form durch die frühen Seefahrer, allen voran die Spanier und Portugiesen, die es auf Inseln entlang der neuen Schifffahrtsrouten aussetzten, um dort immer Frischfleisch vorrätig zu haben. Die vollständige Domestikation des nützlichen Langohrs erfolgte wahrscheinlich erst zu Beginn der Neuzeit in Frankreich; der deutsche Sprachraum folgte erst später nach, denn erst im 19. Jh. findet hier eine nachweisliche und dokumentierte Züchtung von Rassekaninchen statt, wahrscheinlich ausgelöst durch die Kontakte zwischen deutschen und französischen Soldaten in den Kriegen dieses Jahrhunderts zwischen Deutschland und Frankreich. Erste Zuchtvereine entstanden zuerst vor allem um die Städte Chemnitz und Leipzig, die erste Ausstellung soll 1874 in Bremen stattgefunden haben. Kaninchen als landwirtschaftliche Nutztiere verfügen über viele Vorzüge. Die Kaninchenhaltung ermöglicht eine kostengünstige Selbstversorgung mit Fleisch, das eiweißreich, mager, arm an Cholesterin und leicht verdaulich ist. Bezogen auf die Futterfläche erzeugen Kaninchen mehr Fleisch als viele andere Nutztiere. Aufgrund ihrer rasanten Vermehrung und frühen Zuchtreife ist es innerhalb kürzester Zeit möglich, eine ansprechende Zuchtgruppe aufzubauen. Weibliche Kaninchen sind mit vier bis acht Monaten fortpflanzungsfähig und können sechs- bis achtmal jährlich bis zu acht oder sogar zehn Junge werfen.

Im Gegensatz zur Hobbyhaltung als Spieltier oder als reines Haustier wird in der Landwirtschaft vom Kaninchen ein Nutzen erwartet, der im Fleisch, Fell oder Haar (Angora) liegen kann. Heute ist auch das Ausstellungswesen gut entwickelt und bietet dem Hobbyzüchter ein weites, vergnügliches Betätigungsfeld. Zur Fleischnutzung kommen vielfach Hybride zum Einsatz, die robust und frohwüchsig sind. Rassekaninchenzüchter und Aussteller betreiben hingegen Reinzucht und halten sich an die Standards der Zuchtvereine.

Die Einteilung der Kaninchen kann nach verschiedenen Kriterien erfolgen, etwa in Fleischrassen, Fellrassen, Wollrassen und Sportrassen; aber auch andere sind möglich, wie z. B. nach dem Gewicht: kleine Rassen (Zwerge) bis ca. 1,5 kg; mittlere bis ca. 5 kg; große (Riesen) bis ca. 7 kg Gewicht. Neben vielen häufigen Rassen gibt es einige, deren Bestand gering oder sogar bedroht ist; davon befinden sich derzeit acht auf der Roten Liste.

## DAS WILDKANINCHEN (STAMMFORM)

Das Stammgebiet wird im westlichen Mittelmeerraum, besonders auf der Iberischen Halbinsel, vermutet. Vielleicht brachten seefahrende Händler aus dem Nahen Osten die grauen Wildkaninchen von dort mit nach Syrien, wo sie sich rasant vermehrten. Die Verbreitung erfolgte entlang der nördlichen Mittelmeerküste. Die Römer als echte Feinschmecker hielten sie zwecks einfacher Fleischgewinnung in eigenen, ummauerten Kaninchengärten. Im Mittelalter waren die wohlschmeckenden Langohren in europäischen Klöstern und Jagdrevieren verbreitet und vor allem

(Foto: wikimedia.org (JJ Harrison))

*Fruchtbar und einfach zu halten*

Die Gattungen

in Frankreich beliebt – in noch kaum veränderter Form. Dort dürfte auch die endgültige Domestikation und planvolle Zucht des halbwilden, grauen Kaninchens stattgefunden haben. Erste züchterische Veränderungen waren eine bessere Wüchsigkeit und ein attraktives Fell, was durch Mutation und Zuchtwahl zur Ausbildung früher Farbschläge (Blaue, Schecken …) geführt haben dürfte; auch die langen Schlappohren der so genannten Widderkaninchen stammen daher.

### ▶ EIGENSCHAFTEN

Mittelgroßes Kaninchen von rund 2–3 kg Gewicht und kompakter Körperform; kurze Stehohren mit schwarzem Rand, ständig nachwachsende Nagezähne. Das Unterhaar des eher kurzen, graubraunen Fells ist blaugrau gefärbt – im Gegensatz zu jenem des Wildhasen, welches weißlich ist. Mit diesem sind keine Verkreuzungen möglich. Bei Gefahr flüchtet das flinke Tier durch kurzes Hakenschlagen in seinen Bau. Es gräbt begeistert Gangsysteme mit einem Kessel zum Absetzen der Würfe, welche einige Wochen betreut werden; der Feldhase benützt hingegen eine flache Mulde (Sasse). Zwischen Februar und Oktober ca. sechs bis acht Würfe von bis zu ca. acht Jungen (beim Hasen nur ca. vier eher kleine Würfe). Das Warnsignal besteht in einem harten, raschen Trommeln mit den Hinterläufen (Klopfen; daher der Name „Klopfer" in Erzählungen).

## ANGORA-KANINCHEN

Auch diese vermutlich bekannteste aller Rassen hat keine gesicherte Herkunft; man weiß einfach nicht, wo sie zuerst auftrat. Als Mutation gibt es Langhaarigkeit auch hin und wieder beim Wildkaninchen und solche Tiere dürften auch in Domestikation vorgekommen sein. Quellen zufolge soll das Angora um 1723 von britischen Seefahrern aus der Schwarzmeerregion nach Frankreich gebracht worden sein. Dort wurde es schon bald gezüchtet und gelangte 1777 zur ersten Erwähnung in Deutschland. Sein langes, seidiges Fell erinnert an jenes der türkischen Angora-Ziege, aus deren Haar der kostbare Kaschmir-Stoff gewonnen wird; daher vermutlich der Name – Ankara hieß früher so.

In England und Deutschland bemühte man sich um die Zucht und Verbesserung des Typs, was jedoch vorerst an den geeigneten Spinnmaschinen scheiterte und die Schur wenig rentabel machte. Doch während beider Weltkriege erfuhr die Rasse, inzwischen im Fellwuchs wesentlich ertragreicher, einen deutlichen Aufschwung, da man die enorm warme, angenehme und wasserabweisende Wolle dringend brauchte; Schafe sind weniger ökonomisch als Kaninchen. Die Schurleistung stieg von rund 200 g/Jahr um 1925 in den folgenden ca. 50 Jahren auf bis zu 1.500 g/Jahr an, wobei Häsinnen meist mehr liefern als Rammler. Das Fell besteht aus drei Lagen, der dichten, seidigen Unterwolle, den Grannenflaum-Haaren und den Grannenhaaren. Zusammen ergeben sie ein bis zu 25 cm langes Fell, das an Ohren, Stirn und Läufen besonders lange Büschel bilden kann. Die Rasse ist in aller Regel albinotisch, seltener verblassend farbig, dabei mittelschwer und recht robust. Angoras können bei rund 3–4 kg Gewicht durchaus als fleischbetonte Zweinutzungsrasse gelten. Ihr empfindliches Fell erfordert aber etwas größere Ställe und besondere Reinlichkeit, dazu regelmäßige Schur im Abstand von etwa 80 Tagen; die Preise für Angorawolle sollten nicht dazu verleiten, diese Tiere in Massen zu halten – Reichtum ist nämlich keiner zu erwarten. Früher waren weit seltenere Schuren üblich, galten doch 10, ja sogar bis zu 30 cm Haarlänge als ideal; heute „erntet" man bei rund 6 cm Länge. Dazu wird eine kleine Schermaschine eingesetzt, aber auch mit einer scharfen Schere kann man einzelne Tiere aus der Wolle holen. Um perfekte Angorawolle zu erhalten, brauchen die Tiere eine optimale

(Foto: wikimedia.org)

*Anspruchsvoll in der Haltung*

Fütterung und eine besonders gewissenhafte Haltung. Ein kühler Stall mit viel Auslauf ist wegen der Temperaturreize günstig; häufiges Bürsten fördert die Hautdurchblutung und hält die Verfilzung hintan; direktes Sonnenlicht schadet den Augen und kann zu Überhitzung führen; die Krallen müssen wegen der Pfotenbehaarung öfter als üblich gekürzt werden.

## FUCHSKANINCHEN

Das Fuchskaninchen stammt vom Angora ab und wurde um 1925 von Hermann LEIFER in Coburg und seinem Züchterkollegen namens MÜLLER in der Schweiz geschaffen. Es führt Havanna-, Chinchilla- und Angora-Blut. 1930 wurde es erstmals auf einer Ausstellung gezeigt. Es kommt in den Farben Blau-, Schwarz-, Silber-, Weiß- und Gelbfuchs vor; allerdings ist sein Haar viel weicher als jenes des Fuchses. Nach dem Krieg war es beinahe ausgestorben und wurde aus wenigen Schweizer Tieren erneut aufgebaut; heute in vielen Ländern bekannt.

*Ein silberfarbener Fuchs*

## DEUTSCHES GROSSSILBER-KANINCHEN

Das Deutsche Großsilber ist eine mittelgroße Kaninchenrasse von ca. 4–5 kg Gewicht. Es gehört zu den dominant silberfarbigen Rassen, weil sie viele unpigmentierte Haare im Fell haben. Früher als Gelb- und Braunsilber zugelassen, sind die heute anerkannten Farbschläge Schwarz, Blau, Gelb, Grau und Havanna; alle besitzen ein hervorragendes, halblanges Fell.

Silberfarbige Kaninchen werden schon in der älteren Literatur – besonders der englischen (MARKHAM, DARWIN), aber auch der französischen – erwähnt. Man führt sie auf ostasiatische Tiere zurück, die von Portugiesen nach Frankreich gebracht wurden. Die Schaffung der typischen und konstanten Rasse wird Georg STEIN aus Detmold zugeschrieben, der um 1910 diesen Schlag aus größeren Rassen und schwarzsilberfarbigen Tieren züchtete. Anfangs als Germania Silber bezeichnet, erforderte die Zucht längere Experimente, ehe man eine stabile Zuchtgruppe erreichte. Früher praktizierte man oft die Kreuzung mit dem Hellen Großsilber, einer französischen Rasse ähnlichen Typs. Mit dem Tod von Georg STEIN, so schreibt der Kenner Fritz

*Wunderbar gefärbt mit Silberglanz*

JOPPICH 1959 in „Das Kaninchen", war das Schicksal des Germania Silber besiegelt. Parallel zu STEINs Versuchen züchtete aber Friedrich NAGEL in Neudietendorf einen Schlag von blauen Silberkaninchen, die er Blaue Großsilber nannte. In anderen Ländern wird nicht zwischen Hellen Großsilbern und Deutschen Großsilbern unterschieden, alle derartigen Tiere werden dort, wie beim Kleinsilber, als Farbschlag geführt.

## BARTKANINCHEN/BELGISCHES BARTKANINCHEN/GENTER BARTKANINCHEN

Das Bartkaninchen wurde bereits verschiedene Male neu erzüchtet. Ursprünglich waren die Belgischen Bartkaninchen eine französisch-belgische Rasse. In Frankreich war es auch als Löwenkaninchen (lapin lion) bekannt. Seine Erhaltungszucht ist eine Erfolgsgeschichte, denn es waren nur noch 20 Tiere der Rasse vorhanden, ihre Abstammung war unbekannt. Sie wurden auf einige Archehöfe verteilt, allerdings gestaltete sich eine Weiterzucht schwierig, da sie aufgrund der starken Inzucht nur eingeschränkt fortpflanzungsfähig waren. Man beschloss deshalb, Graue Wiener einzukreuzen, um die Zucht zu stabilisieren. Anfang der 1990er-Jahre kamen die ersten Tiere nach Deutschland. Mittlerweile wird die Rasse von etwa 120 Züchtern in Belgien, Deutschland, Luxemburg, Österreich und der Schweiz gezüchtet. Sie wurde 2005 vom Bund Deutscher Kaninchenzüchter anerkannt. Günter RAUSCHER aus Wang in Niederösterreich brachte das Bartkaninchen 2003 nach Österreich, wo es seit 2009 anerkannt ist. Seit 2011 ist diese Rasse unter dem Namen Genter Bartkaninchen im Zentralverband Deutscher Rasse-Kaninchenzüchter zugelassen. Sie gehören zu den mittelgroßen Rassen und der Farbschlag wildfarbig wird auch vom Zentralverband Deutscher Rassekaninchenzüchter anerkannt.

### ▶ EIGENSCHAFTEN

Das Bartkaninchen besitzt eine typische Mähne, die von den Schultern über die Flanken bis zum Schwanz (Blume) reicht, außerdem einen mehr oder weniger ausgeprägten Bart. Die Beckenbehaarung verschwindet bei älteren Tieren teilweise oder vollständig, die Kopfbehaarung (Bart) bleibt in der Regel bestehen. Für die Vererbung wird ein unvollständig dominanter Erbgang angenommen. Ein weiteres Kennzeichen sind die breiten Ohren von ca. 8,5 cm Breite, die den kräftigen Kopf betonen. Das Fell ist grau (hasen- und wildgrau, eisen- und dunkelgrau). Der Körperbau ist bei einer Länge von 40 cm und einem breiten Rücken recht kräftig; ausgewachsene Tiere werden ca. 5,5 kg schwer.

*Bartkaninchen mit typischer Mähne*

## JAPANER-KANINCHEN

Der „Japaner" gilt als französische Rasse, die wahrscheinlich aus wildfarbigen Schlachtkaninchen und Holländer-Kaninchen (Holländerscheckung) entstanden ist. Es ist kein Zufall, dass englische Züchter die Rasse Harlequin (Hanswurst) nennen, denn ihre Färbung ist ungewöhnlich und lustig-bunt. Das Japaner-Kaninchen stammt nicht aus Japan, man wollte die neue Rasse lediglich mit einem Hauch Exotik umgeben. Sie soll zuerst in einem Park halbwild vermehrt worden sein und von dreifarbigen Holländern und französischen Mischlingen abstammen. Fest steht, dass die Rasse im Jahre 1887 in Paris zum ersten Mal gezeigt und anlässlich der Pariser Weltausstellung 1889 der breiten Öffentlichkeit vorgestellt wurde, allerdings noch in einem weniger schön gefärbten Fell mit weißen Anteilen. Im Jahre 1896 wurde der erste Standard von der Genossenschaft der Schweizerischen Kaninchenzüchter veröffentlicht. 1898 kamen die ersten Tiere von Frankreich nach England, von da nach Holland und um 1900 von England und Holland nach Freiburg an der Saale. 1903 wurde die Rasse in den deutschen Standard aufgenommen, wobei

rasch klar wurde, dass sie hohe züchterische Anforderungen stellt. Nur allmählich gelang es den Züchtern, die heute typische Zeichnung zu fixieren: Ohren, Kopf, Vorhand und Vorderläufe prangen in schwarzgelbem Kontrast. Anfänglich waren die Züchter uneinig über die Farbverteilung; die Streitigkeiten legten sich erst, als man sowohl eine streifenartige als auch eine flächige Scheckung akzeptierte. Jedes einzelne Japaner-Kaninchen ist farblich ein Unikat. Heute gibt es nur mehr Schwarz/Braun/Blau/Lila und Gelb/Gelbrot in wechselnden Anteilen, bunt zusammengesetzt, aber in klar begrenzten Flecken verteilt. Einer der prominenten frühen Züchter, Paul KÜHRIG, nannte dies passend „eine kuriose Farbkleckserei". Die Rasse zählt zu den mittelgroßen, normalhaarigen und ist heute selten. Mittleres Gewicht von ca. 2–4 kg.

*Diese Rasse hat mit Japan nichts zu tun.*

## ENGLISCHER WIDDER (NACH DEUTSCHEM STANDARD)

Widderkaninchen besitzen lange Hängeohren, die einem Widdergehörn entfernt ähnlich sind; auf Englisch heißen sie „Lop" (lop-ear = Hängeohr). Die Rasse dürfte ursprünglich aus England stammen, wiewohl auch Frankreich solche Tiere schon früh vermehrte. Sie war im 18. Jh. bereits gut ausgeformt und gelangte im 19. Jh. nach Deutschland, etwa zur selben Zeit, als man aus französischen Kaninchen den Deutschen Widder formte. Hier stellte Julius LOHR in Chemnitz den ersten deutschen Standard

### ▶ EIGENSCHAFTEN

Der Englische Widder ist ein schlankes, elegantes Kaninchen von rund 3,2–5,2 kg Gewicht, mit abfallender Rückenlinie und auch abwärts getragenem Kopf. Das Zuchtkriterium sind die breiten und langen Löffel. Das Idealmaß beträgt rund 50–70 cm Länge, die Breite kann bei 10–12 cm liegen. Die enorme Größe der Ohren behindert die Tiere bei der Fortbewegung, sie hoppeln nur ungern. Die gewaltigen Ohren sind empfindlich, weshalb man auf gepflegte Krallen achten muss. Das Fell ist dicht und kurz, häufig braun oder grau in diversen Schattierungen; daneben gibt es auch gescheckt oder rein Weiß. Die derzeit beliebteste Farbe ist Madagaskar, ein gelbrotes Hellbraun mit dunkler Maske.

*Die Hängeohren sind namensgebend.*

auf, für die einzige Widderkaninchen-Rasse mit eindeutig überlangen Ohren. Diese extrem großen Löffel galten den Engländern schon früh als Schönheitsideal, weshalb man die Tiere in sehr warmen Käfigen hielt und die Würfe, wenn möglich, in die heißeste Jahreszeit verlagerte. Man sprach der Wärme einen positiven Einfluss auf die Ohrengröße zu; heute sind solche Methoden verpönt.

## LUXKANINCHEN

Im Rahmen einiger Kreuzungsversuche erhielt der Düsseldorfer Züchter Karl HOFFMANN eine neue Rasse, die Lux genannt wurde. Er soll gesagt haben, dass er aus einer Kombination der Rassen Perlfeh und Marburger Feh gelbliche Tiere erhielt, die ihm sehr gut gefielen, da Felle dieser Farbe um 1920 als Besatz von Damenhüten gefragt waren. Er entschloss sich daher, mit diesen Tieren weiterzuzüchten, da er auch einen geeigneten Rammler besaß. Dieser war von gemischt hellbrauner Farbe, sah einem Lohkaninchen ähnlich, hatte aber weiße Abzeichen. Die Aufzucht dieses Tieres war ein glücklicher Zufall, denn die Häsin war eigentlich als Amme für einen Wurf Perlfeh vorgesehen. Als der aber ausblieb, ließ HOFFMANN der Ammenhäsin den eigenen Wurf.

Diesen Rammler paarte er mit einer der gelblichen Häsinnen aus der Kreuzung Perlfeh-Marburger Feh. Zu seiner Überraschung fielen Jungtiere, die eine rotbraune Zwischenfarbe und die hellsilberbraune Deckfarbe besaßen und diese Eigenschaften untereinander rein weitervererbten. Als HOFFMANN diese Felle einem Kürschner zeigte, verglich dieser sie angeblich mit den Fellen von Luchsen – daher „Lux".

1919 zeigte HOFFMANN die neue Rasse erstmals auf einer Ausstellung; die Anerkennung erfolgte laut DORN 1925. Man entschied man sich für die Schreibweise Luxkaninchen, weil sich laut DORN keine echte Kopie eines Luchsfells erzielen ließ. Diese Namensgebung wurde oft kritisiert, weil sie außerhalb Deutschlands in der Schreibweise variiert.

### ▶ EIGENSCHAFTEN

Das Luxkaninchen gehört zu den kleinen Rassen und wiegt ca. 2–3 kg. Blausilberfarbene Deckfarbe, über der auf der Körperoberseite ein braunroter Anflug liegt; helle Bauchunterseite, Innenseite der Läufe sowie Unterseite. Eine Besonderheit des Luxkaninchens ist seine weiße Unterfarbe, die keine andere wildfarbige Rasse zeigt.

## MARDERKANINCHEN

Die Begründer der Rasse Marder waren David IRVING (Liverpool, GB, 1923), O. BROCK (Kalifornien, USA, 1924), M. FRAINEAU (Cognac, F, 1925). IRVING nannte seine Kreation Siamese Sable, BROCK die seine American Sable und FRAINEAU die seine Zibeline. Man nimmt an, dass sie alle auf der Basis von Chinchilla- und evtl. Russenkaninchen arbeiteten.

In Deutschland war es Emil THOMSEN in Hamburg-Stellingen, der durch Zufall

### ▶ EIGENSCHAFTEN

Knapp mittelschwere Rasse von rund 2,5–3,5 kg Gewicht. Die Färbung der Marderkaninchen wird durch den zur so genannten „Albinoserie" gehörenden Marderfaktor hervorgerufen. Ihre Deckfarbe ist je nach Farbschlag braun oder blau. Typisch sind die schwarze Maske, die schwarzen Ohren, die schwarzen Füße, Beine, die Blume und ein verwaschener Aalstrich auf dem Rücken. Schnauze dunkel, nicht über die Augenhöhe; Augen dunkel eingefasst; die Ohren sind ebenfalls dunkel. Marderkaninchen werden bronzefarbig geboren, mit dem ersten Fellwechsel erfolgt die Umfärbung; die Farbe wird in der Folge verwaschener, was die Ausstellungszucht schwierig macht.

*Aparte Färbung – von diversen Züchtern geschaffen*

einen Erfolg erzielte. Er verwendete um 1924 Blaue Wiener, Hasenkaninchen, Havanna, Thüringer und weiße Angorakaninchen miteinander und kreuzte Kleinchinchillas ein. Zuerst Stellinger Kaninchen genannt, wurde später der Name Marder in Anlehnung an die Farbe der Edel- und Steinmarder gewählt. Die Großmarder wurden in der Tschechoslowakei um 1877 durch Einkreuzung von Kaliforniern entwickelt. 1980 wurden die Tiere erstmals ausgestellt und 1981 als Rasse durch den tschechischen Zuchtverband anerkannt. 1990 wurden Großmarder auch in den deutschen Standard übernommen. Nach FRANKE wurden große Marderkaninchen bereits seit 1931 als Sowjetische Marder in der damaligen Sowjetunion im dunklen Farbschlag gezüchtet.

## MEISSNER WIDDER

Da um 1900 die Nachfrage nach Kaninchenfellen in „Silberfarbe" sehr hoch war, entschloss sich Friedrich Leopold RECK, ein großes Kaninchen mit Silberfell zu züchten. Es ist nicht genau bekannt, welche Ausgangsrassen ihm dazu dienten; man vermutet Französische Widder und Klein- und Großsilberkaninchen. Es gelang ihm nur schwer, die Silberung des Fells mit dem Widdertyp zu vereinigen. (Der Silbereffekt wird durch Grannenhaare mit weißer Spitze hervorgerufen.) Nach etlichen Versuchen fielen im Jahr 1900 die ersten Tiere im Widdertyp mit Silberung – die Geburtsstunde der so genannten Meißner Widder. Es gab Rückschläge, doch stellte RECK schon im Jahr 1902 seine Neuzüchtung vor – nicht bekannt ist, ob auf einer Ausstellung oder im Rassekaninchen-Zuchtverein. Erstaunlicherweise wurde die Rasse noch im selben Jahr in den deutschen Einheitsstandard aufgenommen. Nach Gründung des Meißner Widder Clubs fanden sich rasch Anhänger und Züchter der anfangs nur schwarzen Tiere; die anderen Farbschläge (Gelb, Blau, Braun und Havanna) wurden erst später geschaffen. RECK selbst züchtete die schwarzen, blauen und havannafarbigen Schläge. Leider war die Züchterschar nie sehr groß, sodass einzelne Farbschläge wieder verloren gingen. Die Rasse ist nur selten auf Ausstellungen vertreten, hat aber eine begeisterte Anhängerschaft.

> **EIGENSCHAFTEN**
> Die anfänglich schmale Körperform mit spitzem, schmalem Kopf, schlecht getragenen Behängen, aber mit guter Silberung und kurzem, dichtem Fell hat sich bis heute deutlich verbessert. Der Stand der Zucht ist bei den einzelnen Farbschlägen noch unterschiedlich, die schwarzen Tiere kommen dem Standard großteils sehr nahe. Es sind genügsame und ruhige Tiere, dabei frohwüchsige Futterverwerter von hoher Fruchtbarkeit und guter Aufzuchtleistung. Kräftige Läufe, kompakter Körper; dicke, rundliche Ohren von ca. 20 cm Länge. Gewicht um die 4,5 kg und oft darüber.

*Porzellan und Kaninchen – aus Meißen*

## RHEINISCHER SCHECKE

Diese Rasse entstand beinahe unbeabsichtigt um 1900 aus der Japaner-Kaninchen-Zucht. Um deren Zeichnung zu verbessern, war es üblich geworden, Kaninchen im Farbmuster „Holländer" einzukreuzen. Vielfach erhielt man jedoch typschwache Tiere mit unschönen Flecken. Josef HEINTZ, Postbeamter aus Grevenbroich und ein erfahrener Kaninchenzüchter, hatte bereits kurz nach dem Aufkommen der Japaner-Rasse im Rheinland um ca. 1900 sein Herz an diese Rasse verloren. Er paarte nach eigenen Angaben 1901 eine grau-weiße Kreuzungshäsin mit einem Japaner-Rammler. Der Wurf brachte ein Japaner-Kaninchen,

## Die Gattungen

ein völlig graues, ein grau-weiß geschecktes Tier und eine dreifarbige Häsin. Diese brachte insgesamt etwa 200 Nachkommen und wurde zur Stammmutter der Rheinischen Scheckenzucht. Schon 1902 wurde die Heintze-Schecke in der näheren Umgebung bekannt, und im Handumdrehen hatte sie eine größere Anhängerschaft unter den Züchtern. 1905 wurde die Rasse anerkannt, 1908 in den Schweizer Standard aufgenommen und 1910 wurde in Sachsen der erste Züchterclub gegründet; in den folgenden Jahren erlebte sie eine Blütezeit. Leider hielt die anfängliche Begeisterung nicht lange an, denn die ersten Bewertungsrichtlinien waren schwammig und verunsicherten die Züchter und Aussteller. Deshalb verringerte sich das Interesse an dieser Rasse, wenngleich erst die neue Einteilung in Wirtschafts- und Sportrassen in den 1930er-Jahren sie faktisch auslöschte. Nach dem Zweiten Weltkrieg gab es landesweit nur noch eine Handvoll Rheinische Schecken. Mit den besten Tieren begann man 1945 erneut zu züchten, und heute ist eine schöne Einheitlichkeit festzustellen.

### ▶ EIGENSCHAFTEN

Die Scheckung wird durch eine unvollständig dominante Anlage, die durch eine Mutation entstanden ist, hervorgerufen. Die typische Zeichnung besteht aus farbigen Punkten (schwarz, gelb) am weißen Körper, einem Aalstrich entlang des Rückens und Augenringen, Backenpunkten oder Schmetterlingen am Kopf. Die mittelgroße Rasse (ca. 2,7–4,5 kg) ist schwierig zu züchten, da sich die prägnante Färbung im Erbgang aufspaltet. Aufrechte Löffel, dunkle Schnauze.

*Bunt und lustig – eben Rheinland*

## BLAUER WIENER

In Österreich gelten lediglich der Blaue und Weiße Wiener als autochthone Kaninchenrassen. Die Gruppe der so genannten Wiener Kaninchen ist untereinander in Größe und Körperbau ähnlich, hat jedoch eine unterschiedliche Herkunft. Beide oben genannten Rassen sind mittelgroß und entstanden als Gebrauchsrassen um 1900 in der namensgebenden Stadt, Wien.

Johann Konstantin SCHULTZ, Beamter der k. u. k. Südbahn in Wien-Hetzendorf und Vorsitzender des ersten Wiener Kaninchenzucht-Vereines, gilt als der Schöpfer des Blauen Wiener Kaninchens. Als Ausgangsrassen kreuzte er Belgische Riesen, Französische Halbwidder und Blaue Lothringer. Anlass für die Schaffung des Blauen Wiener Kaninchens war sein Streben nach einer

### ▶ EIGENSCHAFTEN

Das Gewicht der Blauen Wiener beträgt durchschnittlich ca. 3,5–5 kg. Der Körper wirkt leicht gestreckt und vorne wie hinten gleich breit. Die Brust ist ausgeprägt, der Hals kurz und kräftig. Die Deckfarbe des blauen Schlages ist ein kräftiges Mittel- bis Dunkelblau mit schönem Glanz. Das mittellange Fell (ca. 3 cm) besitzt eine dichte Unterwolle. Die Unterfarbe ist etwas heller als die Deckfarbe und jeglicher Rotton ist verpönt; die Augen sind graublau. Die Farbe ist am ganzen Körper ausgeglichen, wobei jedoch die Bauchfarbe etwas matter erscheint. Der Kopf ist kräftig, mit breiter Stirnpartie und Schnauze sowie ausgeprägten Backen. Die Ohren sind gut angesetzt, fleischig und gut behaart. Die Augenfarbe ist blaugrau, die Krallen sind dunkel. Andere Farben sind selten; Braun, Grau und Hasenfarbe kommen vor.

produktiven Fleischrasse mit attraktivem Fell – also einer echten Zweinutzungsrasse. Sie übertraf die besten Kaninchenrassen des späten 19. Jh.s in allen Leistungsmerkmalen. Nach der erfolgreichen ersten Vorstellung in Wien kam es 1897 zur Anerkennung; ab ca. 1903 gelangten die Tiere auch ins Ausland und wurden für Jahrzehnte recht populär.

## GRAUER WIENER

Die ältere Fachliteratur bezeichnet das Graue Wiener Kaninchen (z. B. DORN/MÄRZ, Rassekaninchenzucht, 1964/1981) als eine alte Hausform, die dem wilden Vorfahren noch ähnlich gewesen sein soll. Sie lieferte die überwiegende Mehrzahl der „Schlachthasen" der kleinen Privathalter und war ein genügsamer Typ, keine eigentliche Rasse. Man vermehrte solche Landschläge überall und ohne tieferes genetisches Wissen aus rein wirtschaftlichen Gründen. Die Tiere waren genügsam, robust und leichtfuttrig.

*Dem wilden Ahnen noch sehr ähnlich*

## WEISSER WIENER

Das Weiße Wiener Kaninchen ist kein Albino, sondern ein leuzistisches Tier (*leukos* = Griechisch weiß; ein farbloses). Diese Mutation führt dazu, dass das Fell keine farbstoffbildenden Zellen enthält und somit das Haarkleid reinweiß ist; die Augen sind, anders als beim echten Albino, hellblau; die Krallen sind gelblich-weiß (farblos). Es ist kein Farbschlag des Blauen Wieners!

Der österreichische Eisenbahnbeamte Wilhelm MUCKE aus Wien gilt als erster Züchter der Rasse. Blaue Wiener und weiße Holländer waren die Grundlage. Das Weiße Wiener Kaninchen wurde 1907 erstmals auf einer Ausstellung in Wien präsentiert. Anfangs eine kleine Rasse im Typ des Holländerkaninchens, strebte man bald einen mittelgroßen Typ in Anlehnung an den Blauen Wiener an. Das wurde durch die Einkreuzung von Weißen Riesen und Weißen Widderkaninchen erreicht. 1909 anerkannt und im folgenden Jahr nach Deutschland eingeführt. Zur Zeit des Nationalsozialismus wurde die Rasse besonders gefördert und als Wirtschaftsrasse offiziell anerkannt, in weiterer Folge jedoch vom Weißen Neuseeländer zusehends in den Hintergrund gedrängt. Beim Weißen Wiener ist man bestrebt, die Rasse als nützliches, mittleres Haus- und Nutzkaninchen zu erhalten.

### ▶ EIGENSCHAFTEN

Er ist frühreif und frohwüchsig, erreicht ein Gewicht von rund 3–5 kg und ist sehr fruchtbar. Stämmiger Körper, starker Kopf und breiter, jedoch gestreckter Körper. Eine rezessive Neigung zu epileptischen Symptomen war in einigen Zuchten vorhanden, gilt aber inzwischen als ausgemerzt. Recht beliebte, vielseitige Rasse.

## GEFLÜGEL

**MÄNNLICHES TIER:** Hahn; Erpel; Ganter, Gänserich; Truthahn, Puter; Täuberich

**WEIBLICHES TIER:** Henne; Ente; Gans; Truthenne, Pute; Taube

**JUNGTIER:** Küken, Gössel

Da sich die Wildformen beim Geflügel nur in kleinen Details (z. B. Farbabweichungen; Gewicht) oder gar nicht von den frühen Hausformen unterscheiden, wird auf eine ausführliche Beschreibung einer jeweiligen Urform verzichtet. Im hier vorangestellten Kapitel „Geschichte" wird ein allgemeiner Überblick gegeben.

## GESCHICHTE
### Hühner (GALLINAE)

Die Haushühner stammen mit großer Wahrscheinlichkeit vom asiatischen Bankiva-Huhn ab, möglicherweise waren noch andere Formen der Dschungelhühner (asiatische Waldhühner) daran beteiligt. Diese eher kleinen, wildhuhnfarbigen Vögel leben in Ostasien/Indochina und sind relativ leicht zu domestizieren. Erste Zuchten entstanden etwa 6000 v. Chr. in Malaysia und gelangten 2000 v. Chr. über Indien nach China und Vorderasien. Von dort kamen sie ca. 1200 v. Chr. über Persien, Griechenland und Rom auch nach Mitteleuropa (ca. 800 v. Chr.). Der lateinische Name *Gallus* für das Huhn kommt daher, dass die Römer die Gallier als ähnlich arrogant wie ihre Kampfhähne empfanden (*Gallus* = der Gallier; daher der Hahn auch *gallus*). Lange Zeit als Opfer- und Kulttiere verwendet, erlangten sie im frühen Mittelalter große Bedeutung als Fleischlieferanten; die Eier waren stets eine Delikatesse und dienten auch als Zahlungsmittel.

Das Bankiva-Huhn (*Gallus gallus*) ist ein hübscher Vogel, der einem kleinen, rebhuhnfarbigen Italiener ähnelt. Die Hähne sind bunte, revierbewusste Kämpfer, deren Sporen allerdings keine tödlichen Wunden zufügen; ihr lautes Krähen war schon immer eine Weckuhr und ein Männlichkeitssymbol (der Hahn am Mist). Die Hennen sind unauffälliger und bebrüten ihre Gelege von ca. vier bis acht Eiern in verborgenen Mulden; es sind Standvögel, die zwar nicht gut fliegen, aber nächtens aufbaumen.

Die heutigen Hühnerrassen entstanden aus leichten, lokalen Landschlägen, deren Anpassung und Nützlichkeit im Vordergrund standen. Durch gezielte Planung und Selektion entstanden Typen und letztlich Rassen, deren Farbe und Aussehen wichtig wurden. Der Mittelmeerraum schuf tüchtige Legerassen von kleiner Statur, weiter im Norden züchtete man aus asiatischen Rassen schwere Wirtschaftshühner; in Nordamerika entstanden erstklassige, leistungsbetonte Zweinutzungsrassen. Vor allem in England, Frankreich und Deutschland wurde auch viel Wert auf Schönheit und Formenvielfalt gelegt, woraus sich im 19. Jh. ein begeistertes Ausstellungswesen entwickelte. Die Einteilung der einfacheren Landformen erfolgt z. B. bei den attraktiven Schaurassen nach Form und Farbe oder nach starkem oder schwachem Bruttrieb, also der Neigung zum Ausbrüten der Eier und damit verbunden auch der Legeleistung (Hühner mit schwachem Bruttrieb legen viele Eier und umgekehrt). Die wohl einfachste und sehr häufige Einteilung sieht die Hühnerschläge je nach vorwiegender Leistung als Lege-, Fleisch- oder Zweinutzungsrasse. Eine andere ist jene in leichte (eher Legerassen), mittelschwere (meist Zweinutzungshuhn) oder schwere (fleischbetonte) Rassen.

### Enten (ANATINAE)

Die Hausenten stammen – je nach Herkunftsland – von einigen unterschiedlichen Stammformen ab. In Europa war eine solche die Stockente, die heute noch wild vorkommt. Man setzt die ersten Ansätze der Domestikation auf ca. 5000 v. Chr. in den Nahen Osten; auch in Indien dürften Enten schon ca. 3000 v. Chr. zahm geworden sein. Im alten Ägypten waren sie um 1300 v. Chr. bereits ein Haustier. Bei den Römern gab es Knäk- und Krickenten; aus Ägypten bezog man Rotkopfenten als Fleischtiere; in Kleinasien waren bunte Pfeifenten bekannt und vermutlich als Ziervögel beliebt. Sie alle wurden durch die Römer gezüchtet und gemästet und gelangten schließlich nach Mitteleuropa, ohne allerdings als Nutztiere besonders verbreitet zu sein; vermutlich gab es genug Wildenten, die leicht zu bejagen waren. In China dagegen wurde die Entenhaltung und -zucht schon viel früher betrieben. Die Bali-Ente ist vermutlich der Urahn der aufrecht gehenden Peking- und Laufenten. Erst ab dem Mittelalter wurden Hausenten vereinzelt als Nutzgeflügel gehalten, wobei man eine frühe Rassezucht ab 1600 in Holland vermutet. Eine intensive Zucht von Leistungsrassen kennen wir erst ab dem 19. Jh. (Aylesbury, Rouen). Der Geschlechtsdimorphismus ist farblich betont, die wilde Stockente ist zur Tarnung braun gesprenkelt, der Erpel dagegen bunt, mit schillernd grünem Kopf und Hals.

Die Stockente (*Anas platyrhynchos*) ist ein typischer Wasservogel, ein tüchtiger Schwimmer und ausdauernder Flieger, aber aufgrund der Schwimmhäute an den paddelförmigen Füßen an Land ein behäbiger Vogel (watschelnder Gang). Die Laufenten sind da tüchtiger und brauchen weniger Schwimmfläche. Entenhaltung ohne Wasser ist kaum möglich, sie wollen schwimmen, gründeln und tauchen. Die schönen Erpel und die braun gesprenkelten Enten nisten an verborgenen Uferplätzen; die Küken sind sehr selbstständig. Eine zweite, weit schwerere Wildform, die aus dem tropischen Südamerika stammende Moschusente (*Cairina mochata*), wurde ebenfalls domestiziert und zur Stammform der Warzenenten. Leicht an den Menschen zu gewöhnen, kommen Stockenten oft halbwild oder mit Hausenten verkreuzt vor. Gewicht von ca.

800–1.200 g, Allesfresser. Ca. sechs bis zwölf grünliche Eier im März.

### Gänse (ANSERINAE)

Die Hausgänse stammen von der Graugans (*Anser anser*) ab, die als Wildvogel in ganz Europa und Teilen Asiens verbreitet ist. Da ihre Gössel leicht zu prägen sind, erfolgte die zumindest teilweise Domestikation schon früh, etwa mit dem Beginn der Metallzeit. In Ägypten setzte eine Zucht und Mästung schon um ca. 3000 v. Chr. ein und war um 1500 v. Chr. abgeschlossen. Angeblich haben die Ägypter riesige Brutanlagen unter Ausnutzung des Sonnenlichts angelegt, in denen Tausende Gänseeier gleichzeitig ausgebrütet werden konnten. Im antiken Rom und Griechenland waren Gänse bereits geschätzt und galten als göttliche Vögel, Opfer- und Orakeltiere. Die berühmten Kapitolinischen Gänse bewachten Rom und retteten die Stadt durch ihr Geschnatter 387 v. Chr. vor einer Eroberung durch die Gallier. Kaiser KARL der Große förderte schon um 800 die Gänsezucht. Im Mittelalter erlebte die Hausgans eine kurze Blütezeit, doch seit dem Dreißigjährigen Krieg erfolgte ein Niedergang der Gänsehaltung in Europa, wobei sie in Osteuropa – vor allem in Ungarn – noch häufiger ist. Beliebt sind Bräuche um den Martinstag, den 11. November, geblieben, welche den traditionellen Verzehr der so genannten Martinigans erfordern – die heute aus Mastanlagen stammt. Auch die Schwanengans (*Anser cygnoides*) gilt als mögliche Stammform einiger Hausgänse – vor allem der Höckergansrassen in China und Japan. Diese kreuzen sich fruchtbar mit allen anderen.

Die Graugans gehört zur Ordnung Gänsevögel und hier zu den Gänsen (Anserini); als bekannteste Art – vor allem durch die Schriften von Konrad LORENZ – kommt sie in Europa und Asien vor und gilt neben der Schwanengans als Wildform der Hausgans. Der große Wasservogel fliegt hervorragend, schwimmt gerne und watschelt unbeholfen an Land. Temperamentvoll, sozial und mitteilsam (Geschnatter), legt sie vier bis acht große Eier. Sucht in Feuchtgebieten und auf Feldern nach Samen, Gras und Weichtieren.

### Puten/Truthühner (MELEAGRIDINAE)

Puten, Truthühner oder Indians – nach ihrer Herkunft aus „Indien", eigentlich Amerika – stammen ausschließlich von der amerikanischen Stammform (*Meleagris gallopavo*) ab, die der heutigen Bronzepute stark gleicht. Die Azteken sollen bereits lange vor Christof COLUMBUS große Herden dieser Hühnervögel gehalten haben, denn das eigentliche Haushuhn war ihnen ja unbekannt (Näheres siehe Bronzepute). Eine beginnende Domestikation nimmt man mit ca. 500 v. Chr. an, deren Resultat in der Farbenvielfalt zu sehen war, welche schon die erobernden Spanier bemerkten. Nur sieben wilde Unterarten sind bekannt, so u. a. die Pfauenputen oder kleinen mexikanischen Wildputen und die größeren Bronzeputen in den heutigen USA. In der Natur legt die Henne im April ihr jährliches Gelege von ca. 12–15 Eiern; die Küken sind mit ca. drei Wochen flugfähig. Nach Europa gelangten sie durch Pedro de NINO, der sie um oder kurz nach 1500 in Spanien einführte; um 1524 brachte Sir George STRICKLAND sie nach England; um 1540 führte sie Philipe de CHAPOT in Frankreich ein; vor 1600 waren sie in Italien und Deutschland bekannt und die Farbenvielfalt wird sich schon damals entwickelt haben. Die Putenrassen gleichen im Körperbau den Wildformen, lediglich Größe und Farbe differieren. Die etwas uneinheitlichen Landputen sind leichte, agile Vögel von attraktiver Farbe, wobei die Bronzepute die schwerste Form darstellt.

Der wilde Truthahn ist ein sehr großer Vogel mit attraktivem, glänzendem Gefieder und hohen Ständern. An Kopf und Hals ist die Haut warzig, nackt und rosa, rot oder blau gefärbt. Kleiner Kopf und hornförmiges Hautgebilde an der Stirn. Ein wachsamer Bewohner lichter Wälder, der diese in großen Gruppen auf der Nahrungssuche durchstöbert; schneller Läufer, plumper Flieger; baumt zum Schlafen auf. Die Nahrung ist vielfältig und umfasst pflanzliche und tierische Komponenten (z. B. Früchte, Samen, Insekten).

### Perlhühner (NUMIDINAE)

Unser Perlhuhn, ein Mitglied der Unterfamilie Helmperlhühner (Numidinae), stammt aus den west- und nordafrikanischen (numidischen – daher der Name – und marokkanischen) Regionen und wurde bereits im alten Ägypten als Nutzvogel gehalten, ebenso in Griechenland und Rom. Die Griechen scheinen die ersten europäischen Halter gewesen zu sein, sie waren auch namensbestimmend. Die weißen, perlähnlichen Flecken im Federkleid wurden als die Tränen der Schwester des Meleagrides gedeutet, welcher auf der Jagd tödlich verunglückt war. Die Römer hielten sie ab der Zeitenwende in großen Zuchtanlagen, wohl wegen des guten Fleisches. Später verschwanden sie als Hausform in Europa völlig und wurden erst um 1400 von seefahrenden Portugiesen wieder aus ihrer Heimat eingeführt. Die weitere Verbreitung erfolgte über Spanien, Italien, Deutschland, England und die Kolonien. Damals entstanden auch die heute bekannten Farbschläge, die im Wesentlichen die Farben Perlgrau, Blaugrau, Blau, Violett und

Weiß umfassen, jeweils auch mit mehr oder weniger geringer Perlung. Es sind energische Vögel, die eifrig im Buschland und am Waldrand nach Futter suchen, Sandbäder und Wasser benötigen und große Ausläufe bevorzugen. Sie legen ca. 12–24 dickschalige Eier in eine Sandmulde. Lautstark, mutig auch gegen Ratten, sehr futterdankbar, jedoch empfindlich gegen Nässe.

Die verschiedenen Wildformen sind Schopf-, Geier- und Helmperlhuhn; aus dem westafrikanischen Guinea-Helmperlhuhn (*Numida meleagris galeata*) entstand die Hausform. Sie tragen namensgebend ein helmförmiges Horngebilde am Schädel, das wegen des federlosen Kopfes recht auffällig ist. Haus-Perlhühner stehen der Wildform noch sehr nahe und gleichen ihr fast völlig.

## ALTSTEIRER HUHN (A)

Die heute sehr seltene und nur in Österreich und Deutschland vorkommende Rasse tritt in zwei Farbvarianten auf – Weiß und Wildfarbig. Beide Schläge gehen auf die einstmals weit verbreiteten Landhühner zurück, die jahrhundertelang die Hauptrasse der mitteleuropäischen Zweinutzungshühner des ländlichen Raumes darstellten. Die steirischen Landhühner gab es in verschiedenen Farben, wie Weiß, Schwarz, Gesperbert, Gelbbraun und Wildfarbig. Daraus entwickelte sich das traditionelle Altsteirer Huhn mit dem charakteristischen Federschopf, der ein Rassenmerkmal ist.

Die Hühner sind extrem robust und wetterhart. Bei mittlerer Größe eignen sie sich zur Freilandhaltung, legen rund 180 Eier jährlich und haben zartes Fleisch; Gewicht rund 2 kg bei Hennen und 3 kg bei Hähnen. Eifrige Scharrer und gute Flieger; lebhaft und winterhart. Hellschalige Eier, mittlerer Bruttrieb. Nur mehr wenige Zuchtbetriebe mit einigen Tieren. Dank jahrhundertelanger Auslaufhaltung gut durchgezüchtet, bringen sie bei Nutzung des in Hof und Garten anfallenden Wirtschaftsfutters gute Leistungen, die sie neben ihrer Robustheit ideal für Hobbybetriebe machen.

*Altsteirer sind robuste Hendln.*

## AUGSBURGER HUHN (D)

Die Augsburger sind die einzige bodenständige Rasse Bayerns, mit einem Ursprungszuchtgebiet im Augsburger Raum und im südlichen Schwarzwald. Julius MEYER (Haunstetten bei Augsburg) schuf 1880 diese Rasse, wobei ihm französische La Flèche, eine fleischbetonte französische Landrasse, und italienische Lamotte-Hühner als Grundlage dienten. Durch diese sollte die neue Rasse an die klimatischen Verhältnisse angepasst und ihre Legeleistung verbessert werden. 1885 wurde das Augsburger Huhn im Buch „Neue Hühnerrassen" von BUNGARTZ erstmalig beschrieben. Heute existieren ca. 15 Zuchten des schwarzen Farbschlags und zwei Zuchten des blaugesäumten Farbschlags (2009). Das Augsburger Huhn wird vom Sonderverein „Züchter des Augsburger Huhnes" betreut und befindet sich in der Kategorie „extrem gefährdet" der Roten Liste der GEH. Es ist

(Foto: wikimedia.org (Jörg Erich))

*Der typische Kronen- oder Becherkamm*

ein volles, gestrecktes Landhuhn mit Kronen- oder Becherkamm. Die ursprüngliche Farbe ist reinschwarz mit grünem Glanz; neue Zuchten zeigen auch blaugesäumtes Gefieder. Hähne wiegen 2,3–3 kg und Hennen 2–2,5 kg; Legeleistung ab dem ca. fünften Lebensmonat ca. 150–180 Eier. Frohwüchsig, ausgesprochen wetterfest und widerstandsfähig, geringer Bruttrieb.

## APPENZELLER BARTHUHN (CH)

Die Barthühner wurden ab der Mitte der 60er-Jahre des 19. Jh.s im Appenzeller Vorderland aus den lokalen Landhuhnrassen herausgezüchtet. Es entstand ein kräftiges Huhn, das durch den kleinen Rosenkamm und die vom Bart bedeckten Kehl- und Ohrlappen der Kälte wenig Angriffsfläche bot. Die Rasse kam in zwei Farbschlägen vor, Schwarz und Rebhuhnfarben.

Während sich die schwarzen Barthühner auch heute noch einer großen Beliebtheit erfreuen, sind die rebhuhnfarbigen beinahe ausgestorben. Im Frühsommer 1985 wurde ProSpecieRara auf das rasante Verschwinden dieses Farbschlages aufmerksam. Man suchte die letzten Tiere zusammen und übernahm die Koordination der Züchtung. Zur Auffrischung der Blutlinien wurden schwarze Barthühner verwendet.

Heute halten dank dieser Bemühungen wieder über 50 Züchter das rebhuhnfarbige Barthuhn und lassen ihre Tiere auch im Zuchtbuch eintragen. Allein im Jahre 1999 konnten erneut nicht weniger als elf Zuchtgruppen an neue Züchter vermittelt werden. Hennen wiegen rund 1,8 kg, Hähne rund 2,3 kg.

*Appenzeller mit Rosenkamm*

*Appenzeller Barthuhn*

## APPENZELLER SPITZHAUBENHUHN (CH)

Hühner mit einer Federhaube auf dem Kopf sind seit dem Mittelalter bekannt. Sie sollen bereits im 15. Jh. in Klöstern gezüchtet worden sein. Hühner dieses Typs waren und sind ideal an höherliegende Bergregionen angepasst. Sie fliegen gut, übernachten gerne aufgebaumt, besitzen keinen Kamm und nur kleine Kehllappen und sind gute Kletterer.

Bei der staatlich verfügten Rassenabgrenzung des 19. Jh.s blieb die Rasse nur mehr in den beiden Halbkantonen von Appenzell erhalten, weshalb sie fortan danach benannt wurde. Während es damals noch zehn Farbschläge gab, existieren davon heute nur noch fünf: Schwarz, Weiß, Gold-Schwarz getupft, rein Gold, Silber-Schwarz getupft; letzterer ist der weitaus häufigste. Anfang der 1950er-Jahre gab es nur noch wenige Hühner dieser Rasse, die von einigen Züchtern bis heute gehalten wird. Einige Blutauffrischungen mit anderen Rassen gelangen mit wechselndem Erfolg, bewährt haben sich die französischen La-Flèche-Hühner, allerdings wurden der Rassetyp und das Gewicht dadurch verändert. Letzteres liegt bei reinrassigen Hennen um 1 kg, bei Hähnen um 1,5 kg. Die zarte Rasse mit Wildcharakter weist eine typische Federhaube auf, der Kamm ist zu zwei kleinen Hörnern zurückgebildet.

*Wunderschöne schwarz-goldene Färbung und namengebende Haube aus Federn*

## BERGISCHER KRÄHER (D)

Die Rasse ist wahrscheinlich mit den noch älteren Bergischen Schlotterkämmen verwandt. Sie könnte unter Beimischung spanischen Blutes sogar von diesen abstammen. Der Name stammt vom außergewöhnlich vollen, tiefen und langanhaltenden Krähen der Hähne. Auch diese Rasse zählt zu den derben Landhuhntypen.

### ▶ EIGENSCHAFTEN
Die Tiere sind relativ groß, hoch aufgerichtet und besitzen einen langen Rumpf mit aufgebogenem Rücken. Das Gewicht der Hennen liegt bei über 2 kg, das der Hähne bei rund 3,5 kg. Das Federkleid des Hahnes ist ein rötliches Kastanienbraun, das der Henne ein Schwarz mit goldbraunen Tupfen an den Seiten. Bergische Kräher sind ausgesprochene Nichtbrüter, allerdings ist die Legeleistung mit rund 150 Eiern pro Jahr ziemlich gering. Die spätreifen, massigen Tiere sind also fleischbetonte Wirtschaftshühner. Derzeit gibt es nur einige Hundert Vögel bei rund einem Dutzend Züchtern; sie zählen wie die Bergischen Schlotterkämme zu den extrem gefährdeten Hühnerrassen.

*Die einen krähen ganz toll ...*

## BERGISCHER SCHLOTTERKAMM (D)

Diese Rasse zählt zu den ältesten deutschen Hühnerrassen und wurde ursprünglich in der Grafschaft Berg im Wuppertal gezüchtet. Sie entstand vermutlich aus der Verkreuzung von westeuropäischen Sprenkelhühnern mit spanischen Landhühnern. Bergische Schlotterkämme zählen zu den derben Landhuhnschlägen. Sie besitzen eine gedrungene Form und sind Zweinutzungshühner mit gutem Fleisch und reichlich Eiern.

*... die anderen haben einen tollen Kamm.*

### ▶ EIGENSCHAFTEN
Die Hennen besitzen einen umgekippten, herabhängenden Kamm, welcher der Rasse den Namen gab. Die Vögel treten in den Farben Schwarz, Weiß, Gesperbert und Schwarz-Gelb auf. Das Gewicht der Hennen liegt bei knapp 2 kg, das der Hähne bei knapp 3 kg. Die Legeleistung beträgt rund 160 bis ausnahmsweise 200 Eier pro Jahr. Derzeit betreuen rund 25 aktive Züchter die Rasse, welche als „extrem gefährdet" eingestuft wird.

## BRAKEL-HUHN (D)

Die Anfänge dieser Rasse lassen sich nach Holland und Belgien zurückverfolgen. Die Vorfahren der heutigen deutschen Brakel waren holländische Campinerhühner, kleine Vögel mit guter Legeleistung. Diese wurden in Belgien, im Gebiet der flämischen Dörfer Op- und Neederbrakel mit den schwereren Grammont verkreuzt, um Größe und Gewicht anzuheben. Die so entstandene Rasse wurde nach dem belgischen Zuchtgebiet „Brakel" benannt. Nach Deutschland gelangte sie durch den bekannten Geflügelzüchter Arthur WULF, welcher sie ab 1895 verbreitete.

### ▶ EIGENSCHAFTEN

Das mittelschwere Huhn hat einen stabilen, breiten Körper in mittelhoher Stellung; bei Hennen guter Legebauch. Gewicht von rund 2,75 kg bei Hähnen und gut 2 kg bei Hennen. Die Betonung liegt weniger auf der Mast- als vielmehr auf der Legeleistung, obwohl das Fleisch sehr gut schmeckt (in Belgien gilt es als Delikatesse). Man kann mit 180 weißen Eiern rechnen, die kunstbrutgeeignet sind; kein Bruttrieb. Die lebhaften Hühner zeichnen sich durch eifriges Futtersuchen, Leichtfuttrigkeit und hohe Wetterfestigkeit aus. Farben: Silber und Gold. Der Bestand in Deutschland liegt bei deutlich über 1.000 Vögeln in der Hand von knapp 100 Züchtern und befindet sich in der Kategorie „Vorwarnstufe".

*Attraktiv gefärbte Brakel*

## DEUTSCHES LACHSHUHN (D)

Das Lachshuhn hat seine Wurzel in einer französischen Rasse, die nach ihrem Heimatgebiet um das gleichnamige Dorf in Zentralfrankreich Faverolleshuhn genannt wird. In Deutschland wurde die Rasse im 19. Jh. umgeformt und züchterisch bearbeitet. Man wollte die guten Eigenschaften der französischen Mutterrasse, die Widerstandskraft und Wirtschaftlichkeit, erhalten; die Farbe der Hennen wurde allerdings durch die Einkreuzung von Dorking und Sussex in ein zartes Lachsrot gewandelt.

### ▶ EIGENSCHAFTEN

Die großen, schweren Hühner erreichen ein Gewicht von 3–4 kg beim Hahn und rund 3 kg bei der Henne. Sie sind sehr breit und tief gebaut, mit schön bemuskelter Brust; das Fleisch ist sehr zart und schmackhaft. Die Legeleistung beträgt an die 160 braune Eier, kaum Bruttrieb. Die beiden Geschlechter sind kennfarbig (unterscheidbar); Hennen sind lachsfarbig, Hähne sind bei weißgelbem Kopf an Hals, Brust, Bauch und Schenkel schwarz. Die Rasse besitzt fünf Zehen. Das Lachshuhn ist ein schlechter Flieger, dafür ein sehr ruhiger und zutraulicher Vogel mit ausgeprägter Frühreife. Früher in ganz Deutschland verbreitet, finden sich die Rasse derzeit in der Klasse „gefährdet" der Roten Liste und dürfte rund 1.000 Vögel umfassen.

*Lachsfarben und muskulös*

## DEUTSCHES REICHSHUHN (D)

Zu Beginn des 20. Jh.s entstand die Bestrebung, ein typisches deutsches Nationalhuhn zu züchten. Man griff zu Einkreuzungen verschiedener, hauptsächlich englischer Rassen in eine Ausgangsbasis von gesperberten Mechelner und Dominikaner Hühnern. Als Veredler wurden rosenkämmige weiße Orpington, weiße und helle Wyandotten, weiße Dorking, Minorka und Sussex verwendet. Die erste Ausstellung der neuen Zuchtrichtung fand 1907 statt, schon 1908 erfolgte die Anerkennung als Rasse. Die Verbreitung erfolgte im gesamten deutschen Raum, auch heute ist die Rasse noch in ganz Deutschland zu finden, allerdings in kleiner Anzahl. Man vermutet deutlich über 1.000 Vögel bei etwas über 100 Züchtern; Kategorie „Vorwarnstufe" der Roten Liste.

### ▶ EIGENSCHAFTEN

Das mittelschwere Landhuhn weist rund 3 kg Gewicht bei Hähnen und über 2 kg bei Hennen auf. Die schnellwüchsige Rasse ist lebhaft, leichtfuttrig und zutraulich. Die Mastleistung überwiegt gegenüber der Legeleistung, die bei rund 160 Eiern liegt; Schalen rahmgelb. Die variierenden Farben reichen von Weiß über Gelb bis zu Rot, Schwarz, Gestreift und Birkenfarbig, auch Silber-Schwarz gesäumt und Gold-Schwarz gesäumt sind bekannt. Wetterhart und robust, ist dies ein typisches Landhuhn.

*Robust und lebhaft*

## DEUTSCHES SPERBERHUHN (D)

Der bekannte Duisburger Geflügelzüchter Otto TRIELOFF schuf um 1900 eine neue Rasse. Diese war mittelschwer und gesperbert. Das Ausgangsmaterial für die leistungsstarke Neuzüchtung waren gesperberte Plymouth Rocks, gesperberte Italiener, Graue Schotten, gesperberte Schlotterkämme und schwarze Minorka.

### ▶ EIGENSCHAFTEN

Das Deutsche Sperberhuhn ist eine kräftige und große Landhuhnvariante mit vollrumpfigem, ausladendem Körperbau. Hennen wiegen ca. 2,5 kg, Hähne sind etwas schwerer. Die Rasse zeigt nur geringen Bruttrieb, dabei jedoch alle anderen Merkmale einer guten Landrasse, wie Frühreife, Robustheit und Frohwüchsigkeit. Die Hühner stehen im Zweinutzungstyp und legen bis zu 180 Eier pro Saison; Fleischleistung und -qualität sind sehr gut. Die Rasse dürfte merklich zurückgegangen sein; heute in der Kategorie „stark gefährdet" der Roten Liste zu finden.

*Wunderschön gesperbert*

## KRÜPER (D)

Kurzbeinige Hühner sind in Deutschland seit dem 16. Jh. urkundlich bekannt, als man sie in einem Vogelbuch unter dem Namen „Kriechhühner" beschrieb. Sie dürften davor schon in Asien vorgekommen und eventuell über Spanien importiert worden sein. Man verweist auf zwei alte Rassen, die in Westfalen und im Bergischen Land gezüchtet wurden. Die bergische Rasse war schwerer und mit einem größeren Kamm ausgestattet, die westfälische leichter und mit kleinerem Kamm versehen. 1916 wurden die beiden Rassen zusammengelegt. In beiden war ein bestimmter Erbfaktor, die so genannte „Krüperanlage", vorhanden, welche zu einer Verkürzung und Verdickung der Beine führt. In Reinerbigkeit führt der Faktor zum Absterben der Küken

*Typisch kurzbeinig*

im Ei, weshalb man in der Zuchtordnung bestimmte, dass kurzbeinige Krüper nur mit langbeinigen Exemplaren gepaart werden dürfen, nicht aber untereinander.

Krüper sind extrem frühreif, die Hennen beginnen mit sechs Monaten zu legen und bringen rund 220 weiße Eier pro Jahr; kein Bruttrieb, Eier kunstbrutfest. Die leichten Hühner erreichen ein Gewicht von rund 2 kg bei Hähnen und 1,75 kg bei Hennen. Das üppige Gefieder ist schwarz, weiß, gesperbert, schwarz-weiß-gedoppelt oder schwarz-gelb-gedoppelt. Das Zuchtgebiet liegt in Westfalen, ähnliche Rassen sind aber auch in anderen Ländern bekannt. Der Bestand liegt bei nur wenigen Hundert Vögeln in ca. 20 Beständen, somit ist die Rasse als „extrem gefährdet" eingestuft.

## LAKENFELDER HUHN (D)

Der genaue Ursprung der Rasse ist nicht bekannt, man vermutet ihre Heimat entweder in Holland oder Westfalen, letzteres ist wahrscheinlicher. Der seltsame Name soll davon herrühren, dass die Zeichnung wie ein weißes Laken auf schwarzem Feld aussieht; er kann sich aber auch vom holländischen Dorf Lakenveld bei Vianen herleiten. Vor rund 100 Jahren kreuzte man schwach gesprenkelte Hühner des Typs Sotteghams, die an Hals und Schwanz dunkel gefärbt waren. Mit der Zeit wurde die Körperzeichnung verdrängt und das Pigment konzentrierte sich auf Hals und Schwanz, wodurch die typische Färbung entstand.

### ▶ EIGENSCHAFTEN

Die mit rund 2 kg bei Hähnen und 1,75 kg bei Hennen recht leichten Hühner sind robuste, eifrige Futtersucher. Die Legeleistung ist mit 180 Eiern und mehr im Durchschnitt recht beachtlich, die Schalen sind stets weiß. Das wenige Fleisch ist sehr schmackhaft. Das lebhafte und attraktive Huhn ist heute in Nordwestdeutschland noch in geringer Zahl vorhanden. Man geht von rund 60 Beständen mit etwas unter 1.000 Vögeln aus, somit ist die Rasse als „gefährdet" eingestuft.

*Bunt und schmackhaft*

## NIEDERRHEINER HUHN (D)

Die Rasse geht auf holländische Masthühner von blauer Farbe zurück. Diese gelangten um 1925 oder etwas später auch nach Deutschland, wo sie allerdings nur geringe Verbreitung erfuhren. Nach einigen Jahren begannen die beiden niederrheinischen Züchter J. JOBST und F. REGENSTEIN mit einem Umzüchtungsprozess, der praktisch zu einer neuen Rasse führte. Form und Farbe wurden soweit geändert, dass man 1943 die neue Rasse anerkannte. Gegen Ende der 40er-Jahre des 20. Jh.s entstanden weitere Farbvarianten: Kennfarbig, Gelbgesperbert, Birkenfarbig und Blau.

### ▶ EIGENSCHAFTEN

Diese gut mittelschwere Rasse stellt sich als deutlich fleischbetontes Zweinutzungshuhn (Zwiehuhn) dar. Das Gewicht liegt bei 3–4 kg bei Hähnen und knapp 3 kg bei Hennen. Das Fleisch ist sehr zart und weiß, ebenso die Haut. Bei besonderer Frühreife ist die Körperform sehr voll und rundlich, mit breiter Brust und fleischigen Keulen. Die ruhigen, sehr zutraulichen Hühner nehmen leicht zu, sind wenig aktiv und fliegen sehr schlecht. Die Legeleistung liegt bei rund 170 hellbraunen Eiern; wenig Bruttrieb. Man schätzt den Bestand der Rasse auf rund 1.500 Vögel bei 140 Züchtern.

*Fleischig, aber flugschwach*

## OSTFRIESISCHE MÖWE (D)

Die Rasse besteht schon seit dem 19. Jh. und war als Landhuhn alten Typs in Ost- und Westfriesland verbreitet, kam darüber hinaus aber auch bis nach Westfalen vor. Mit dem einsetzenden 20. Jh. begann in Ostfriesland die systematische Züchtung der Rasse, die auch in Holland als Holländische Möve bekannt ist. Zuerst wurde die ursprüngliche Sprenkelung durch Selektion auf die heute typische Flockenzeichnung verdrängt. Später wurde das eher leichte Landhuhn zu einem etwas schwereren Typ umgeformt. Man kennt auch einen Zwergtyp.

### ▶ EIGENSCHAFTEN

Die mittelschwere Rasse besticht durch Robustheit, lebhaftes Wesen und einfache Haltung. Das typische Landhuhn ist nicht plump und sehr agil, sucht eifrig nach Futter und hat nur einen geringen Bruttrieb. Das Fleisch ist gut, die Legeleistung mit über 200 Eiern beachtlich. Gewicht bei Hähnen 2,5–3 kg, bei Hennen rund 2–2,5 kg. Als Farben kennt man Silber und Gold mit Flockung. Heute zählt man etwas über 1.000 Vögel in weniger als 100 Beständen; daher Status „stark gefährdet".

*Alter Friese ...*

## RAMELSLOHER HUHN (D)

Um 1870 wurde im Dorf Ramelsloh, Kreis Harburg bei Hamburg, eine neue Rasse geschaffen. Man kreuzte auf die alten „Vierländer Landhühner" systematisch Spanier-, Andalusier- und Cochinblut ein und schuf so eine kräftige, veredelte Landhuhnrasse. Die Ramelsloher sind große Hühner mit lebhaftem Temperament. Gegen den Menschen stets freundlich und zutraulich, sind die Hähne des weißen Schlages oft sehr aggressiv gegen Artgenossen. In Freilandhaltung sind die Ramelsloher sehr eifrige Futtersucher.

*... Hamburger Hanseaten*

### ● EIGENSCHAFTEN
Die Rasse kommt in den Farbvarianten Weiß und Gelb vor, bei beiden sind Schnäbel und Läufe blau. Der gelbe Schlag wird als wesentlich ruhiger bezeichnet. Das Gewicht liegt bei rund 2,5 kg für Hennen und 3 kg für Hähne. Die Legeleistung liegt bei rund 170 Eiern im ersten Jahr. Früher kannte man einen starken Bruttrieb, der mittlerweile allerdings fast verschwunden ist. Man zählt derzeit rund 15 Züchter und 500 Tiere; die Rasse wird als „extrem gefährdet" geführt.

## SACHSENHUHN (D)

Gegen Ende des 19. Jh.s wurden einige Rassen mit dem Ziel verkreuzt, eine neue, robuste Landrasse zu schaffen. Man verwendete schwarze Minorka und schwarze Langschan, später wurden auch Sumatra eingekreuzt, um die Kammgröße zu verringern. Zuchtziel war ein kräftiges Zweinutzungshuhn, das dem rauen Klima trotzen konnte. Überdies wollte man eine gute Legeleistung, Widerstandskraft und Leichtfuttrigkeit in der Rasse fixieren. Bis 1923 existierte nur der schwarze Farbschlag, danach kamen auch die Farben Weiß, Gelb und Gesperbert auf, gingen allerdings im Zweiten Weltkrieg wieder beinahe verloren. Bis heute ist die schwarze Variante am häufigsten und in geringer Zahl in ganz Deutschland vertreten. Allgemein gilt die Rasse als „gefährdet".

*Schön und fleißig*

### ● EIGENSCHAFTEN
Das Huhn besitzt einen kräftigen Körper, bei einem Gewicht von rund 3 kg bei Hähnen und 2,5 kg bei Hennen. Beide Geschlechter tragen kleine, aufrechte Kämme und kurze Kehllappen. Mittlere Legeleistung von rund 170 Eiern pro Jahr; wenig ausgeprägter Bruttrieb. Die Rasse ist sehr wetterhart und kälteresistent; frühreif und frohwüchsig, gute Futtersucher. Ruhiges, robustes Landhuhn.

# GEFLÜGEL

## SCHWEIZER HUHN (CH)

Die Entstehung der Rasse geht auf das Jahr 1908 zurück, als Albert WEISS aus Amriswil sie aus weißen Orpingtons und Wyandotten herauszüchtete. 1919 wurde der erste Verein gegründet und ein Standard geschaffen. Bis zum Zweiten Weltkrieg erfreute sich die Rasse eines regen Zulaufs, denn die Hühner entsprachen dem damaligen Idealbild. Als nach dem Krieg die Selbstversorgung in der Landwirtschaft an Bedeutung verlor, geriet das Schweizer Huhn in Vergessenheit. 1971 zählte der Zuchtverein nur mehr sechs Mitglieder. Seit 1991 führt ProSpecieRara das Projekt Schweizer Huhn mit den wenigen noch vorhandenen Zuchtlinien weiter.

### ▶ EIGENSCHAFTEN

Das Schweizer Huhn ist ein typisches Zweinutzungshuhn. Es zeichnet sich durch eine recht hohe Legeleistung und einen guten Fleischertrag aus. Typisch für die Rasse sind der dunkelrote Rosenkamm und das volle, reinweiße Gefieder. Das stattliche Huhn von mittelhoher Stellung hat eine gut entwickelte Muskulatur. Hennen wiegen 2,5 kg, Hähne bis zu 3 kg. Die Rasse stand aufgrund ihrer guten Eigenschaften auch bei der Schöpfung des Deutschen Reichshuhnes Pate.

*Vielseitige Schwyzer*

## SULMTALER HUHN (A)

Diese alte Landhuhnrasse entstand im Sulmtal, zwischen Graz und Marburg in der Steiermark, und stellt einen schweren Flachlandtyp dar. Man weiß nichts über die genaue Herkunft, allerdings sind im 19. Jh. Veredelungsversuche mit Cochin und Brahma unternommen worden, die sich nicht bewährten. Spätere Kreuzungen mit Dorking und Altsteirer waren günstig. Es ist bekannt, dass man am Wiener Kaiserhof ausschließlich Sulmtaler Hühner verarbeitete. Mit dem Zweiten Weltkrieg setzte der Niedergang der Rasse ein, heute ist sie sehr selten, wird jedoch in Österreich wieder verstärkt gehalten; eine deutsche Zwergvariante erfreut sich ebenfalls steigender Beliebtheit.

*Kaiserliche Hendl*

### ▶ EIGENSCHAFTEN

Lege- und Fleischleistung sind gleichermaßen gut entwickelt, die ursprüngliche Robustheit blieb erhalten. Die Tiere wurden traditionell stark mit Mais gefüttert und benötigen daher eine gute Futterbasis. Sulmtaler Hennen wiegen rund 2,5 kg und darüber, die Hähne sind um 1 kg schwerer, das Zuchtziel war stets eher auf die Mastleistung ausgerichtet. Das Fleisch ist sehr zart und schmackhaft. Als Farben kommen Rot und Weiß vor, wobei die rote Variante von Weißlich-Rosa bis Wildfarben reichen kann. Beide Geschlechter tragen hinter dem Kamm eine Federhaube, die bei den Hennen deutlich stärker ausgeprägt ist als bei den Hähnen.

## SUNDHEIMER HUHN (D)

Die Rasse entstand in Sundheim, Kreis Kehl am Rhein um 1850 oder etwas früher. Schon 1886 wurde eine erste Züchtervereinigung gegründet, mit dem Zuchtziel eines perfekten Zweinutzungshuhnes. Gute Mastfähigkeit, schnelles Wachstum und beste Fleischqualität waren Markenzeichen des damaligen Sundheimer Huhns, das nach dem Ersten Weltkrieg durch Verbesserung der Legeleistung zu einem guten – wenn auch fleischbetonten – Zweinutzungshuhn umgeformt wurde. Ab 1966 wurde das Zuchtziel erneut etwas umgestellt, die bis dahin typische kastenartige Form wurde modifiziert.

### ▶ EIGENSCHAFTEN

Das gut mittelschwere Huhn hat einen silberweißen Kopf und schwarz gezeichnete Halsfedern; beide Geschlechter sind nahezu identisch. Die gute Bemuskelung mit besonders ausgeprägter Brust weist auf die ehemalige Fleischrasse hin. Heute legen die Hennen rund 200 dunkelschalige Eier im Jahr; gute Winterlegeleistung, kaum Bruttrieb. Schnellwüchsig und frühreif, ausgesprochene Leichtfuttrigkeit sowie gute Fleischqualität. Die Verbreitung erstreckt sich über ganz Deutschland, wobei geschätzt rund 1.000 Vögel in etwa 70 Betrieben gehalten werden, somit ist eine Gefährdung gegeben.

*Fleischiger Rheinländer*

## THÜRINGER BARTHUHN (D)

Das Herkunftsgebiet dieser Rasse liegt im westlichen Thüringerwald, um die Ortschaft Ruhla an der Ruhl. Quellen zufolge sollen dort bereits im 18. Jh. Haubenhühner mit einem charakteristischen Federbart verbreitet gewesen sein. Sie gingen wahrscheinlich auf Paduaner und eine alte bodenständige Rasse West-Thüringens, die so genannten „Otterköpfchen", zurück. Man nannte solche Hühner wegen ihres rundlichen Gesichtes im Thüringer Volksmund auch „Pausbäckchen". Die Rasse war außerhalb ihrer Heimat nie stark verbreitet.

*Typisches „Pausbäckchen"*

### ▶ EIGENSCHAFTEN

Die knapp mittelgroße, leichte Rasse eignet sich als robustes Zwiehuhn für die extensive Haltung in Gebieten mit kalten Wintern, denn die kleinen Kämme und winzigen Kehllappen sind nicht anfällig für Erfrierungen. Allerdings liegt die Nutzung vor allem in der Legeleistung, weil das Huhn mit einem Gewicht von 2,5 kg bei Hähnen und 1,5 kg bei Hennen sehr leicht ist. Rund 160 weiße Eier pro Jahr und nur wenig Bruttrieb. Gute Futterverwertung und Wetterfestigkeit. Farben Schwarz, Weiß, Blau, Gelb, Gesperbert, Getupft und Rebhuhnfarbig. Typischer Federbart, der Kehle und Backen bedeckt. Man schätzt knapp 2.000 Vögel in 100 Beständen; somit befindet es sich in der Kategorie „Vorwarnstufe".

## VORWERKHUHN (D)

Die Rasse entstand um die Wende zum 20. Jh., als man planmäßig Lakenvelder, gelbe Orpingtons, gelbe Ramelsloher, Andalusier und Sotteghams kreuzte. So entstand eine robuste und attraktive gelbe Rasse. Sie wurde erstmals 1912 in Hannover und Berlin dem Publikum vorgestellt. Der Erfolg war gut und bald gelangten zahlreiche Zuchttiere nach Sachsen, Schlesien und Thüringen, wodurch sich der Zuchtschwerpunkt in diese Gebiete verlagerte.

### ▶ EIGENSCHAFTEN

Das Zuchtziel blieb seit der Rassengründung unverändert: Man wünscht sich ein derbes, gedrungenes Landhuhn mit den typischen Eigenschaften Robustheit und Wirtschaftlichkeit. Vorwerkhühner zeichnen sich zudem durch die schöne tiefgelbe Färbung mit schwarzen Hälsen und Schwänzen aus, die sehr attraktiv wirkt. Hennen wiegen rund 2,5 kg, Hähne um 3 kg; die Legeleistung ist mit rund 180 Eiern gut, die Fleischleistung ebenfalls. Vorwerkhühner sind robust und scharren gerne. Die Rasse ist mit rund 200 Züchtern nicht extrem gefährdet und befindet sich in der Kategorie „Vorwarnstufe".

*Ein nützliches Landhuhn*

## WESTFÄLISCHER TOTLEGER (D)

Dieser seltsame Name entstand deshalb, weil man aufgrund der hohen Legeleistung vermutete, die Hennen würden sich „zu Tode legen". Tatsächlich brachten und bringen Hennen dieser Rasse bei ausreichender Fütterung jährlich über 200 Eier. Die Rasse geht vermutlich auf die Sprenkelhühner zurück, es sind somit typische Landhühner sehr alten Ursprungs. Ihr Vorfahre dürfte das westfälische Landhuhn sein, entstanden ist die Rasse im Raum Bielefeld. Wegen der starken Importe ausländischer Spezialrassen ging der Bestand um die Wende zum 20. Jh. stark zurück, wurde jedoch durch die Gründung eines Verbandes 1904 bewahrt.

*Der seltsame Name ist Programm.*

### ▶ EIGENSCHAFTEN

Die sehr attraktiven Hühner kommen in den Farben Silber und Gold vor, letztere ist selten. Die sehr robusten und leichtfuttrigen Landhühner sind frühreif, haben kaum Bruttrieb und eignen sich bestens für die extensive Freilandhaltung. Hennen wiegen knapp 2 kg, Hähne knapp 2,5 kg. Die attraktive und nützliche Rasse wird in Deutschland von rund 100 Betrieben gehalten und ist in der Klasse „Vorwarnstufe" zu finden.

## AYLESBURY-ENTE (D)

Enten wurden in England schon seit dem Mittelalter häufig gehalten, ohne dass man ihnen besondere Bedeutung zuschrieb. Vor allem die alte Rasse White English Duck (Weiße englische Ente) war als Speisevogel beliebt. Unzweifelhaft aus England stammend, ist dies eine alte Rasse aus der Grafschaft Buckingham, der auch dem Londoner Palast der Queen seinen Namen gab. Vor allem in den feuchten Flussniederungen des Vale of Aylesbury gab es schon vor rund 200 Jahren eine planmäßige Zucht von schweren Mastenten für die Geflügelmärkte in London. Man wandte spezielle Aufzucht- und Mastmethoden an (Aufzucht unter Glucken, Frühmast bis zu sieben Wochen etc.). Um etwa 1860 gelangte die Rasse nach Deutschland und wurde hier noch etwas tiefer im Rumpf gezogen. Dann folgte eine Ablöse durch die populäre Peking-Ente; heute befindet sie sich in Gefährdungsklasse „extrem gefährdet".

### ▶ EIGENSCHAFTEN
Frühreife, gut mastfähige Fleischente, stets weiß befiedert mit kräftig gelben Läufen. Breiter und sehr tiefer Rumpf; typischer Brustkiel. Stark bemuskelte, befiederte Schenkel, schlanker Hals, eleganter, flacher Kopf. Kräftiger, blassrosa Schnabel; dunkle Augen.

*Stammt aus England ...*

## ORPINGTONENTE (D)

Die Wiege dieser Rasse stand ebenfalls in England, wo man gegen Ende des 19. Jh.s vier Entenrassen planmäßig verkreuzte und damit eine neue schuf. Schon kurze Zeit später gelangten solche Enten nach Deutschland, wo sie seither ebenfalls heimisch sind. (Hier besteht eine Analogie zum Shorthornrind.) Die typische Besonderheit dieser Rasse ist die so genannte ledergelbe Färbung, die sich allerdings bei Verpaarung zweier solcher Tiere nur zu 50 % vererbt; die übrigen Küken sind rein gelb oder gelbwildfarbig. Die geschätzte ledergelbe Farbe ist zudem nicht lichtbeständig, weshalb man die Tiere in schattigen Ausläufen halten sollte, um ein Verblassen zu verhindern, sofern man an Ausstellungen teilnehmen will.

### ▶ EIGENSCHAFTEN
Die Orpington ist eine ausgesprochen vielseitige Zweinutzungsente mit guter Mast- und Legeleistung. Sehr frühreif, erreicht sie bald ihr Schlachtgewicht, das bei Masttieren um 5–6 kg liegen kann. Normalerweise sind die Erpel rund 3 kg, die Enten rund 2,5 kg schwer. Die Eier sind grünlich, man zählt bis zu 150 Stück jährlich. Die gute Muskelfülle der mittelschweren Ente bietet viel schmackhaftes Fleisch. Die Rasse ist frohwüchsig, leichtfuttrig, lebhaft, ausgesprochen wetterhart und robust. Derzeit sind in Deutschland nur mehr rund 70 Tiere in etwa einem halben Dutzend Betrieben vorhanden.

*... wie einige Entenrassen.*

## ÖSTERREICHISCHE HAUBENENTE (A)

Die mit einer Art Federhaube am Kopf geschmückten Haubenenten sind seit Langem bekannt und existieren nachweislich seit etwa 1800. Die Stammform dürfte aus Holland und Deutschland kommen, heute gibt es nur mehr ganz wenige Züchter in Österreich. Diese Rasse ist eine Mutationsform der Landente und nicht mit anderen haubentragenden Rassen zu verwechseln (Zwergente, Hochbrut-Flugente). Durch einen mutativen Defekt der Schädeldecke kommt es zur Haubenbildung mit offener Schädeldecke, die nur durch Knorpel bedeckt ist. Nur gemischterbige Tiere kommen vor, da reinerbige aufgrund eines Letalfaktors jung eingehen. Das Merkmal Haube vererbt sich unvollständig dominant, man darf nur immer ein haubentragendes mit einem nicht behaubten Tier verpaaren.

### ▶ EIGENSCHAFTEN

Die Enten sind robust und wohlschmeckend, legen auch recht gut. Lebhafte, eifrige und zutrauliche Futtersucher, die ihre Jungen problemlos aufziehen. Meist weiß, aber seit einigen Jahrzehnten auch wildfarbig, schwarz oder gescheckt; orangerote Läufe, kräftiger Rumpf und seltsam gebogener Hals. Eine hübsche und züchterisch interessante, aber auch nützliche Ente für den Hobbyzüchter. Gewicht um 2–2,5 kg.

*Die Federhaube gibt den Namen.*

## POMMERNENTE (D)

Der Ursprung der Rasse liegt in dunklen Enten aus dem Gebiet um Stralsund, wozu auch Vorpommern gehört. Früher nannte man die Tiere auch Schwedenenten, da das Zuchtgebiet bis 1815 politisch zu Schweden gehörte. Von jeher war hier die Enten- und Gänsezucht besonders gut entwickelt und speziell die blauen oder schwarzen Enten der Region waren seit der Mitte des 19. Jh.s bekannt und beliebt. Sie dürften ohne wesentlichen Einfluss anderer ausländischer Rassen entstanden sein. Aus dieser Zeit dürfte auch die rassetypische Zeichnung mit weißem Brustlatz stammen. Man kann von einer weißbrüstigen, robusten Landente mit guter Lege-, Mast- und Aufzuchtleistung sprechen.

### ▶ EIGENSCHAFTEN

Die Tiere sind eifrige Leger mit bis zu 100 Eiern pro Saison; sie brüten besser als andere Entenrassen und ziehen problemlos ihre Küken auf. Die typische Farbe schließt einen dunklen Schnabel und schwarz-rote bis schwarze Läufe ein; der Brustfleck soll klar abgegrenzt sein. Der Rumpf ist lang und breit, der Kopf edel und der Hals schlank. Sehr robust und wetterhart, eignen sich die Tiere bestens für den Hobbyzüchter. Trotz der geringen Verbreitung in nur mehr ca. 10 Betrieben ist der Absatz an andere Züchter gut. Sie befindet sich in der Kategorie „gefährdet". Pommernenten stellen geringe Ansprüche an den Halter und sind bei Freilandhaltung auch mit wenig Wasser (Badegelegenheit) zufrieden.

*Eine weiße Weste ...*

## VIERLÄNDER ENTE (D)

Es kann nicht mit Sicherheit behauptet werden, dass diese Rasse noch existiert. Man ist der Meinung, dass nur mehr Einzeltiere vorhanden sein können, wenn überhaupt. Die Rasse stammte von vier kleinen Inseln in der Elbe, zwischen Hamburg und Bergedorf. Von dort verbreitete sich die Vierländer Ente über den ganzen Hamburger Raum, wo sie als „Hamburger Portionsente" bekannt wurde. Mit einem Gewicht von rund 3 kg war sie ideal als Speiseente geeignet. Die gute Legeleistung erstreckte sich über das ganze Jahr, auch über den Winter. Das zarte, magere Fleisch war wohlschmeckend. Weißer, mittelgroßer Vogel mit orangerotem Schnabel und gleichfarbigen Läufen.

## DEUTSCHE LEGEGANS (D)

Die Rasse entstand im Gebiet der nachmaligen DDR etwa um 1940, mit dem Ziel, die „Werktätigen mit Gänsefleisch, Gänseschmalz und Bettfedern zu versorgen". Man gründete 1941 ein Herdbuch und verfolgte mit Nachdruck das Zuchtziel einer besonders nützlichen Gans mit hoher Legeleistung. Die Abstammung dürfte von besonders leistungsstarken, weißen Landgänsen herrühren, die ursprünglich auf die Graugans zurückgingen. Obwohl in ganz Deutschland bekannt, lag das Hauptzuchtgebiet der Rasse in der damaligen DDR.

### ▶ EIGENSCHAFTEN
Es handelt sich um eine vorzügliche Legerasse mit rund 40 Eiern pro Jahr; kaum Bruttrieb. Die Mastleistung ist ebenfalls sehr gut, Ganter wiegen rund 6 kg, Gänse rund 5 kg. Auch die Federn sind ein wertvolles Produkt; die Farbe ist reinweiß. Diese Gans verfügt über einen rundlichen Kopf, kräftigen Hals und breiten, tiefen Rumpf. Gute Wüchsigkeit und Leichtfuttrigkeit sind typisch. Trotz ihrer vielseitigen Eigenschaften ist der Bestand dieser idealen Dreinutzungsrasse in der Klasse „extrem gefährdet"; 1997 zählte man nur mehr 12 reinrassige Bestände mit rund 350 Tieren.

*Fleißige Eierleger*

## DIEPHOLZER GANS (D)

Diese Landgansrasse bekam ihren Namen nach der Gemeinde Diepholz in Hannover, wo sich seit jeher ein Zentrum der traditionellen Gänsezucht und -mast befand. Man führt die Rasse auf leichte Landgänse und eingekreuzte Emdener Gänse zurück. Die Tiere wurden bis etwa zum Zweiten Weltkrieg über die Sommermonate auf den moorigen Hutweiden in der Umgebung der Stadt in großen Herden gehalten. Ihre Robustheit, Leichtfuttrigkeit und gute

### ▶ EIGENSCHAFTEN
Die extensive Haltung unter naturnahen Bedingungen ließ eine extrem widerstandsfähige Rasse mit den typischen Eigenschaften der Landgans, wie Bruttrieb, Familiensinn und Weidefähigkeit, entstehen. Diepholzer Gänse wiegen rund 5–7 kg und besitzen ein sehr festes, doch zartes und fettarmes Fleisch. Sie sind reinweiß mit orangen Schnäbeln; kräftig gebaut und mit stabilen Füßen ausgerüstet, entsprechen sie dem Idealbild der mittelschweren Wirtschaftsgans für die extensive Haltung. Die Zucht wird herdbuchmäßig betrieben, allerdings gibt es nur mehr einige Hundert Gänse dieser Rasse, die in der Kategorie „stark gefährdet" zu finden ist.

Marschfähigkeit waren dabei unerlässliche Bedingungen. Im Herbst holte man die bis dahin nur auf Weidefutter angewiesenen Tiere in große, einfache Ställe und mästete sie mit Getreideschrot bis Weihnachten. Die Gänseherden trugen zur Landschaftspflege bei, indem sie die anmoorigen Bruchweiden beweideten und freihielten.

*Berühmte Gänse aus Diepholz ...*

## EMDENER GANS (D)

Man führt die Herkunft der Rasse auf die Graugans zurück und bezeichnet sie als die älteste und wichtigste der deutschen Gänserassen. Angeblich soll sich die Geschichte dieser Gänse bis ins 13. Jh. zurückverfolgen lassen. In der Region von Emden und Bremen soll sich aus der dort beheimateten Landgans, der großen und langhalsigen Schwanengans, eine verbesserte Rasse entwickelt haben, die bald zur bekanntesten überhaupt wurde und die man in viele Länder exportierte, darunter auch England und die USA. Schon die Schwanengans wurde wegen ihrer Größe und Schwere geschätzt, dasselbe traf nun für die Emdener Gans zu, welche sich später auch in intensiven Haltungsformen bewährte und andere Lokalformen verdrängte. Sie stellte auch das Ausgangsmaterial für die vielen Hybridgänse der heutigen industriellen Gänsemast, die vor allem in Polen und Ungarn betrieben wird. Nahezu 90 % aller Gänse weltweit sollen Emdener Blut führen.

### ▶ EIGENSCHAFTEN

Diese extrem großen Gänse erreichen ein Gewicht von rund 11 kg bei Gantern und 10 kg bei Gänsen; die Höhe kann bis zu 1 m betragen. Der Vogel ist reinweiß und besitzt einen extrem vollen, kräftigen Körper mit starker Bauchwamme. Flacher, schlanker Kopf, langer Hals, schöne Brust, breites Hinterteil. Als ideale Dreinutzungsgans (Fleisch, Eier, Daunen) ist sie robust, extrem leichtfuttrig und produziert hervorragendes Fleisch. Durchschnittliches Mastgewicht rund 10–12 kg; Legeleistung rund 35–40 Eier pro Jahr – Gänsemutter jedoch zum Brüten zu schwer; rund 0,5 kg Daunen und mehr. Der reinrassige Bestand ist extrem gefährdet, da nur mehr rund 500 Vögel in ca. 45 Beständen gehalten werden.

*... und aus Emden*

*Die Gattungen*

## LANDGANS (ÖSTERREICHISCHE UND BAYERISCHE) (A, D)

Landgänse waren seit dem Mittelalter auf vielen Bauernhöfen verbreitet und wegen ihrer Wirtschaftlichkeit beliebt. Sie alle stammten von den wilden Graugänsen ab, denen sie äußerlich oft noch stark ähnelten. Bis in die jüngste Vergangenheit (Einsetzen der Massentierhaltung) gehörten Gänsefamilien zum gewohnten Bild der bäuerlichen Landschaft, vor allem im Burgenland und im Waldviertel. Mit der Konzentration der Emdener Gänse vor allem in den großen Zucht- und Mastbetrieben des ehemaligen Ostblocks – besonders Ungarns – kam die ländliche Gänsehaltung in Österreich aus der Mode. In Bayern ist sie ebenfalls bedroht.

### ▸ EIGENSCHAFTEN

Die durchwegs kleinen Privatbetriebe wollen die typischen Landgänse mit ihren Vorzügen erhalten. Dazu zählen: hübsches Aussehen mit Ähnlichkeit zur Graugans, dabei meist weiß oder grau gescheckt; mittlere Größe ohne Bauchwamme, gute Lege-, Brut- und Aufzuchteigenschaften, Robustheit und Leichtfuttrigkeit, starker Familien- und Wachtrieb, beste Marsch- und Weidefähigkeit, robuste Beine. Gewicht rund 4–6 kg, oranger Schnabel, kräftige Bemuskelung bei wenig massiger Brust. Die Tiere sollen sich problemlos und selbstständig vermehren und bei Grundfutter von der Weide gedeihen. Rund 40 österreichische Züchter halten Landgänse und stehen in Kontakt mit bayerischen Züchtern, wo die Rasse zwar nicht bedroht ist, aber unter Beobachtung steht.

*Landgänse sind oft gefleckt.*

## LEINEGANS (D)

Diese Rasse ist heute beinahe ausgestorben, man kennt nur mehr einige wenige Bestände mit ein paar Dutzend Vögeln. Früher war die Leinegans vor allem in Oldenburg und an der Ems verbreitet, darüber hinaus aber in ganz Norddeutschland bekannt. Die Rasse entstand in rein bäuerlicher Zucht, wobei man besonderes Augenmerk auf die Wirtschaftlichkeit und die gute Marschfähigkeit legte. Als ausgesprochene Weidegans musste sie robust sein sowie über Wetterhärte und problemlose Zuchteigenschaften verfügen. Gute Legeleistungen und Bruteigenschaften waren gefordert, ebenso Leichtfuttrigkeit.

*Leinegänse sind imposante Vögel.*

### ▸ EIGENSCHAFTEN

Weiße oder gefleckte Gans mit aufrechter Haltung, kräftigem Hals und gewölbtem Kopf. Höchstgewicht bei rund 8 kg; keine Bauchwamme. Als tüchtige Weidegans ernährt sie sich gerne von Gras, ist problemlos zu halten und eignet sich für extensive Haltungsformen. Leider sehr selten geworden; laut Roter Liste nur mehr Einzeltiere vorhanden. Daher ist der Status auf der Roten Liste „extrem gefährdet".

## LIPPEGANS (D)

Die mit den Diepholzern verwandten Lippegänse gehen auf die grauen und weißgrauen Landgänse der Niederungen des Flusses Lippe bei Paderborn und Soest zurück. Diese Landgänse wurden mit den weißen Diepholzern verkreuzt und es entstand eine robuste Rasse im mittelschweren Wirtschaftstyp. Die Hochblüte der Rasse, die angeblich rund 130 Jahre alt sein soll, lag in den Jahren zwischen der Wende zum 20. Jh. und dem Zweiten Weltkrieg, als man rund 70.000 Tiere zählte.

### ▶ EIGENSCHAFTEN

Die Lippegans ist eine typische Vertreterin der deutschen Landgänse, beweglich und gut bemuskelt, somit besonders gut marschfähig und weidegeeignet. Die Rasse zeichnet sich, ebenso wie die verwandte Diepholzer Gans, durch Robustheit, Wetterfestigkeit und Frohwüchsigkeit aus. Gute Leger, Brüter und Gösselführer sind die alten Landgänse allemal. Die besondere Eignung liegt in der arbeitsextensiven Weidehaltung ohne Zufutter. Früher oft grau gezeichnet, sind Lippegänse heute reinweiß, bei einem Gewicht von rund 5–7 kg, besitzen gutes Fleisch und eignen sich ausgesprochen gut für Hobbybetriebe. Allerdings ist die Zucht bis auf wenige Betriebe und einige Dutzend Tiere zusammengeschmolzen – daher Status „extrem gefährdet".

*Eine alte Rasse*

## BLAUE PUTE (A)

Blaue Puten werden in Österreich derzeit als gefährdete Rasse angesehen. Es gibt rund fünf Zuchtbetriebe in Österreich und die Zucht ist stagnierend. Blaue Puten wurden erstmals von BECHSTEIN 1793 erwähnt, der sie als aschgrau bezeichnete. Weitere Hinweise auf die Existenz derart gefärbter Puten erschienen im Jahr 1821, wo man sie blaugrau nannte, und 1852, wo man sie als braungrau bezeichnete. Man nimmt an,

### ▶ EIGENSCHAFTEN

In ihren Eigenschaften ähneln die Puten den Cröllwitzern, sind ebenfalls mit 4–7 kg dem leichten Typ zuzurechnen und eignen sich bestens zur extensiven Freilandhaltung. Sie legen und brüten gut, ziehen ihre Küken problemlos auf und gedeihen mit billigem Wirtschaftsfutter. Junge Küken sind empfindlich.

*Blaue Puter wurden vor 200 Jahren schon beschrieben.*

dass es sich bei all diesen Farbvarianten, genetisch betrachtet, um Tiere handelt, die seit 1907 standardmäßig als blau bezeichnet werden. Blaue Puten sind als Variante der Schwarzen Puten anzusehen, da es sich um eine Aufhellung des schwarzen Pigments handelt. Im Standard der Kleintierzüchter ist sowohl ein sattes Blau mit einzelnen schwarzen Spritzern als auch ein gleichmäßiges Blau erlaubt. Um ein Dunkelblau zu erzielen, kreuzt man mit rein schwarzen Tieren.

## BRONZEPUTE (D)

Bronzefarbige Puten ähneln der Wildform, die ursprünglich in Nord- und Südamerika beheimatet war und erst einige Jahrzehnte nach der Wiederentdeckung des Kontinents im Jahre 1524 nach Europa gelangte. Die mexikanische Unterart gilt als Vorfahre der Hausputen. Ihr Weg führte über Spanien nach England und 1533 schließlich nach Deutschland. Andere Quellen setzen diese Daten mit 1519 (Spanien), 1541 (England) und Mitte des 16. Jh.s für Deutschland fest. Schon früh soll ein bedeutendes Zuchtgebiet am Niederrhein entstanden sein. Die Indianer Mittelamerikas hatten die Puten schon lange vor COLUMBUS gezähmt. Bis in das beginnende 20. Jh. wurde der wilde Bronzetruthahn in Nordamerika nahezu ausgerottet, erst strenge Erhaltungsmaßnahmen retteten die schönen Vögel vor dem völligen Aussterben. Die moderne deutsche Zucht geht auf einen um 1909 importierten englischen Hahn zurück. Der Status ist heute „gefährdet".

*Herrlich schillernde Bronzeputer*

### ▶ EIGENSCHAFTEN

Die Bronzepute ist ein sehr großer Vogel mit besten Masteigenschaften und hervorragendem Fleisch. Gewicht um 12–15 kg beim Hahn und 7 kg bei der Henne. Gute Legeleistung von 25–50 Eiern, sehr viel Brutinstinkt, der Hennen auf allen Eierarten sitzen lässt; braungelbe, gepunktete Eier. Nackter Kopf und Hals mit rötlichen Hautwarzen. Langer, kräftiger Rumpf mit schöner, schwarzbrauner Befiederung. Mächtiger Vogel, vor allem die Hähne wirken bei der Balz imposant. Robust, die Küken müssen allerdings trocken untergebracht sein.

## CRÖLLWITZER PUTE (D)

Diese schöne Rasse wurde aus den belgischen Ronquirre-Puten gezüchtet. Der Begründer der ersten staatlichen Lehr- und Versuchsanstalt für Geflügelzucht in Halle-Cröllwitz, A. BECK, schuf sie im Jahre 1910. Ausgangstiere waren kupferfarbige Vertreter der Ronquirre-Pute, weil diese damals aus Gründen der Größe, Wirtschaftlichkeit und Fleischqualität besonders geeignet erschienen. Im Jahre 1932 erhielten sie den Namen „Cröllwitzer", damals erlebte die

### ▶ EIGENSCHAFTEN

Die Rasse ist besonders attraktiv, auf weißem Grund erscheint der Vogel durch die schwarzen Bänder am Ende jeder Feder gesprenkelt. Die Tiere sind heute als leicht einzustufen, bei einem Gewicht von rund 4 bis maximal 8 kg. Dadurch sind sie gut brutfähig (schwere Hybriden zerdrücken die Eier), beweglich und robust. Sehr leichtfuttrig, kommt die Cröllwitzer mit wirtschaftseigenem Futter aus und genießt die Freilandhaltung. Absolut wetterfest und robust, eignet sie sich zur extensiven Haltung. Die Hennen sind gute Leger und Brüter, auch besonders fürsorgliche Mütter; die Küken bleiben relativ lange ziemlich empfindlich (etwa 12 Wochen).

Rasse auch ihren Höhepunkt und eine recht weite Verbreitung. In Österreich, wo man sich heute sehr um die Erhaltung bemüht, war sie immer sehr selten. In Deutschland und Österreich ist der Bestand wieder angewachsen; die Rote Liste führt sie heute in der Klasse „Vorwarnstufe".

*Solche exquisiten Farben werden immer seltener.*

## PERLHUHN – ÖSTERREICHISCHE LANDRASSE (A)

Die alte Landrasse kam in Österreich bis in die 1960er-Jahre häufig in extensiver Haltung vor. Danach wurde sie von den Hybriden in Massentierhaltung verdrängt. Der Landschlag ist gut flugfähig, etwas leichter, sehr marschfreudig und besonders leichtfuttrig. Die Eier der Perlhühner sind eine Alternative für Personen, die auf Hühnereier allergisch reagieren. Die Unterscheidung von Landrasse und Hybriden ist ziemlich schwierig, da es oft zu Verbastardisierungen kommt, die schwer einzuordnen sind. Als Kennzeichen dient die Lauffarbe, die bei der Landrasse immer ein reines Schwarzgrau ist; bei Hybriden kommen orange Flecken oder fast ganz orangerote Läufe vor.

Das Perlhuhn des alten Landschlags hatte einen kleinen, mehr weißlichen Kopf, war wesentlich robuster als der Hybride und stellte eine ideale Ergänzung des Geflügelbestandes am Bauernhof dar. In der Zeit von März bis September legt eine Perlhenne etwa 100 Eier, zuweilen bis 150. Das Fleisch ist besonders schmackhaft und fettarm. Es gibt in ganz Österreich nur mehr ganz wenige und kleine Bestände an Perlhühnern des Landschlags.

*Perlhühner sind nützliche Vögel.*

# GLOSSAR

**Aalstrich:** dunkler Rückenstreifen entlang der Wirbelsäule, besonders beim Pferd; evtl. bei Ziege und Rind
**Abzeichen:** helle (weiße) Flecken auf dunklerer Grundfarbe, meist an Kopf und Extremitäten
**Alpung:** Sommerweidehaltung in den Bergen, meist von ca. Juni bis September
**Aktion:** Bewegungsmanier, Länge/Weite der Tritte bzw. Sprünge
**Aue:** weibliches Schaf
**Bache:** weibliches Wildschwein
**Bandmaß:** mit dem Maßband gemessene Widerristhöhe entlang des Körpers
**Barockpferd:** Pferd mit rundlichen Formen; Rassen aus der Barockzeit
**Behang:** längere Haare an den Fesseln bzw. Röhrbeinen
**Bruttrieb:** Trieb der Henne, ein Gelege auszubrüten
**Dreinutzungsrasse:** beim Rind Fleisch, Milch und Arbeitsleistung (heute selten)
**Euter:** Milchdrüsen bei weiblichen Säugetieren; in Reihe auch Milchleiste
**Färse, Kalbin:** Weibliches Jungrind vor dem ersten Kalben
**Fleischrasse:** Rind, Schaf, Ziege oder Geflügel mit hoher Mastleistung
**Flotz(maul):** Maul und Oberlippe beim Rind
**Fundament:** Gliedmaßen, oft auch nur untere Hälfte derselben; Knochenstärke
**Gang, Gänge:** Art und Raummaß der Fortbewegung
**Grannenhaar:** hartes, gerades Deckhaar; oft wasserabweisend
**Hauer:** Eckzähne des Ebers
**Hechtkopf:** Eingewölbtes Kopfprofil; konkaves Gesicht
**Huf:** harte, rundliche Hornkapsel um die Zehe der Pferde (Einhufer)
**Hybride:** Kreuzungsprodukt; in der Zucht zur Leistungssteigerung verwendet
**Kaltblut:** schweres, kräftiges und ruhiges Arbeitspferd
**Kamm:** Kopflappen aus nackter Haut bei Hähnen

**kennfarbig:** unterschiedliche Färbung der Geschlechter bei Hühnern
**Klauen:** geteilte Hufe bei Wiederkäuer und Schwein (Paarhufer)
**Langhaar:** Mähne und Schweif
**Laktation:** Dauer des Milchflusses zwischen zwei Geburten
**Lauf:** Bein; auch Ständer bei Vögeln
**Legeleistung:** Anzahl der Eier in einem Zeitraum (meist Jahr) bei Geflügel
**Leichtfuttrigkeit:** geringer Anspruch an Nahrungsqualität und -quantität
**Mähne:** Langhaar oben entlang des Halses beim Pferd/Esel
**Mastleistung:** Fähigkeit, Futter in Körpermasse umzusetzen
**Mehlmaul:** hell umrandete Maulpartie
**Mehrnutzungsrasse:** Rasse mit kombinierten Nutzungsarten, z. B. Fleisch und Milch
**Milchleistung:** Fähigkeit, Futter in Milchmenge umzusetzen
**Milchrasse:** Rinder, Schafe oder Ziegen mit hoher Milchleistung
**Moderhinke:** recht häufige Klauenerkrankung bei Schafen
**Passgespann:** zwei sehr ähnliche Pferde für den Zugdienst
**Pedigree:** Ahnentafel beim Tier; Abstammungsaufzeichnung
**Pigment:** Farbpartikel, Farbstoff in Augen, Haut und Haaren
**Pony:** Kleines Pferd unter 148 cm Stockmaß
**Rahmen, rahmig:** Ausmaß und Form des seitlichen Körperbildes
**Ramskopf:** aufgewölbte (konvexe) Gesichtslinie
**schlicht (Wolle):** nicht oder wenig gekräuselt
**Schweif:** Langes Haar um die Schweifrübe/den Schwanz (Pferd)
**Stockmaß:** mit einer Messlatte gemessene Widerristhöhe
**Tiger(schimmel):** weißes Pferd (Tier) mit dunklen Tupfen
**Tragezeit:** Gravidität; von der Befruchtung bis zur Geburt der Nachkommen
**Vlies:** gesamte Wolldecke beim Schaf
**Vollblut:** durchgezüchtete Pferderasse (englisch oder arabisch)
**Wamme:** Halslappen bei Rindern
**Warmblut:** leichtes, sportliches Pferd
**Zeichnung:** Farbverteilung am ganzen Körper oder Körperteilen

# LITERATUR

Alderton, David: Hunde, Parragon Books, Bath 2007
Anker, Jean/Dahl, Svend: Werdegang der Biologie, Hiersemann, Leipzig 1938
Autorengemeinschaft: Die Enzyklopädie der Tiere, National Geographic, Hamburg 2006
Beckmann, Ludwig: Rassen des Hundes, Verlag Fr. Vieweg & Sohn, Braunschweig 1895
Brehm, Alfred: Haustiere, Bibliographisches Institut, Leipzig 1923
Clutton-Brock, Juliet: Domesticated Animals, Heinemann Ltd., London 1981
Dorn, Friedrich Karl: Rassekaninchenzucht, Verlag Neumann-Neudamm, Basel – Wien – Berlin 1981
Dowling, Robert: Rare Breeds, Laurence King Ltd., London 1994
Eipper, Paul: Das Haustierbuch, Deutsche Buchgemeinschaft, Berlin 1938
Grossman, Loyd: The Dog's Tale, BBC Books, London 1993
Guttmann, Ursula; Zeeb, Klaus: Wildpferde in Dülmen, Hallwag, Bern 1974
Haller, Martin: Der Pferdeführer, Kosmos, Stuttgart 1994
Derselbe: Lipizzaner, Cadmos Verlag, Brunsbeck 2003
Hamm, Wilhelm: Das Ganze der Landwirtschaft (Faks.), Weltbild, Augsburg 1996
Krämer, Eva Maria: Der neue Kosmos Hundeführer, Franckh-Kosmos, Stuttgart 2002
Kühnemann, Helmut: Wir halten Nutztiere, Verlag Eugen Ulmer, Stuttgart 1988
Mason, I. L.: A World Dictionary of Livestock, CAB International, Wallingford 1996
Neye, L.: Die Tierzuchtlehre, Olms, Hildesheim 1913
Nissen, Jasper: Enzyklopädie der Pferderassen, Franckh Kosmos, Stuttgart 1997
Oelke, Hardy: Wildpferde gestern und heute, Kierdorf Verlag, Köln 2012
Oertel/Spörer: Der große Geflügelstandard, Verlag Reutlingen, Reutlingen 1997
Porter, Valerie: Cattle, Christopher Helm Ltd., London 1991
Dieselbe: Goats of the World, Farming Press, Ipswich 1996
Dieselbe: Pigs, Helm Information, Mountfield 1993
Rouse, John: World Cattle, University of Oklahoma Press, Oklahoma 1970
Sambraus, Hans Hinrich: Atlas der Nutztierrassen, Eugen Ulmer, Stuttgart 1996
Derselbe: Gefährdete Nutztierrassen, Eugen Ulmer, Stuttgart 1994
Schiering, Lutz: Kühe – liebenswürdige Wiederkäuer, Komet Verlag, Köln 2009/2012
Derselbe: Schafe – freundliche Weidetiere, Komet Verlag, Köln
Schmidt, Horst; Proll, Rudolf: Rassegeflügel kompakt, Eugen Ulmer, Stuttgart 2011
Schmidt, Horst: Hühner und Zwerghühner, Eugen Ulmer, Stuttgart 1999
Staudacher, Franz: Antike und moderne Landwirtschaft, Hofbuchhandlung W. Frick, Wien 1898
Verhoeff, Esther: Ill. Kaninchen & Nagetiere Enzyklopädie, Edition Dörfler/Nebel Verlag AG, Eggolsheim
Dieselbe/Reijs, Aad: Ill. Hühner Enzyklopädie, Edition Dörfler/Nebel Verlag AG, Eggolsheim
Weiss, Urs: Schweizer Ziegen, Bisikon 1997
(Das Werk Schweizer Ziegen ist im Eigenverlag erschienen und erhältlich bei: Urs Weiss, Im Zwei 5, CH-8307 Bisikon.)
Werner, Dr. H.: Die Rinderzucht – Praktisches Handbuch, Parey, Berlin 1892

Weiters herangezogen wurden die diversen Informationsschriften des VEGH, der GEH und PSR und VIEH, besonders die Sammelwerke Schwerpunkt Rinder, Schwerpunkt Schafe und Ziegen, Gefährdete Schweinerassen, Pferde und Esel sowie der Herdenspiegel und Natur und Land – alte Haustierrassen. Ergänzungen und wertvolle Informationen fanden sich auch in zahlreichen periodischen Zeitschriften der diversen Organisationen, wie Arche, Arche Nova und PSR-Bulletin.

# DANKSAGUNG

Mein Dank gilt all jenen Personen, die mit Rat und Tat zum Gelingen dieses Buches beigetragen haben. Besonders erwähnt seien die ARCHE Austria, die Gesellschaft zur Erhaltung alter und gefährdeter Haustierrassen e. V. und ProSpecieRara, die Informations- und Bildmaterial beistellten. Weiters der Kosmos-Verlag, der den Abdruck des Zitates aus der Enzyklopädie der Pferderassen von Jasper Nissen gestattete. Mein Vater für seine Mithilfe, Frau Ulrike Eyberg und Herr Heinz Gawlik für diverse Anregungen und Informationen. Frau Barbara Bank für Auskünfte, Herr Wolfgang Unterlercher und Herr Hans Brabenetz für diverses Material. Frau Mag. Heike Pekarz sowie Herr Dipl.-Ing. Josef Pollhammer und Dipl. Ing. Walter Gaigg vom Leopold Stocker Verlag für die Beschaffung der Bilder und die verständnisvolle Betreuung.

## BILDNACHWEIS

Umschlag Vorderseite: Martin Haller
Umschlag Rückseite: Martin Haller, ProSpecieRara, Basel; Susanne Sander (A. A. H.), Celle

**Bildnachweis Innenteil:**
**Pferde:** Hans Brabenetz, Wien; Helmut Gloy, Schleswig; A. Brotzler, Stuttgart; Mathias Vogt, Uslar; Martin Haller, Graz; Foto Roltisch, Stuttgart; Esel: Martin Haller, Graz.
**Rinder:** Franz Fischerleitner, Wels; Martin Haller, Graz; Igor Bojanic, Etno selo Stara Lonja; ProSpecieRara, St. Gallen; VEF-Glanrind, Idar-Oberstein; Jutta Kirchner, Wien; Alois Spitzhart, Laakirchen; Rainer Schuhmann, Dresden; Karl Mair, Ellbögen; Tier- und Naturpark Schloss Herberstein; Günther Furthmann, Lenzkirchen; VEGH Klagenfurt; Mathias Vogt, Uslar; Antje Feldmann, Witzenhausen; M. Schnitzhofer, Maishofen; Klaus Schedel, Memmingen; wikimedia commons, gemeinfrei.
**Schafe:** Martin Haller, Graz; ProSpecieRara, Basel; Verena Tauber, Mitwitz; Franz Fischerleitner, Wels; Joachim Westphal, Groß Zicker; Ortrun u. Andreas Humpert, Marienmünster; Alois Spitzbart, Laakirchen; Gerd Bauschmann, Friedberg; Antje Feldmann, Witzenhausen; Günter Jaritz, Unken; wikimedia commons, gemeinfrei.
**Ziegen:** ProSpecieRara, Basel; Jutta Kirchner, Wien; Antje Feldmann, Witzenhausen; Karola Stier, Witzenhausen; Ruth Wokac, Randegg; Werner Abel, Kirchschlag; Georg Grunninger, Engstingen; Vinzenz Krobath, Stallhofen; Franz Fischerleitner, Wels; wikimedia commons, gemeinfrei.
**Schweine:** Martin Ehrlich, Teltour; Jürgen Günther Schulze, Warder; ProSpecieRara, St. Gallen; Ulla Huspeka, Sieghartskirchen; ZV Schwäbisch-Hällisches Schwein, Wolpertshausen; Franz Fischerleitner, Wels; Antje Feldmann, Witzenhausen; wikimedia commons, gemeinfrei.
**Hunde:** Martin Haller; Susanne Zander (A. H. H.), Celle; wikimedia commons, gemeinfrei.
**Kaninchen:** Martin Haller; wikimedia commons, gemeinfrei; Axel Gutjahr.
**Hühner:** Werner Abel, Kirchschlag; ProSpecieRara, Basel; VEGH Klagenfurt; Herbert Wieden, Solingen; Günther Jasbinschek, Viktring; Oskar Bachinger, Langenwang; Josef Wolters, Bottrop; Friedrich Käberich, Kreuztal; Heinz-Dieter Blank, Quichborn; Erich u. Edda Lindsiepe, St. Augustin-Hangelar; Westfälisches Freilichtmuseum, Detmold; Alois Leithner, Seitenstetten; Andreas Peters, Schnererdingen; August Heftberger, Haag/H.; Günter Copi, Schermbeck; Hans Löffler, Gärtringen; Isabella Hofstätter, Michaelnbach; Dieter Fahrner, Telfs; Mathias Vogt, Uslar.
**Enten, Gänse, Puten, Perlhühner:** Engelbert Sperl, Grein; Alois Spitzbart, Laakirchen; ProSpecieRara, St. Gallen; Dieter Fahrner, Telfs; Josef Stinglmayr, Wels; Anton Fürstaller, Neukirchen/E.; R. Taufeld; Josef Wolters, Bottrop; Gerd Bauschmann, Friedberg; Mathias Vogt, Uslar.